MySQL 程序员面试笔试宝典

猿媛之家　组编

李华荣　等编著

机 械 工 业 出 版 社

本书是一本讲解 MySQL 程序员面试笔试的百科书，在写法上，除了讲解如何解答 MySQL 程序员面试笔试问题以外，还引入了相关知识点辅以说明，让读者能够更加容易地理解。

本书将 MySQL 程序员面试笔试过程中各类知识点一网打尽，在广度上，通过各种渠道，搜集了近 3 年来典型 IT 企业针对 MySQL 数据库岗位的笔试面试涉及的知识点，包括但不限于 MySQL 数据库、计算机网络、操作系统等，所选择真题均为企业招聘使用题目。在讲解的深度上，本书由浅入深地分析每一个知识点，并提炼归纳，同时，引入相关知识点，加以深度剖析，让读者不仅能够理解这个知识点，还能在遇到相似问题的时候，也能游刃有余地解决，而这些内容是其他同类书籍所没有的。本书对知识点进行归纳分类，结构合理，条理清晰，对于读者进行学习与检索意义重大。

本书是一本计算机相关专业毕业生面试、笔试的求职用书，同时也适合期望在计算机软、硬件行业大显身手的计算机爱好者阅读。

图书在版编目（CIP）数据

MySQL 程序员面试笔试宝典 /猿媛之家组编；李华荣等编著. —北京：机械工业出版社，2019.9

ISBN 978-7-111- 64440-8

Ⅰ. ①M… Ⅱ. ①猿… ②李… Ⅲ. ①SQL 语言－程序设计－资格考试－自学参考资料 Ⅳ. ①TP311.138

中国版本图书馆 CIP 数据核字（2019）第 291543 号

机械工业出版社（北京市百万庄大街 22 号 邮政编码 100037）

策划编辑：尚 晨 责任编辑：尚 晨

责任校对：张艳霞 责任印制：郜 敏

河北鑫兆源印刷有限公司印刷

2020 年 3 月第 1 版・第 1 次印刷

184mm×260mm・13.75 印张・335 千字

0001－2000 册

标准书号：ISBN 978-7-111- 64440-8

定价：59.00 元

电话服务

客服电话：010-88361066

010-88379833

010-68326294

网络服务

机 工 官 网：www.cmpbook.com

机 工 官 博：weibo.com/cmp1952

金 书 网：www.golden-book.com

机工教育服务网：www.cmpedu.com

前　言

程序员求职是当前社会的一个热点，而市面上有很多关于程序员求职的书籍，例如《程序员代码面试指南》（左程云著）、《剑指 offer》（何海涛著）、《程序员面试笔试宝典》（何昊编著）、《Java 程序员面试笔试宝典》（何昊编著）、《编程之美》（《编程之美》小组著）、《编程珠玑》（Jon Bentley 著）等，它们都是针对基础知识的讲解，各有侧重点，而且在市场上反映良好，但是，我们发现，当前市面上没有一本专门针对 **MySQL 数据库程序员**的面试笔试宝典，很多读者朋友们向我们反映，他们希望有一本能够详细剖析面试笔试中数据库相关知识的图书，虽然网络上有一些 IT 企业的 MySQL 数据库面试笔试真题，但这些题大都七拼八凑，毫无系统性可言，而且绝大多数都是一些博主自己做的，答案简单，准确性不高，即使偶尔答案正确了，也没有详细的讲解，这就导致读者做完了这些真题，根本就不知道自己做得是否正确，完全是徒劳。如果下一次这个题目再次被考察，自己还是不会。更有甚者，网上的答案很有可能是错误的，此时还会误导读者。

针对这种情况，我们创作团队经过精心准备，从互联网上的海量 MySQL 数据库面试笔试真题中，选取了当前典型企业（包括微软、谷歌、百度、腾讯、阿里巴巴、360、小米等）的面试笔试真题，挑选出其中最典型、考察频率最高、最具代表性的真题，做到难度适宜，兼顾各层次读者的需求，同时对真题进行知识点的分门别类，做到层次清晰、条理分明、答案简单明了。最终形成了这样一本《MySQL 程序员面试笔试宝典》。本书特点鲜明，所选真题以及写作手法具有以下特点：

第一，考察率高：本书中所选真题绝非泛泛之辈，其内容全是数据库程序员面试笔试常考点，例如数据库基础知识、操作系统、计算机网络、数据结构与算法、海量数据处理等。

第二，行业代表性强：本书中所选真题全部来自于典型知名企业，它们是行业的风向标，代表了行业的高水准，其中绝大多数真题因为题目难易适中，而且具有非常好的区分度，通常会被众多中小企业全盘照搬，具有代表性。

第三，答案详尽：本书对每一道题目都有非常详细的解答，庖丁解牛，不只是告诉读者答案，还提供了参考答案。授之以鱼的同时还授之以渔，不仅告诉答案，还告诉读者同类型题目以后再遇到了该如何解答。

第四，分类清晰、调理分明：本书对各个知识点都进行了归纳分类，这种写法有利于读者针对个人实际情况做到有的放矢，重点把握。

由于图书的篇幅所限，我们没法将所有的程序员面试笔试真题内容都写在书稿中，鉴于此，我们猿媛之家在官方网站（www.yuanyuanba.com）上提供了一个读者交流平台，读者朋友们可以在该网站上上传各类面试笔试真题，也可以查找到自己所需要的知识，同时，读者朋友们也可以向本平台提供当前最新、最热门的程序员面试笔试题、面试技巧、程序员生活等相关材料。除此以外，我们还建立了公众号：**猿媛之家**，作为对外消息发布平台，以期最大限度地满足读者需要。欢迎读者关注探讨新技术。

感谢在我们成长道路上帮助我们的人，他们是父母、亲人、同事、朋友、同学等人，无论我们遇到了多大的挫折与困难，他们对我们都能不离不弃，一如既往地支持与帮助我们，使我们能够开开心心地度过每一天。在此对以上所有人一并致以最衷心的感谢。

由于编者水平有限，书中不足之处在所难免，还望读者见谅。读者如果发现问题或是有此方面的困惑，都可以通过邮箱 yuancoder@foxmail.com 联系我们。

猿媛之家

目　录

上篇　面试笔试经验技巧篇

想找到一份程序员的工作，一点技术都没有显然是不行的，但是，只有技术也是不够的。面试笔试经验技巧篇主要介绍了数据库程序员面试笔试经验、数据库行业发展、面试笔试问题方法讨论等。通过本篇的学习，求职者必将获取到丰富的应试技巧与方法。

第1章 求职经验分享

1.1 踩别人没有踩过的坑，走别人没有走过的路

孔令波，目前就职于一家港资企业，担任数据库管理员。他的网名叫潇湘隐者/潇湘剑客，英文名叫 Kerry，兴趣广泛，个性随意，不善言辞，执意做一名会写代码的 DBA（Database Administrator，数据库管理员），混迹于 IT 行业。

收到李华荣的邀请，写一篇关于数据库方面的学习经验和感悟心得的文章，最初有点诚惶诚恐，因为自己在技术上也只能算个半吊子，承蒙他不嫌弃，那就硬着头皮分享一下自己在数据库方面的一些学习经验以及心得体会吧，希望对刚入门的同行有所帮助。

关于学习方法，个人感觉因人而异，有些方法不见得适合所有人。个体不同，学习方式与学习效率也各有不同。找到适合自己的学习方法才是最重要的。所以，关于这方面的内容，大家最好秉承取其精华、去其糟粕的原则。

有句话说得很好，“以大多数人的努力程度之低，根本轮不到拼天赋”，一直以来，我都觉得自己天赋很差，但我相信勤能补拙，所以，我也比大部分人稍微努力一点，我勤奋地写博客，总结归纳数据库的各个知识点、遇到的案例等。另外，经常有网友问我如何学好数据库技术。很多人都在寻找捷径，他们相信有快速、高效的方法能让他们迅速精通数据库技能，忽略了数据库学习是日积月累的，是需要辛勤付出的。其实这是在舍本逐末，方法固然重要，但是如果你不勤奋，即使你有最好的方法，也一样学不好数据库。你见过哪些技术牛人的勤奋努力比普通人少呢？光看看他们写的博客，就知道他们看了多少文档、书籍，做了多少实验、测试。

有很多人会问，做 DBA 有没有前途？轻松不轻松？他们想转做 DBA 这一行。其实这个不好一概而论，很多时候是城里面的人想出去，城外面的人想进来。也许你想进入这一行或刚刚步入这一行，个人认为你应该先抛开这些问题，要先了解自己对数据库有没有兴趣。如果没有兴趣，你一旦步入这一行，你会觉得非常痛苦，因为你不能在工作中得到快乐，工作反而会给你带来无穷无尽的痛苦和烦恼。兴趣决定你能在这一行走多远，如果实在没有多少兴趣，奉劝各位不要贸然进入这一行。

兴趣也分一时的头脑发热和发自内心深处的喜欢，如果是前者，奉劝三思而后行。当然，很少有人一开始就对数据库兴趣浓厚，他们往往是在优化一个性能问题后，感觉特别有成就感，这样一种正向的自我肯定和激励慢慢演变成了对数据库的浓烈兴趣，然后想更多、更深入地了解一下数据库方面的知识，慢慢就演变成兴趣和动力了。当你有兴趣了，即使再苦再累，在你眼里也变成了一件美好的事情。很多人特别怕数据库出故障，但我却恰恰相反。对我而言，出现了故障和问题，我有时候甚至有点小兴奋，我觉得又多了一次经验积累和深入了解的机会。也许你觉得有点不解，举一个简单例子，喜欢看小说的朋友，可能连续看几个小时都

不觉得累。试想如果让他去看一本《高等数学》，我想他翻看一两页就不想看了。

DBA这一行，往往要求你对数据库、操作系统、硬件存储、网络拓扑、系统架构、系统业务都有所了解，甚至还要擅长和其他同事交流、沟通。精通数据库就会耗费你巨大的精力，所以，很多时候都是在考验你的学习能力，当然上面所涉及的有些知识，不是说要你全部精通，而是要你有所了解，因为数据库优化和性能问题诊断真的是很复杂，会涉及其中的某一方面，如果你一点都不了解，就很难从全局去分析、诊断问题。很多时候，人都是对自己不了解的东西有所畏惧，觉得这东西很复杂、很难掌握。其实你只要抱着开放的心态，多去了解和学习一下，慢慢就会积累一些知识的。

勤于思考也非常重要，这是一个优秀、资深的DBA所具有的特质。只有勤于思考的人，才能在数据库技术上更深入一层，才能将原理和实践结合起来，融会贯通，运用自如。很多时候，如果你在一个问题上比别人多思考一些，更深入一点，你就有可能掌握更多的知识，了解更多的原理。很多人遇到问题都习惯性咨询其他人，殊不知这就是懒惰的表现，不愿意思考，不愿意研究问题，自然也学不到东西。所以，对于广大希望从事DBA行业的人，我的建议是遇到问题，先自己思考，尝试解决，实在解决不了，再寻求其他途径解决。

最后一个就是态度问题，积极的心态和消极的心态在工作中的区别非常明显。如果你以积极的心态去解决工作中遇到的问题，把各种能尝试的方法都尝试一遍，你就会克服各种困难；如果你以消极的心态去解决工作中遇到的问题，你就会各种推脱，找各种理由逃避，本来可以积累经验的案例，结果也会错失。积极的心态能让你不断成长、进步，而消极心态则会让你慢慢固步自封、怨天尤人。

1.2 只要肯钻研，就能求职成功

夏男颖，高级DBA，目前就职于中国航信，拥有Oracle、MySQL、SQL Server、AIX、Red Hat、华为存储等多项认证。

我在数据库管理行业摸爬滚打了6年多，个人认为数据库开发这个行业非常有前景（Oracle公司很强大）。选择Oracle绝对是明智之举，在这个行业里，只要肯钻研，就能成为工程大咖。在这个过程中，不仅要学原理（内功），还要多做实验（招式），二者结合，才能成为数据库领域中的高手，二者相互促进，相互补充，缺一不可。

在这些年的求职过程中，我也总结了较多的数据库面试经验。在面试中高级DBA的时候，主要会问到这些内容：Oracle/MySQL进程原理；常用等待事件原因及处理办法；DG原理及后台进程；DG常用故障问题及处理；OGG实现原理及后台进程；OGG常见ERROR及处理办法；RAC进程及原理；RAC中常用等待事件及处理办法；RAC中缓存融合原理；RAC中常见故障及处理办法；SQL优化；表的连接方式；索引的访问方式；什么时候不使用索引？表和索引的统计信息收集；表的高水位；如何优化一个复杂SQL；AWR，ASH，ADDM报告分析等。

我是这样准备DBA求职工作的：首先是在网上收集相关的Oracle/MySQL面试题，自己整理答案，对于不会解答的问题，自己查资料、Google搜索、看牛人博客、咨询牛人，把问题加以整理及深入理解。该动手做实验的，一定要做实验加以证实以便深入地理解。另外，当自己去面试时，把面试题用手机记录下来，然后回家整理，最后成为自己的面试宝典。

我认为，只要平时多做实验，把平时面试时所涉及的面试题统统做一遍，对于原理题，加以理解，对于非原理题，动手做做实验，那么，再次面试，你就很容易成功。

1.3 普通 DBA 的逆袭经验

小凡仙，一名在深圳工作的中级 DBA，就职于一家海外第三方支付服务公司。

当初选择成为一名 DBA，主要考虑的是它的职业生涯年限能超过 35 岁。虽然说到目前为止换了 5 家公司，跳槽过于频繁，不过，这 5 家公司给我带来了很多经验，也使我学会了运维各个方面的知识，让我能从 DBA 的门外汉至少提升到中级 DBA 水平。

工作经历

我的第一学历是专科，而专科学历就业前景不太乐观，能接受专科学历的企业也大都是微型公司。为了改变自己的就业途径，我就报名参加了自考，把自己的学历升级到了本科。在这期间，我也学习了 Linux、MySQL 和 Oracle。后来换工作，有幸跟道道在同一个部门共事一年有余。他过来当 DBA 的时候，买书看，而且在地铁上看，而且只看自己想看的部分。我向他学习了很多的学习方法，以前看书总是全看、精看，如今看书只看有用的部分！

关于自学，要多读市面上介绍数据库高级应用方面的书，不要去看网络文章。网络文章很多是没有考证和验证的，不够可靠，而一本书价格一般不超过 100 元，但是却是作者的用心之作，要经过编辑审核。除此之外，书本通常比较系统地介绍了知识的方方面面，而且书可以随身携带，面试前后都可以复习。

关于面试，面试官看重很多方面。加分最重的是学历，然后是名企的工作经历。简历不能写你会什么技术，要写干过什么样的项目，项目数据量有多大，并发量有多高，采用什么架构、什么设备。面试要留心，要做记录。记录下各种问题，回来以后，不明白的地方可以请教人。这样下来十几次的面试就能积累大部分题目和套路，下次面试成功率就会提高不少。关于工资不能要求太高，如果没从事过 DBA 工作，那么工资要求要低于市场价，同时落在公司开价范围内。一般情况下，面试官还价和询问最低能接受的工资，说明你的技术被认可了，这时候你要在工资上让一让，妥协一下。

当你获得一份 DBA 工作后，在三个月的试用期内，要勤奋，要热情，要主动，要多动手，要多问人。第一份工作不要去想将来如何，目前学的技术将来是否有前途，这些没有意义。要静下心来好好工作，做好领导交下来的每个小任务，把公司使用到的技术都学一遍，熟悉一下。

人际交往

人际交往从来都不是小事，虽然有些人，日后也没联系和来往，但交往不能少，你可以把它看作投资，有的朋友会给很多想要的回报，有的给的很少回报，有的朋友给的回报不是你期望的，还有的就没有回报了，但要相信，坚持终会有回报。

信任和人品

信任和人品都很重要。我目前的工作是由第二份 DBA 工作的同事介绍进来的。而且这家公司的前总监是老板以前的同事，被挖过来的，也就是说，一家企业骨干岗位大都是靠同事介绍或者挖过去的，所以，要积累自己的信用，才能被更多的人认可。

身体健康

身体是革命的本钱，刚出来的时候可以用身体换取技术的积累，到了中年就要保养身体了。人生三阶段，成才阶段拼的是学历和分数，工作阶段拼的是经历和收入，退休阶段拼的是病历和寿命。从事 DBA 工作，有的公司要值夜班，有的要加晚班，这些都严重影响了生活规律。所以，坚持锻炼身体还是很有必要的。

最后，搞技术必须勤奋好学，多动手，多看经典书籍，不断给自身充电，才能维持相对较好的技术水平和生活水平，然后再逐一完成自己的人生目标。

第 2 章　数据库程序员的求职现状

2.1 当前市场对于数据库程序员的需求如何？待遇如何？

数据库开发人员和维护人员在市场上一直都是紧缺人才。

如果想往 DBA 这个方向发展，那么学习 Oracle、MySQL、DB2 或非关系型数据库（如 MongoDB）都可以。在 Oracle 收购 MySQL 后，MySQL 的发展势头也不错，大公司也都在将部分数据库往 MySQL 迁移，例如阿里巴巴、盛大网络等公司的部分数据库，很多都使用的是 MySQL 数据库。所以，市场上也有很大一部分 MySQL DBA 的需求。Oracle 自然就不用说了，关系型数据库中的老大，大部分有实力的公司使用的都是 Oracle 或者 DB2 与 MySQL 的结合。如果都使用 Oracle，则成本太高，使用 DB2 一般都能享受到 IBM 提供的一条龙服务，从服务器到数据库再到数据库管理软件，DB2 大部分都应用于金融领域。SQL Server 的使用者相对较少，主要因为微软的软件对平台依赖性比较大，发展受到了限制。不过现在微软在开发基于 Linux 平台的 SQL Server。如果只是想了解数据库的简单操作，那么可以从事数据库的开发工作。

小公司数据量有限，使用 SQL Server 数据库就可以满足日常的需求，但 SQL Server 的可移植性差，且相比 DB2 和 Oracle，数据处理功能较差。其实，公司使用什么数据库需要看公司的性质，金融行业的公司或大企业、巨型企业、银行等肯定首选 DB2 或 Oracle，一般不会使用其他数据库。因为这类公司数据量大，日数据量可达到过亿条，每日要处理如此庞大的数据量，必须选择 DB2 或 Oracle。对于普通民营小公司，待处理数据量有限，使用 SQL Server 也完全能够满足需求。

城市	平均薪资	样本数据
上海	20509	278
北京	18916	466
佛山	17510	50
南京	16640	123
成都	13869	96
哈尔滨	13263	40
广州	12958	70
大连	10837	70
长沙	10812	40

有关待遇方面，可以看看右图猎聘网给出的对 DBA 的薪资。

总体而言，在有工作经验的情况下，在上海、北京这些一线城市中，最低的工资水平都可以达到 1.5 万元/月以上，二线城市在 1 万元/月左右，具体月薪，因人而异（备注：以上工资标准为 2018 年市场行情）。

2.2 数据库程序员有哪些可供选择的职业发展道路?

一般来说，可供数据库程序员选择的职业发展道路有以下几个：数据库开发转 DBA，DBA 升项目经理，DBA 升公司技术总监，转行做技术销售，转到大数据上，转到云计算上或转到数据库架构师上。

2.3 当企业在招聘时，对数据库程序员通常有何要求?

下面来看看猎聘网给出的对 Oracle DBA 的招聘职位 JD（Job Description，工作说明）。

岗位职责：

1）承担数据库逻辑结构设计、历史数据归档管理、数据库安装、调测、调优、日常维护、备份及恢复。

2）性能优化和数据库配置管理。

3）产品性能测试、分析和推动改善。

4）数据库技术支持。

5）数据架构研究工作。

职位要求：

1）具有 3 年以上的主流数据库开发经验，1 年以上大型项目数据库架构设计及管理经验。

2）精通 PostgreSQL 数据库，熟悉 Oracle、MySQL、SQL Server 等主流数据库，熟悉数据存储、性能优化、数据挖掘及数据同步技术。

3）精通存储过程、函数。

4）具备通用数据库访问层逻辑代码封装能力。

5）精通数据建模技术，熟悉各种数据集成和数据迁移技术。

6）熟悉 Linux/UNIX 操作系统，具备 TB 级数据处理经验。

7）有 OCP 证书者优先。

8）具备良好的抽象思维，能理性地做出技术决策，具有风险控制意识。

下面再看看第二家公司的招聘 MySQL 职位 JD。

工作职责：

1）负责线上、线下数据库环境的建设、迁移、维护。

2）负责数据库日常运行监控和性能调优。

3）负责预研新的数据库技术适应业务增长的需求。

4）建立数据库操作标准，开发数据库相关工具。

5）负责数据库方面技术难题的攻关。

岗位要求：

1）计算机及相关专业本科及以上学历，有大型互联网公司工作经验者优先。

2）5 年以上分布式 MySQL 数据库系统的工作经验，精通/熟悉 MySQL 数据库的运行机制和体系架构。

3）精通/熟悉 MySQL 性能优化与调整，有大型分布式 MySQL 数据库系统的工作经验者优先。

4）较强基于 RDBMS 底层代码的优化和 Debug 经验。

5）对数据库系统中间件的开发，以及分布式环节运维工具有经验。

6）了解主流分布式存储产品，如 Redis、Hbase、MongoDB 等产品，并有应用、开发、运维等经验。

7）了解主流数据库，并对数据库安全有很强的经验。

8）有良好的沟通协调能力，有责任心，思维逻辑性强。

对 DBA 而言，掌握数据库的基本知识是必不可少的。从数据库的操作角度而言，SQL 语句才是基础中的基础。DBA 一方面要根据需求在数据库中实现某些功能，另一方面要指导非数据库专业人士在数据库中完成他们想要实现的功能，所以，关于数据库中很多细节性的东西都需要 DBA 去掌握。

另外，需要了解数据库架构方面的知识，掌握 SQL 底层的一些知识。例如，一般学过数据库的人都知道索引对提高查询性能十分重要，但却不知道过多的索引也会给数据的处理带来负担。如果不了解索引的内部实现机制以及 SQL 使用索引的原理，那么就无法合理地创建索引。

在实现了用户的需求后，接下来的工作就是维护。再好的数据库架构，也需要经常被维护和保养。例如，原来很有效的索引因为索引碎片的增多，读取的性能就会下降；因为业务的变化，有的索引被删除了，那么如何保证重要的数据不会丢失，敏感的数据不会被不该访问的人访问。这一系列的问题，除了要调查、分析，并制订出一套完整的方案外，还需要相关的知识来实施这套方案。日常维护的过程中会遇到非常多的问题，这些问题除了 SQL 的问题外，很多是跟系统或者网络相关的，甚至是程序中出现的问题需要调试。所以，对于一名优秀的 DBA 而言，操作系统、计算机网络与通信、程序设计语言等相关知识都需要有所涉猎。

为了管理好数据库，特别是管理好多台服务器，DBA 有时也需要编写工具来辅助完成任务。所以，懂 Shell 或 Python 也是必不可少的。

通过上面的分析，可以得出 DBA 需要的技能如下：

1）数据库知识（熟练掌握），包括 SQL 语言、备份、恢复、管理、数据库结构知识、数据库运行原理。

2）至少熟练掌握一种数据库，了解其他数据库（有一定应用能力）。很少有不与其他类型数据库交互的数据库，如果只熟练掌握一种数据库，那么当需要与其他数据库交互时，就会无从下手。

3）综合能力（有一定的应用能力）。有一定的程序设计能力，包括操作系统、网络与安全等知识。

2.4 数据库程序员的日常工作是什么？

从 DBA 的角度而言，DBA 的工作职责基本包含以下几点：

1）每日监控数据库以保证其可用性。

2）收集系统统计和性能信息，以便做定向分析。

3）配置和调整数据库实例，以便可以在应用程序特定要求下达到最佳性能。

4）分析和管理数据库安全性。控制和监视用户对数据库的访问，必要时需要开启数据库的审计功能。

5）制定备份恢复策略，保证备份的可用性。

6）升级 RDBMS 软件，在必要时使用补丁。

7）安装、测试和评估 Oracle 新的相关产品。

8）设计数据库表结构。

9）创建、配置和设计新的数据库实例。

10）诊断、故障检测和解决任何数据库相关问题。在必要时，需联系 Oracle 支持人员以便使问题得到解决。

11）确保监听程序正常运行。

12）与系统管理员一起工作，保证系统的高可用。

DBA 的工作内容包含以下几点：

1．实时监控数据库告警日志

对于 DBA 来说，实时地监控数据库的告警日志是必须进行的工作，监控并且应该根据不同的告警级别，发送不同级别的告警信息（通过邮件、短信），这有助于及时了解数据库的变化与异常，及时响应并介入处理。

2．实时监控数据库的重要统计信息和等待事件

实时监控对于数据库的运行至关重要。要高度关注那些能够代表数据库重要变化的统计信息，并且据此发送告警信息。监控哪些统计信息应当根据不同的环境来区别对待，对于单机、RAC 环境等各不相同。

3．部署自动的 AWR 报告生成机制

每天要检查前一天的 AWR 报告（AWR 报告是 Oracle 10g 下提供的一种性能收集和分析工具，它能提供一个时间段内整个系统资源使用情况的报告，通过这个报告，就可以了解一个系统的整体运行情况，这就像一个人的全面的体检报告），熟悉数据库的运行状况，做到对数据库了如指掌。

4．每天至少了解或熟悉一个 Top SQL

根据 AWR 报告，每天至少了解或熟悉一个 Top SQL，能优化的要提出优化或调整建议。一个 DBA 应当对稳定系统中的 SQL 非常熟悉和了解，这样才可能在系统出现性能问题时快速作出判断和响应。

5．部署完善的监控系统，并对重要信息进行采样

DBA 应该对数据库部署完善的监控系统，并对重要信息进行采样，能够实时或定期生成数据库重要指标的曲线图，展现数据库的运行趋势。

6．全面深入地了解应用架构

对于一名 DBA 而言，一定要深入了解应用。在数据库本身变得更加自动化和简化之后，未来的 DBA 应该不断走向前端，加深对于应用的了解，从应用角度对数据库及全局进行把握和优化。

7．撰写系统架构、现状、调整备忘录

根据对数据库的研究和了解，不断记录数据库的状况，撰写数据库架构、现状及调整备忘录，不放过任何可能优化与改进的机会。

当然，DBA 的工作内容远不止上面列出的这几点，像数据库安装、数据库备份、数据库恢复等都属于 DBA 的工作内容，这里不再详述。

2.5 要想成为一名出色的数据库程序员，需要掌握哪些必备的知识？

数据库应用可以分为数据库开发、数据库管理、数据库优化、数据库设计等，要根据自己的工作性质来选择性地学习。总体来说，需要了解数据库有哪些功能，数据库应用可以如何分类，并且要知道哪些是重点知识。如果你是一个数据库开发人员，那么你就应该首先了解 SQL 和 PL/SQL 的编写，而不是数据库的备份与恢复。数据库开发要求开发人员能利用 SQL 完成数据库的增加、删除、修改、查询的基本操作，能用 PL/SQL 完成各类逻辑的实现。

相比数据库开发来说，数据库管理人员的人数需求在 IT 市场要少得多。这是由工作性质决定的。无论生产还是测试环境，搭建数据库都不可能非常频繁。如果数据崩溃需要恢复、数据需要迁移、紧急故障需要处理的情况频繁出现，那么这个企业基本上也就无法正常运营下去了。但是一旦出现问题，管理人员无法及时修复故障，将会受到来自各方面的指责，压力非常大。和开发人员相比，管理人员不需要每时每刻地忙碌着，但是却要时刻注意充电，提升自己的应急处理能力，还需要时刻对系统进行健康检查，以防不测。此外，虽然开发在逻辑思维方面的要求要高于管理，但是责任和压力却远没有管理这么大。数据库管理人员需要能完成数据库的安装、部署、参数调试、备份恢复、数据迁移等系统相关的工作；能完成分配用户、控制权限、表空间划分等管理相关工作；能进行故障定位、问题分析等数据库诊断修复相关工作。

不少企业没有设置专门的数据库优化岗位，它可能被融入资深开发、资深管理和资深设计人员的技能之中。对于有这样角色的企业来说，场景可能是这样的：生产环境运行缓慢，数据库管理人员通过跟踪诊断，查出问题所在，原来是系列 SQL 运行缓慢导致的整个数据库性能低下。这个时候对于数据库管理人员来说，他的工作结束了，然后优化人员介入，利用自己的知识优化这些 SQL。在没有专门角色的场景下，可能是这个管理人员有着丰富的技能，他优化了这些 SQL，也可能是资深开发人员或者是资深设计人员优化了这些 SQL。但是从工作职责划分、从更专业的角度来说，应该设置专职人员。数据库优化所需要的人员是最难估算的，或许很多，或许很少，甚至没有，但是却是最重要的岗位之一。数据库优化能在深入了解数据库的运行原理的基础上，利用各类工具及手段发现并解决数据库存在的性能问题，从而提升数据库运行效率，这个说着简单，其实很不容易。

数据库设计需要掌握的知识点最多，从事数据库设计是很不容易的，这是属于核心岗位的位置，少数人的规划和部署决定了产品最终的质量和生命力。从市场需求来说，从事设计的人员最少。一般来说，一个应届毕业生在相关开发、管理岗位努力工作两年后，都可以把开发及管理工作做得比较出色。要把优化工作做到得心应手应该至少要 3 年以上。要想从事设计相关工作，一般需要 5 年以上的工作经验。数据库设计需要深刻理解业务需求和数据库原理，合理高效地完成数据库模型的建设，设计出各类表及索引等数据库对象，让后续应用开发可以高效稳定。

另外，在就业的时候很多人眼高手低，一毕业就想从事设计及优化相关工作，结果找不到工作，因为企业根本不给这个机会。也有人一个劲地想做数据库管理工作，但是由于管理相关的岗位比较少，结果成功的人寥寥无几。很多时候当兴趣和工作不匹配时，不要强求，要耐心找机会。例如，掌握 SQL 开发技巧后，可以匹配到很多适合自己的岗位，轻易地获取工作机会，而精通 SQL 及 PL/SQL 开发技巧，对管理优化和设计都是非常有帮助的。

刚毕业从事数据库开发相关工作，后续有机会再从事管理相关工作，期间兼顾优化相关的技能学习，主动承担起优化的任务，争取成为一个兼职或者专职的优化人员。最后，随着业务的熟悉，水到渠成的从事数据库设计相关工作。当然，大家千万不要误认为设计就一定比管理好，管理就一定强过开发，市场的供需决定了人员的比例，但是各个岗位都可以有出色的专家，最完美的还是在自己感兴趣的领域中大展手脚。

要想成为一名出色的 DBA，需要掌握的知识非常多，尤其现今的很多企业对 DBA 的要求极高，一般都是要求熟练掌握一种数据库，同时熟悉其他数据库。下图展示了一名优秀的 DBA 需要掌握的一些基本内容。

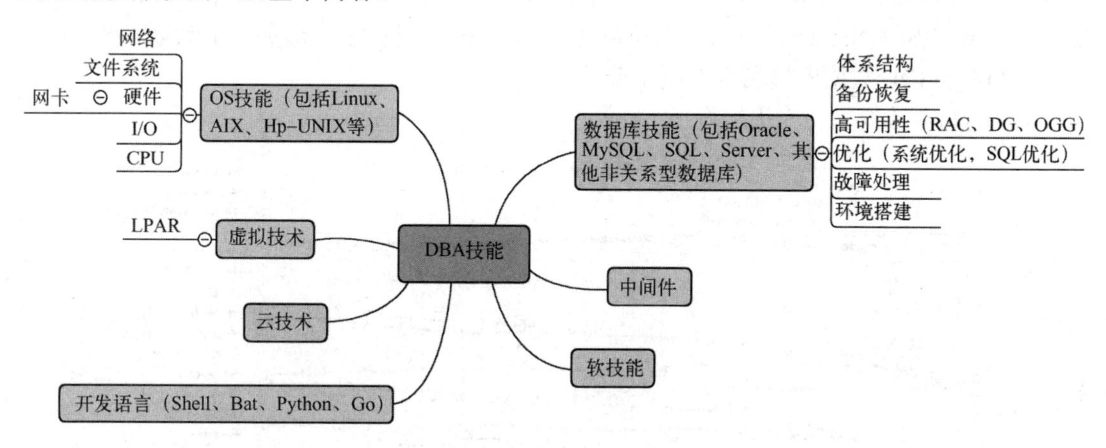

对于这些内容，可以从一些博客或著名网站去学习，如作者的博客、ITPUB 论坛、Oracle 官方网站等。一定要学会对 Oracle 官方文档的搜索。工作环境没有外网的读者可以先在有外网的环境下去编者的云盘下载离线的官方文档。在 Oracle 学习初期可以利用编者制作好的 CHM 格式的官方帮助文档进行全文搜索。另外，编者在个人云盘里分享了很多的学习资料，包括数据库、Java 等其他资料，读者可以有选择性地下载需要的学习资料。所以，总体来说，获取 Oracle 知识的可靠途径包括阅读官方文档（Concepts 部分需要反复阅读）、参加好的培训机构、购买相关书籍、阅读博客和公众号、请教公司前辈、做实验摸索总结等。

接下来将业内名人的一些话送给大家：①勤奋和坚持，这两点非常重要；②在看不清方向的时候，低下头来把手中的工作做好；③向他人学习，向聪明人学习，借鉴成功者、同行者的经验非常重要；④敞开心胸，平淡看得失；⑤在正确的时间做正确的事；⑥行动有时候比思想更重要。

2.6 各类数据库求职及市场使用情况

先看一组 DB-Engines（该网站统计全球数据库的排行榜，网址为 https://db-engines.com/en/ranking）发布的 2019 年 11 月份的数据库排名数据，前 10 名排名情况如下图所示。

357 systems in ranking, November 2019

Rank			DBMS	Database Model	Score		
Nov 2019	Oct 2019	Nov 2018			Nov 2019	Oct 2019	Nov 2018
1.	1.	1.	Oracle	Relational, Multi-model	1336.07	-19.81	+34.96
2.	2.	2.	MySQL	Relational, Multi-model	1266.28	-16.78	+106.39
3.	3.	3.	Microsoft SQL Server	Relational, Multi-model	1081.91	-12.81	+30.36
4.	4.	4.	PostgreSQL	Relational, Multi-model	491.07	+7.16	+50.83
5.	5.	5.	MongoDB	Document, Multi-model	413.18	+1.09	+43.70
6.	6.	6.	IBM Db2	Relational, Multi-model	172.60	+1.83	-7.27
7.	7.	↑8.	Elasticsearch	Search engine, Multi-model	148.40	-1.77	+4.94
8.	8.	↓7.	Redis	Key-value, Multi-model	145.24	+2.32	+1.06
9.	9.	9.	Microsoft Access	Relational	130.07	-1.10	-8.36
10.	10.	↑11.	Cassandra	Wide column	123.23	+0.01	+1.48

在上图中，Oracle、MySQL 和 Microsoft SQL Server 仍占据前三名，Oracle 虽然排名第一，但得分却呈下降趋势，与上月相比少了 19.81，但与去年同期相比多了 34.96。第二名的 MySQL 得分虽然有所下降，但与去年同期相比多了 106.39，与上月相比下降 16.78。第三名的 Microsoft SQL Server 得分较上月下降了 12.81，与去年同期相比，得分有比较高的提升。此外，PostgreSQL 数据库排名也有所上升趋势。

下图是每个数据库的变化趋势。

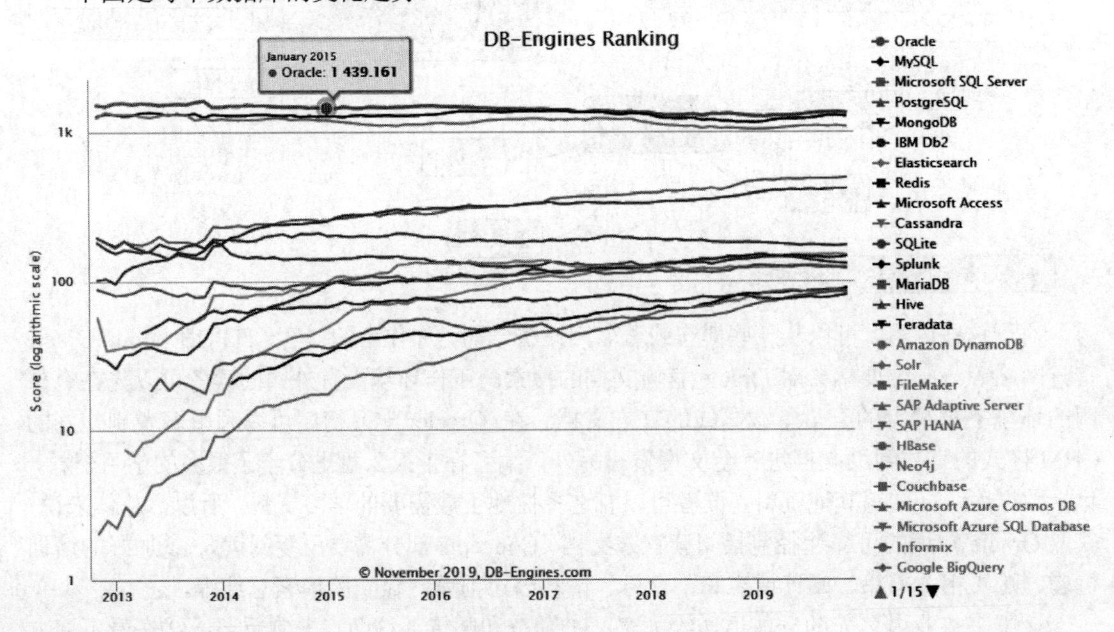

可以看到，前 3 名一直保持着远高于其他数据库的地位。下图是前 3 名（Oracle、MySQL 和 Microsoft SQL Server）数据库的排名详图。

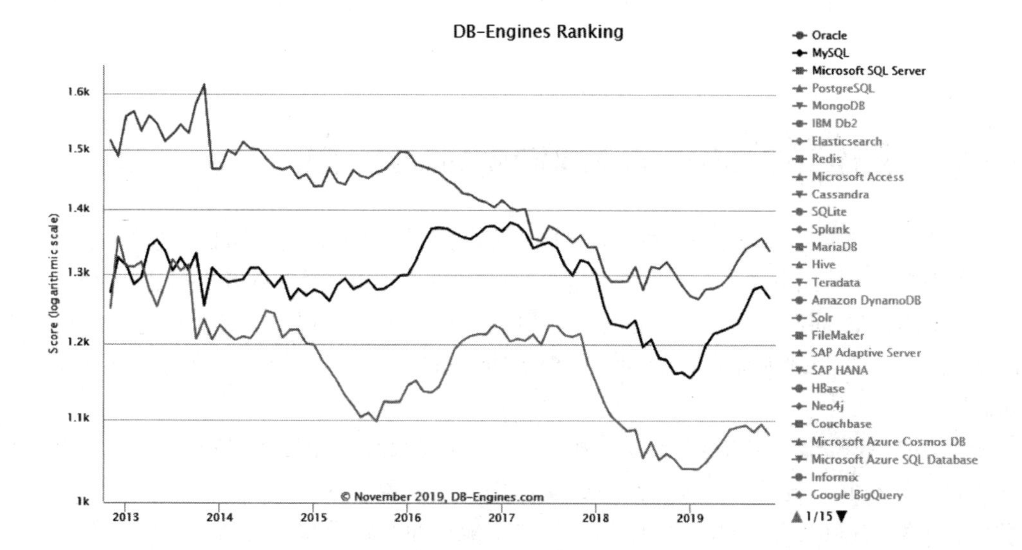

可以看到，第二名的 MySQL 和第 1 名的 Oracle 已经差距不大了，说不定在下一次排名发布时，就能看到不一样的三甲排名。

DB-Engines 排名的数据依据于以下几个不同的因素：

- Google 以及 Bing 搜索引擎的关键字搜索数量。
- Google Trends 的搜索数量。
- Indeed 网站中的职位搜索量。
- LinkedIn 中提到关键字的个人资料数。
- Stackoverflow 上相关的问题和关注者数量。

需要注意的是，这份榜单分析旨在为数据库相关从业人员提供一个技术方向的参考，其中涉及的排名情况并非基于产品的技术先进程度或市场占有率等因素。无论排名先后，选择与企业业务需求相匹配的技术，才是最重要的。

目前对于市场上数据库的求职，主要以 Oracle 和 MySQL 为主。对于 NoSQL 的要求，一般都是包含在 Oracle 或 MySQL 之内的，要求精通 Oracle 或 MySQL，熟悉一种 NoSQL 数据库。Oracle 主要在传统行业招聘，而 MySQL 主要在互联网行业招聘。

第 3 章　如何应对程序员面试笔试?

3.1 如何巧妙地回答面试官的问题?

在程序员面试中，求职者不可避免地需要回答面试官各种刁钻、犀利的问题，回答面试官的问题千万不能简单地回答“是”或者“不是”，而应该具体分析“是”或者“不是”的理由。

回答面试官的问题是一门很大的学问。那么，面对面试官提出的各类问题，如何才能条理清晰地回答？如何才能让自己的回答不至于撞上枪口？如何才能让自己的回答结果令面试官满意呢?

谈话是一种艺术，回答问题也是一种艺术，同样的话，不同的回答方式，往往也会产生不同的效果。在此，编者提出以下几点建议，供读者参考。首先回答问题务必谦虚谨慎。既不能让面试官觉得自己很自卑，唯唯诺诺，也不能让面试官觉得自己清高自负，而应该通过回答问题表现出自己自信从容、不卑不亢的一面。例如，当面试官提出“你在项目中起到了什么作用”的问题时，如果求职者回答：“我完成了团队中最难的工作”，此时就会给面试官一种居功自傲的感觉，而如果回答：“我完成了文件系统的构建工作，这个工作被认为是整个项目中最具有挑战性的一部分内容，因为它几乎无法重用以前的框架，需要重新设计”。这种回答不仅不傲慢，反而有理有据，更能打动面试官。

其次，回答面试官的问题时，不要什么都说，要适当地留有悬念。人一般都有好奇的心理，面试官自然也不例外，而且，人们往往对好奇的事情更有兴趣、更加偏爱，也更加记忆深刻。所以，在回答面试官问题时，切记说关键点而非细节，说重点而非和盘托出，通过关键点，吸引面试官的注意力，等待他们继续“刨根问底”。例如，当面试官对你的简历中的一个算法问题有兴趣，希望了解时，可以进行如下回答：“我设计的这种查找算法，对于 80%以上的情况都可以将时间复杂度从 O(n)降低到 O(logn)，如果您有兴趣，我可以详细给您分析具体的细节”。

最后，回答问题要条理清晰、简单明了，最好使用“三段式”方式。“三段式”有点类似于中学作文中的写作风格，包括“场景/任务”、“行动”和“结果”三部分内容。以面试官提的问题“你在团队建设中，遇到的最大挑战是什么”为例，第一步，分析场景/任务：在我参与的一个 ERP 项目中，我们团队一共 4 个人，除了我以外的其他 3 个人中，有两个人能力很给力，人也比较好相处，但有一个人却不太好相处，每次我们小组讨论问题时，他都不太爱说话，也很少发言，分配给他的任务也很难完成。第二步，分析行动：为了提高团队的综合实力，我决定找个时间和他好好单独谈一谈。于是我利用周末时间，约他一起吃饭，吃饭的时候，顺便讨论了一下我们的项目，我询问了一些项目中他遇到的问题，通过他的回答，我发现他并不懒，也不糊涂，只是对项目不太了解，缺乏经验，缺乏自信而已，所以越来越孤立，越来越不愿意讨论问题。为了解决这个问题，我尝试着把问题细化到他可以完成的程度，从而建立起他的自信心。第三步，分析结果：他是小组中水平最弱的人，但是慢慢地，他的技术变得越来越厉害了，也能够按时完成安排给他的工作，人也越来越自信了，也越来越喜欢参与我们的讨论，并发表自己的看法，我们也都愿意与他一起合作了。“三段式”回答的一个最明显的好处就是条理清晰，既有描述，也有结果，有根有据，让面试官一目了然。

回答问题的技巧，是一门大的学问。求职者完全可以在平时的生活中加以练习，提高自己与人沟通的技能，等到面试时，自然就得心应手了。

3.2 如何回答技术性问题？

在程序员面试中，面试官会经常询问一些技术性的问题，有的问题可能比较简单，都是历年的笔试面试真题，求职者在平时的复习中会经常遇到，应对自然不在话下。但有的题目可能比较难，来源于 Google、Microsoft 等大企业的题库或是企业自己为了招聘需要设计的题库，求职者可能从来没见过或者从来都不能完整地、独立地想到解决方案，而这些题目往往又是企业比较关注的。

如何能够回答好这些技术性的问题呢？编者建议：会做的一定要拿满分，不会做的一定要拿部分分。即对于简单的题目，求职者要努力做到完全正确，毕竟这些题目，只要复习得当，完全回答正确一点问题都没有；对于难度比较大的题目，不要惊慌，也不要害怕，即使无法完全做出来，也要努力思考问题，哪怕是半成品也要写出来，至少要把自己的思路表达给面试官，让面试官知道你的想法，而不是完全回答不会或者放弃，因为很多时候面试官除了关注你独立思考问题的能力外，还会关注你技术能力的可塑性，观察求职者是否能够在别人的引导下去正确地解决问题，所以，对于你不会的问题，他们很有可能会循序渐进地启发你去思考，通过这个过程，让他们更加了解你。

在回答技术性问题时，一般都可以采用以下 6 个步骤。

（1）勇于提问

面试官提出的问题，有时候可能过于抽象，让求职者不知所措，或者无从下手。所以，对于面试中的疑惑，求职者要勇敢地提出来，多向面试官提问，把不明确或二义性的情况都问清楚。不用担心你的问题会让面试官烦恼，影响你的面试成绩，相反还对面试结果产生积极影响：一方面，提问可以让面试官知道你在思考，也可以给面试官一个心思缜密的好印象；另一方面，方便后续自己对问题的解答。

例如，面试官提出一个问题：设计一个高效的排序算法。求职者可能丈二和尚摸不到头脑，排序对象是链表还是数组？数据类型是整型、浮点型、字符型，还是结构体类型？数据基本有序还是杂乱无序？数据量有多大，1000 以内还是百万以上个数？此时，求职者大可以将自己的疑问提出来，问题清楚了，解决方案也自然就出来了。

（2）高效设计

对于技术性问题，如何才能打动面试官？完成基本功能是必需的，仅此而已吗？显然不是，完成基本功能顶多只能算及格水平，要想达到优秀水平，至少还应该考虑更多的内容。以排序算法为例：时间是否高效？空间是否高效？数据量不大时也许没有问题，如果是海量数据呢？是否考虑了相关环节，如数据的“增删改查”？是否考虑了代码的可扩展性、安全性、完整性及鲁棒性？如果是网站设计，是否考虑了大规模数据访问的情况？是否需要考虑分布式系统架构？是否考虑了开源框架的使用？

（3）伪代码先行

有时候实际代码会比较复杂，上手就写很有可能会漏洞百出、条理混乱，所以，求职者可以首先征求面试官的同意，在编写实际代码前，写一个伪代码或者画好流程图，这样做往往会让思路更加清晰明了。

切记在写伪代码前要告诉面试官，他们很有可能对你产生误解，认为你只会纸上谈兵，实际编码能力却不行。只有征得了他们的允许，方可先写伪代码。

（4）控制节奏

如果是算法设计题，面试官都会给求职者一个时间限制用以完成设计，一般为 20min 左右。完成得太慢，会给面试官留下能力不行的印象，但完成得太快，如果不能保证百分百正确，也会给面试官留下毛手毛脚的印象。速度快当然是好事情，但只有速度，没有质量，肯定不会给面试加分。所以，编者建议，回答问题的节奏最好不要太慢，也不要太快，如果实在是完成得比较快，也不要急于提交给面试官，最好能够利用剩余的时间，认真仔细地检查一些边界情况、异常情况及极性情况等，看是否也能满足要求。

（5）规范编码

回答技术性问题时，多数都是纸上写代码，离开了编译器的帮助，求职者要想让面试官对自己的代码一看即懂，除了字迹要工整外，最好能够严格遵循编码规范：函数变量命名、换行缩进、语句嵌套和代码布局等。同时，代码设计应该具有完整性，保证代码能够完成基本功能、输入边界值能够得到正确地输出、对各种不合规范的非法输入能够做出合理的错误处理，否则，写出的代码即使无比高效，面试官也不一定看得懂或者看起来非常费劲，这些对面试成功都是非常不利的。

（6）精心测试

在软件界，有一句真理：任何软件都有漏洞。但不能因为如此就纵容自己的代码，允许错误百出。尤其是在面试过程中，实现功能也许并不困难，困难的是在有限的时间内设计出的算法的各种异常是否都得到了有效的处理，各种边界值是否都在算法设计的范围内。

测试代码是让代码变得完备的高效方式之一，也是一名优秀程序员必备的素质之一。所以，在编写代码前，求职者最好能够了解一些基本的测试知识，做一些基本的单元测试、功能测试、边界测试以及异常测试。

在回答技术性问题时，注意在思考问题的时候，千万别一句话都不说，面试官面试的时间是有限的，他们希望在有限的时间内尽可能地去了解求职者。如果求职者坐在那里一句话不说，不仅会让面试官觉得求职者技术水平不行，还会觉得求职者的思考问题的能力以及沟通能力可能都存在问题。

其实，在面试时，求职者往往会存在一种思想误区，把技术性面试的结果看得太重要了。对于面试过程中的技术性问题来说，结果固然重要，但也并非是最重要的内容，因为面试官看重的不仅仅是最终的结果，还包括求职者在解决问题的过程中体现出来的逻辑思维能力以及分析问题的能力。所以，在面试的过程中，求职者要适当地提问，通过提问获取面试官的反馈信息，并抓住这些有用的信息进行辅助思考，从而获得面试官的青睐，进而提高面试的成功率。

3.3 如何回答非技术性问题？

评价一个人的能力，除了专业能力，还有一些非专业能力，如智力、沟通能力和反应能力等，所以在IT企业招聘过程的笔试面试环节中，并非所有的笔试内容都是C/C++、数据结构与算法、操作系统等专业知识，也包括其他一些非技术类的知识，如智力题、推理题和作文题等。技术水平测试可以考查一个求职者的专业素养，而非技术类测试则更加强调求职者的综合素质，包括数学分析能力、反应能力、临场应变能力、思维灵活性、文字表达能力和性格特征等内容。考查的形式多种多样，但与公务员考查相似，主要包括行测（占大多数）、性格测试（大部分都有）、应用文和开放问题等内容。

每个人都有自己的答题技巧，答题方式也各不相同，以下是一些相对比较好的答题技巧（以行测为例）：

1）合理有效的时间管理。由于题目的难易不同，因此不要对所有题目都“绝对的公平”或“一刀切”，要有轻重缓急，最好的做法是不按顺序回答。行测中有各种题型，如数量关系、图形推理、应用题、资料分析和文字逻辑等，而不同的人擅长的题型是不一样的，因此应该首先回答自己最擅长的问题。例如，如果对数字比较敏感，那么就先答数量关系。

2）注意时间的把握。由于题量一般都比较大，因此可以先按照总时间/题数来计算每道题的平均答题时间，如10s，如果看到某一道题5s后还没思路，则马上放弃。在做行测题目的时候，以在最短的时间内拿到最多分为目标。

3）平时多关注图表类题目，培养迅速抓住图表中各个数字要素间相互逻辑关系的能力。

4）做题要集中精力。只有集中精力、全神贯注，才能将自己的水平最大限度地发挥出来。

5）学会关键字查找。通过关键字查找，能够提高做题效率。

6）提高估算能力。有很多时候，估算能够极大地提高做题速度，同时保证正确率。

除了行测以外，一些企业非常相信个人性格对入职匹配的影响，所以都会引入相关的性格测试题用于测试求职者的性格特性，看其是否适合所投递的职位。大多数情况下，只要按照自己的真实想法选择就行了，不要弄巧成拙，因为测试是为了得出正确的结果，所以大多测试题前后都有相互验证的题目。如果求职者自作聪明，选择该职位可能要求的性格选项，则很可能导致测试前后不符，这样很容易让企业发现你是个不诚实的人，从而首先予以筛除。

3.4 在被企业拒绝后是否可以再申请？

很多企业为了能够在一年一度的招聘季节中，提前将优秀的程序员锁定到自己的麾下，往往会先下手为强。他们通常采取的措施有以下两种：招聘实习生和多轮招聘。

如果应聘者在企业的实习生招聘或在企业以前的招聘中没被录取，一般是不会被拉入企业的黑名单的。在下一次招聘中，应聘者和其他求职者具有相同的竞争机会（有些企业可能会要求求职者等待半年到一年时间再次应聘该企业，但上一次求职的糟糕表现不会被计入此次招聘中）。

以编者身边的很多同学和朋友为例，很多人最开始被一家企业拒绝了，过了一段时间，又发现他们已成为该企业的员工。所以，即使被企业拒绝了也不是什么大不了的事情，以后还有机会的，有志者自有千计万计，无志者只感千难万难，关键是看你愿意成为什么样的人。

3.5 如何应对自己不会回答的问题?

在面试的过程中，对面试官提出的问题，求职者并不是每个问题都能回答上来，计算机技术博大精深，很少有人能对计算机技术的各个分支学科了如指掌。抛开技术层面的问题，在面试那种紧张的环境中，回答不上来也很正常。面试的过程是一个和面试官“斗智斗勇”的过程，遇到自己不会回答的问题时，错误的做法是保持沉默或者支支吾吾、不懂装懂，硬着头皮胡乱说一通，这样会使面试气氛很尴尬，很难再往下继续进行。

其实面试遇到不会的问题是一件很正常的事情，没有人是万事通，即使对自己的专业有相当的研究与认识，也可能会在面试中遇到感觉没有任何印象、不知道如何回答的问题。在面试中遇到实在不懂或不会回答的问题，正确的做法是本着实事求是的原则，告诉面试官不知道答案。例如，“对不起，不好意思，这个问题我回答不出来，我能向您请教吗?”

征求面试官的意见时可以说说自己的个人想法，如果面试官同意听了，就将自己的想法说出来，回答时要谦逊有礼，切不可说起没完，然后应该虚心地向面试官请教，表现出强烈的学习欲望。

所以，遇到自己不会的问题时，正确的做法是：“知之为知之，不知为不知”，不懂就是不懂，不会就是不会，一定要实事求是，坦然面对。最后能给面试官留下诚实、坦率的好印象。

3.6 如何应对面试官的“激将法”语言?

“激将法”是面试官用以淘汰求职者的一种惯用方法，是指面试官采用怀疑、尖锐或咄咄逼人的交流方式来对求职者进行提问的方法。例如，“我觉得你比较缺乏工作经验”、“我们需要活泼开朗的人，你恐怕不合适”、“你的教育背景与我们的需求不太适合”、“你的成绩太差”“你的英语没过六级”、“你的专业和我们不对口”、“为什么你还没找到工作”或“你竟然有好多门课不及格”等，遇到这样的问题，很多求职者会很快产生我是来面试而不是来受侮辱的想法，往往会被“激怒”，于是奋起反抗。千万要记住，面试的目的是要获得工作，而不是要与面试官争个高低，也许争辩取胜了，却失去了一份工作。所以对于此类问题，求职者应该进行巧妙的回答，一方面化解不友好的气氛，另一方面得到面试官的认可。

受到这种“激将”时，求职者首先应该保持清醒的头脑，企业让你来参加面试，说明你已经通过了他们第一轮的筛选，至少从简历上看你符合求职岗位的需要，企业对你还是感兴趣的。其次，做到不卑不亢，不要被面试官的思路带走，要时刻保持自己的思路和步调。此时可以换一种方式，如介绍自己的经历、工作和优势，来表现自己的抗压能力。

针对面试官提出的非名校毕业的问题，比较巧妙的回答是：比尔·盖茨也并非毕业于哈佛大学，但他一样成为世界首富，成为举世瞩目的人物。针对缺乏工作经验的问题，可以回答：每个人都是从没经验变为有经验的，如果有幸最终能够成为贵公司的一员，我将很快成为一个经验丰富的人。针对专业不对口的问题，可以回答：专业人才难得，复合型人才更难得，在某些方面，外行的灵感往往超过内行，他们一般没有思维定势，没有条条框框。面试官还可能提问：你的学历对我们来讲太高了。此时也可以很巧妙地回答：今天我带来的 3 张学历证书，您可以从中挑选一张您认为合适的，其他两张，您就不用管了。针对性格内向的问题，可以回答：内向的人往往具有专心致志、锲而不舍的品质，而且我善于倾听，我觉得应该把发言机会更多地留给别人。

面对面试官的“挑衅”行为，如果求职者回答得结结巴巴，或者无言以对，抑或怒形于色、据理力争，那就掉进了对方所设的陷阱，所以当求职者碰到此种情况时，最重要的一点就是保持头脑冷静，不要过分较真，以一颗平淡的心对待。

3.7 如何处理与面试官持不同观点这个问题?

在面试的过程中，求职者所持有的观点不可能与面试官一模一样。当与面试官持不同观点时，有的求职者自作聪明，立马就反驳面试官，如“不见得吧!”“我看未必”“不会”“完全不是这么回事!”或“这样的说法未必全对”等。也许确实不像面试官所说的，但是太过直接的反驳往往会导致面试官心理的不悦，最终的结果很可能是“逞一时之快，失一份工作”。

就算与面试官持不一样的观点，也应该委婉地表达自己的真实想法，因为我们不清楚面试官的度量，碰到心胸宽广的面试官还好，万一碰到了“小心眼”的面试官，他和你较真起来，吃亏的还是自己。

所以回答此类问题的最好方法是先赞同面试官的观点，给对方一个台阶下，然后再说明自己的观点，用“同时”“而且”过渡，千万不要说“但是”，一旦说了“但是”“却”就容易把自己放在面试官的对立面去。

3.8 什么是职场暗语?

随着求职大势的变迁发展，以往常规的面试套路，因为过于单调、简明，已经被众多“面试达人”们挖掘出了各种“破解秘诀”，形成了类似“求职宝典”的各类“面经”。所谓“道高一尺，魔高一丈”，面试官们也纷纷升级面试模式，为求职者们制作了更为隐蔽、间接的面试题目，让那些早已流传开来的“面试攻略”毫无用武之地，一些蕴涵丰富信息但以更新面目出现的问话屡屡“秒杀”求职者，让求职者一头雾水，掉进了陷阱里面还以为吃到肉了。例如，“面试官从头到尾都表现出对我很感兴趣的样子，营造出马上就要录用我的氛围，为什么我最后还是悲剧了？”“为什么 HR 会问我一些与专业、能力根本无关的怪问题，我感觉回答得也还行，为什么最后还是被拒了？”其实，这都是没有听懂面试“暗语”，没有听出面试官“弦外之音”的表现。“暗语”已经成为一种测试求职者心理素质、挖掘求职者内心真实想法的有效手段。理解这些面试中的暗语，对于求职者而言，不可或缺。

以下是一些常见的面试暗语，求职者一定要弄清楚其中蕴含的深意。

（1）请把简历先放在这，有消息我们会通知你的

面试官说出这句话，则表明他对你已经“兴趣不大”。为什么一定要等到有消息了再通知呢？难道现在不可以吗？所以，作为求职者，此时一定不要自作聪明、一厢情愿地等待着他

们有消息通知你，因为他们一般不会有消息了。

（2）我不是人力资源的，你别拘束，咱们就当是聊天

一般来说，能当面试官的人都是久经沙场的老将，都不太好对付。他们表面上彬彬有礼，看上去笑眯眯、很和气的样子，说起话来可能偶尔还带点小结巴，但没准儿一肚子“坏水”，巴不得下个套把你套进去。求职者千万不能被眼前的这种“假象”所迷惑，而应该时刻保持高度警觉，面试官不经意间问出来的问题，看似随意，很可能是他最想知道的。所以，千万不要把面试过程当作聊天，不要把面试官提出的问题当作是普通问题，而应该对每一个问题都仔细思考，认真回答，切忌不经过大脑的随意接话和回答。

（3）是否可以谈谈你的要求和打算

面试官在翻阅了求职者的简历后，说出这句话，很有可能是对求职者有兴趣，此时求职者应该尽量全方位地表现个人水平与才能，但也不能像王婆卖瓜那样引起对方的反感。

（4）面试时只是“例行公事”式的问答

如果面试时只是“例行公事”式的问答，没有什么激情或者主观性的赞许，此时希望就很渺茫了。如果面试官对你的专长问得很细，而且表现出一种极大的关注与热情，那么此时希望会很大，作为求职者，一定要抓住机会，将自己最好的一面展示在面试官面前。

（5）你好，请坐

简单的一句话，从面试官口中说出来其含义就大不同了。一般而言，面试官说出此话，求职者回答“你好”或“您好”不重要，重要的是求职者是否“礼貌回应”和“坐不坐”。有的求职者的回应是“你好”或“您好”后直接落座，也有求职者回答“你好，谢谢”或“您好，谢谢”后落座，还有求职者一声不吭就坐下去，极个别求职者回答“谢谢”但不坐下来。前两种行为都可接受，后面两种行为都不可接受。通过问候语，可以体现一个人的基本修养，直接影响求职者在面试官心目中的第一印象。

（6）面试官向求职者探过身去

在面试的过程中，面试官会有一些肢体语言，了解这些肢体语言对于了解面试官的心理情况以及面试的进展情况非常重要。例如，当面试官向求职者探过身去时，一般表明面试官对求职者很感兴趣；当面试官打呵欠或者目光呆滞，甚至打开手机看时间或打电话、接电话时，一般表明面试官此时有了厌烦的情绪；当面试官收拾文件或从椅子上站起来，一般表明此时面试官打算结束面试。针对面试官的肢体语言，求职者也应该迎合他们：当面试官很感兴趣时，应该继续陈述自己的观点；当面试官厌烦时，此时最好停下来，询问面试官是否愿意再继续听下去；当面试官打算结束面试，领会其用意，并准备好收场白，尽快地结束面试。

（7）你从哪里知道我们的招聘信息的

面试官提出这种问题，一方面是在评估招聘渠道的有效性，另一方面是想知道求职者是否有熟人介绍。一般而言，熟人介绍总体上会有加分，但是也不全是如此。如果是一个在单位里表现不佳或者是历史记录不良的熟人介绍推荐的，则会起到相反的效果。而大多数面试官主要是为了评估自己企业发布招聘广告的有效性，顺带评估 HR 敬业与否。

（8）你念书的时间还是比较富足的

表面上看，这是对他人的高学历表示赞赏，但同时也是一语双关，如果“高学历”的同时还搭配上一个“高年龄”，就一定要提防面试官的质疑：比如有些人因为上学晚或者工作了以后再回来读的研究生，毕业年龄明显高出平均年龄。此时一定要向面试官解释清楚，否则，

如果面试官自己揣摩，往往会向不利于求职者的方向思考，如求职者年龄大的原因是高考复读过、考研用了两年甚至更长时间或者是先工作后读研等。如果面试官有了这种想法，最终的求职结果也就很难说了。

（9）你有男/女朋友吗？对异地恋爱怎么看待

一般而言，面试官都会询问求职者的婚恋状况，一方面是对求职者个人问题的关心，另一方面，对于女性而言，绝大多数面试官不是特意来打探你的隐私，他提出是否有男朋友的问题，很有可能是在试探你是否近期要结婚生子，将会给企业带来什么程度的负担。“能不能接受异地恋”，很有可能是考查你是否能够安心在一个地方工作，或者是暗示该岗位可能需要长期出差，试探求职者如何在感情和工作上做出抉择。与此类似的问题还有“如果求职者已婚，面试官会问是否生育，如果已育可能还会问小孩谁带？”所以，如果面试官有这一层面的意思，尽量要当场表态，避免将来的麻烦。

（10）你还应聘过其他什么企业

面试官提出这种问题是在考核你的职业生涯规划，同时顺便评估下你被其他企业录用或淘汰的可能性。若面试官对求职者提出此种问题，则表明面试官对求职者是基本肯定的，只是还不能下决定是否最终录用。如果你还应聘过其他企业，请最好选择相关联的岗位或行业回答。一般而言，如果应聘过其他企业，则一定要说自己拿到了其他企业的录用通知（offer）。如果其他的行业影响力高于现在面试的企业，则无疑可以加大你自身的筹码，有时甚至可以因此拿到该企业的顶级 offer。如果行业影响力低于现在面试的企业，如果回答没有拿到 offer，则会给面试官一种误导：连这家企业都没有给你 offer，如果我们给你 offer 了，岂不是说明我们不如这家企业。

（11）这是我的名片，你随时可以联系我

在面试结束时，若面试官起身将求职者送到门口，并主动与求职者握手，给求职者名片或者自己的个人电话，希望日后多加联系，此时，求职者一定要明白，面试官已经对自己非常肯定了，这是被录用的前兆，因为很少有面试官会放下身段，对一个已经没有录用可能的求职者还如此“厚爱”。很多面试官在整个面试过程中会一直塑造出一种即将录用求职者的假象，如“你来到我们公司的话，有可能会比较忙”等模棱两可的表述，但如果面试官亲手将名片递给求职者，言谈中也流露出兴奋、积极的意向和表情，一般是表明了一种接纳你的态度。

（12）你担任很多职务，时间安排得过来吗

对于有些职位，如销售等，学校的积极分子往往更具优势，但在应聘研发类岗位时，却并不一定吃香。面试官提出此类问题，其实就是对一些在学校当“领导”的学生的一种反感，大量的社交活动很有可能占据学业时间，从而导致专业基础不牢固等。所以，针对上述问题，求职者在回答时，一定要告诉面试官，自己参与组织的“课外活动”并没有影响到自己的专业技能。

（13）面试结束后，面试官说“我们有消息会通知你的”

一般而言，面试官让求职者等通知，有多种可能性：没戏了；面试你的人不是负责人，拿不了主意，还需要请示领导；公司对你不是特别满意，希望再多面试一些人，把你当作备胎，如果有比你更好的就不用你了，如果没有就会找你；公司需要对面试过并留下来的人进行重新选择，可能会安排二次面试。所以，当面试官说这话时，表明此时成功的可能

性不大，至少这一次不能给予肯定的回复。如果对方热情地和你握手言别，再加一句“欢迎你应聘本公司”的话，此时一般十有八九能和他成为同事了。

（14）我们会在几天后联系你

一般而言，如果面试官说出这句话，则表明面试官对求职者还是很感兴趣的，尤其是当面试官仔细询问你所能接受的薪资情况等相关情况，否则他们会尽快结束面谈，而不是多此一举。

（15）面试官认为该结束面试时的暗语

一般而言，求职者自我介绍之后，面试官会相应地提出各类问题，然后转向谈工作。面试官首先会介绍工作内容和职责，接着让求职者谈谈今后工作的打算和设想，然后双方会谈及福利待遇问题，谈完之后你就应该主动做出告辞的姿态，不要盲目拖延时间。

面试官认为该结束面试时，往往会说以下暗示的话语来提醒求职者：

1）我很感激你对我们公司这项工作的关注。

2）真难为你了，跑了这么多路，多谢了。

3）谢谢你对我们招聘工作的关心，我们一旦做出决定就会立即通知你。

4）你的情况我们已经了解。在做出最后决定之前，我们还要再面试几位申请人。

此时，求职者应该主动站起身来，露出微笑，和面试官握手告辞，并且谢谢他，然后有礼貌地退出面试室。适时离场还包括不要在面试官结束谈话之前表现出浮躁不安、急欲离去或另去赴约的样子，过早地想离场会使面试官认为你应聘没有诚意或做事情没有耐心。

（16）如果让你调到其他岗位，你愿意吗

有些企业招聘岗位和人员较多，在面试中，当听到面试官说出此话时，言外之意是该岗位也许已经招满了，但企业对你兴趣不减，还是很希望你能成为企业的一员。面对这种提问，求职者应该迅速做出反应，如果认为对方是个不错的企业，你对新的岗位又有一定的把握，也可以先进单位再选岗位；如果对方情况一般，新岗位又不太适合自己，最好当面回答不行。

（17）你能来实习吗

对于实习这种敏感的问题，面试官一般是不会轻易提及的，除非是确实对求职者很感兴趣，相中求职者了。当求职者遇到这种情况时，一定要清楚面试官的意图，他希望求职者能够表态，如果确实可以去实习，一定及时地在面试官面前表达出来，这无疑可以给予自己更多的机会。

（18）你什么时候能到岗

当面试官问及到岗的时间时，表明面试官已经同意给 offer 了，此时只是为了确定求职者是否能够及时到岗并开始工作。如果确有难处千万不要遮遮掩掩，含糊其辞，说清楚情况，诚实守信。

针对面试中存在的这种暗语，在面试过程中，求职者一定不要“很傻很天真”，要多留一个心眼，多推敲面试官的深意，仔细想想其中的“潜台词”，从而将面试官的那点“小伎俩”掌控在股掌之中。

下篇　面试笔试经验技巧篇

面试笔试技术攻克篇主要针对近 3 年以来近百家顶级 IT 企业的前端程序员面试笔试真题而设计，这些企业涉及业务包括系统软件、搜索引擎、电子商务、手机 APP、安全关键软件等，面试笔试真题难易适中，覆盖知识面广，非常具有代表性与参考性。本篇对这些真题所涉及的知识点进行了合理地划分与归类，并且对其进行了庖丁解牛式地分析与讲解，针对真题中涉及的部分重难点问题，本篇都进行了适当地扩展与延伸，力求对知识点的讲解清晰而不紊乱，全面而不啰嗦，使得读者能够通过本书不仅获取到求职的知识，同时更有针对性地进行求职准备，最终能够收获一份满意的工作。

第 4 章　数据库基本理论

4.1 什么是范式和反范式?

当设计关系型数据库时，需要遵从不同的规范要求，设计出合理的关系型数据库，这些不同的规范要求被称为不同的范式（Normal Form），越高的范式数据库冗余越小。应用数据库范式可以带来许多好处，但是最主要的目的是为了消除重复数据，减少数据冗余，更好地组织数据库内的数据，让磁盘空间得到更有效的利用。范式的缺点：范式使查询变得相当复杂，在查询时需要更多的连接，一些复合索引的列由于范式化的需要被分割到不同的表中，导致索引策略不佳。

1．什么是第一、二、三、BC 范式？

所谓“第几范式”，是表示关系的某一种级别，所以经常称某一关系 R 为第几范式。目前关系型数据库有六种范式：第一范式（1NF）、第二范式（2NF）、第三范式（3NF）、巴斯-科德范式（BCNF）、第四范式（4NF）和第五范式（5NF，又称完美范式）。满足最低要求的范式是第一范式（1NF）。在第一范式的基础上进一步满足更多规范要求的称为第二范式（2NF），其余范式以此类推。一般说来，数据库只需满足第三范式（3NF）就行了。满足高等级的范式的先决条件是必须先满足低等级范式。

在关系数据库中，关系是通过表来表示的。在一个表中，每一行代表一个联系，而一个关系就是由许多的联系组成的集合。所以，在关系模型中，关系用来指代表，而元组用来指代行，属性就是表中的列。对于每一个属性，都存在一个允许取值的集合，称为该属性的域。

下表介绍范式中会用到的一些常用概念。

概念		简　介
表	实体（Entity）	就是实际应用中要用数据描述的事物，它是现实世界中客观存在并可以被区别的事物，一般是名词。比如“一个学生”、“一本书”、“一门课”等。需要注意的是，这里所说的“事物”不仅仅是看得见摸得着的“东西”，它也可以是虚拟的，比如说“老师与学校的关系”
	数据项（Data Item）	即字段（Fields）也可称为域、属性、列。数据项是数据的不可分割的最小单位。数据项可以是字母、数字或两者的组合。通过数据类型（逻辑的、数值的、字符的等）及数据长度来描述。数据项用来描述实体的某种属性。数据项包含数据项的名称、编号、别名、简述、数据项的长度、类型、数据项的取值范围等内容。教科书上解释为：“实体所具有的某一特性”，由此可见，属性一开始是个逻辑概念，比如说，“性别”是“人”的一个属性。在关系数据库中，属性又是个物理概念，属性可以看作是“表的一列”
	数据元素（Data Element）	数据元素是数据的基本单位。数据元素也称元素、行、元组、记录（Record）。一个数据元素可以由若干个数据项组成。表中的一行就是一个元组
码	码	也称为键（Key），它是数据库系统中的基本概念。所谓码就是能唯一标识实体的属性，它是整个实体集的性质，而不是单个实体的性质，包括超码、候选码、主码和全码
	超码	超码是一个或多个属性的集合，这些属性的组合可以在一个实体集中唯一地标识一个实体。如果 K 是一个超码，那么 K 的任意超集也是超码，也就是说如果 K 是超码，那么所有包含 K 的集合也是超码

（续）

概念		简　介
	候选码	在一个超码中，可能包含了无关紧要的属性，如果对于一些超码，他们的任意真子集都不能成为超码，那么这样的最小超码称为候选码
	主码	从候选码中挑一个最少键的组合，它就叫主码（主键，Primary Key）。每个主码应该具有下列特征：1.唯一的。2.最小的（尽量选择最少键的组合）。3.非空。4.不可更新的（不能随时更改）
	全码	如果一个码包含了所有的属性，这个码就是全码（All-key）
	外码	关系模式R中的一个属性或属性组X并非R的码，但X是另一个关系模式的码，则称X是R的外码，也称外键（Foreign Key）。例如，在SC（Sno，Cno，Grade）中，Sno不是码，但Sno是关系模式S（Sno，Sdept，Sage）的码，则Sno是关系模式SC的外码。主码与外码一起提供了表示关系间联系的手段
主属性		一个属性只要在任何一个候选码中出现过，这个属性就是主属性（Prime Attribute）
非主属性		与主属性相反，没有在任何候选码中出现过，这个属性就是非主属性（Nonprime Attribute）或非码属性（Non-key Attribute）
依赖表（Dependent Table）		依赖表也称为弱实体（Weak Entity）是需要用父表标识的子表
关联表（Associative Table）		关联表是多对多关系中两个父表的子表
函数依赖	函数依赖	函数依赖是指关系中一个或一组属性的值可以决定其他属性的值。函数依赖就像一个函数y=f(x)一样，x的值给定后，y的值也就唯一地确定了，写作X→Y。函数依赖不是指关系模式R的某个或某些关系满足的约束条件，而是指R的一切关系均要满足的约束条件
	完全函数依赖	在一个关系中，若某个非主属性数据项依赖于全部关键字称之为完全函数依赖。例如，在成绩表（学号，课程号，成绩）关系中，（学号，课程号）可以决定成绩，但是学号不能决定成绩，课程号也不能决定成绩，所以“（学号，课程号）→成绩”就是完全函数依赖
	传递函数依赖	传递函数依赖指的是如果存在“A→B→C”的决定关系，则C传递函数依赖于A

1）实体（Entity）：就是实际应用中要用数据描述的事物，它是现实世界中客观存在并可以被区别的事物，一般是名词。比如“一个学生”、“一本书”、“一门课”等等。需要注意的是，这里所说的“事物”不仅仅是看得见摸得着的“东西”，它也可以是虚拟的，比如说“老师与学校的关系”。

2）数据项（Data Item）：即字段（Fields）也可称为域、属性、列。数据项是数据的不可分割的最小单位。数据项可以是字母、数字或两者的组合。通过数据类型（逻辑的、数值的、字符的等）及数据长度来描述。数据项用来描述实体的某种属性。数据项包含数据项的名称、编号、别名、简述、数据项的长度、类型、数据项的取值范围等内容。教科书上解释为：“实体所具有的某一特性”，由此可见，属性一开始是个逻辑概念，比如说，“性别”是“人”的一个属性。在关系数据库中，属性又是个物理概念，属性可以看作是“表的一列”。

3）数据元素（Data Element）：数据元素是数据的基本单位。数据元素也称元素、行、元组、记录（Record）。一个数据元素可以由若干个数据项组成。表中的一行就是一个元组。

4）码：也称为键（Key），它是数据库系统中的基本概念。所谓码就是能唯一标识实体的属性，它是整个实体集的性质，而不是单个实体的性质，包括超码、候选码、主码和全码。

- 超码：超码是一个或多个属性的集合，这些属性的组合可以在一个实体集中唯一地标识一个实体。如果K是一个超码，那么K的任意超集也是超码，也就是说如果K是超码，那么所有包含 K 的集合也是超码。

- 候选码：在一个超码中，可能包含了无关紧要的属性，如果对于一些超码，他们的任意真子集都不能成为超码，那么这样的最小超码称为候选码。
- 主码：从候选码中挑一个最少键的组合，它就叫主码（主键，Primary Key）。每个主码应该具有下列特征：1.唯一的。2.最小的（尽量选择最少键的组合）。3.非空。4.不可更新的（不能随时更改）。
- 全码：如果一个码包含了所有的属性，这个码就是全码（All-key）。
- 外码：关系模式 R 中的一个属性或属性组 X 并非 R 的码，但 X 是另一个关系模式的码，则称 X 是 R 的外码，也称外键（Foreign Key）。例如，在 SC（Sno，Cno，Grade）中，Sno 不是码，但 Sno 是关系模式 S（Sno，Sdept，Sage）的码，则 Sno 是关系模式 SC 的外码。主码与外码一起提供了表示关系间联系的手段。

5）主属性：一个属性只要在任何一个候选码中出现过，这个属性就是主属性（Prime Attribute）。

6）非主属性：与主属性相反，没有在任何候选码中出现过，这个属性就是非主属性（Nonprime Attribute）或非码属性（Non-key Attribute）。

7）依赖表（Dependent Table）：也称为弱实体（Weak Entity）是需要用父表标识的子表。

8）关联表（Associative Table）：是多对多关系中两个父表的子表。

9）依赖

- 函数依赖：函数依赖是指关系中一个或一组属性的值可以决定其他属性的值。函数依赖就像一个函数 $y=f(x)$一样，x 的值给定后，y 的值也就唯一地确定了，写作 X→Y。函数依赖不是指关系模式 R 的某个或某些关系满足的约束条件，而是指 R 的一切关系均要满足的约束条件。
- 完全函数依赖：在一个关系中，若某个非主属性数据项依赖于全部关键字称之为完全函数依赖。例如，在成绩表（学号，课程号，成绩）关系中，（学号，课程号）可以决定成绩，但是学号不能决定成绩，课程号也不能决定成绩，所以“（学号，课程号）→成绩”就是完全函数依赖。
- 传递函数依赖：指的是如果存在“A→B→C”的决定关系，则 C 传递函数依赖于 A。

下表列出了各种范式：

范式	特征	详　解	举　例
第一范式（1NF）	每一个属性不可再分	所谓第一范式（1NF）是指在关系模型中，对域添加的一个规范要求，所有的域都应该是原子性的，即数据库表的每一列都是不可分割的原子数据项，而不能是集合，数组，记录等非原子数据项。即当实体中的某个属性有多个值时，必须将其拆分为不同的属性。在符合第一范式（1NF）表中的每个域值只能是实体的一个属性或一个属性的一部分。简而言之，第一范式就是无重复的域。需要注意的是，在任何一个关系型数据库中，第一范式（1NF）是对关系模式的设计基本要求，一般设计时都必须满足第一范式（1NF）。不过有些关系模型中突破了 1NF 的限制，这种称为非 1NF 的关系模型。换句话说，是否必须满足 1NF 的最低要求，主要依赖于所使用的关系模型。不满足 1NF 的数据库就不是关系数据库。满足 1NF 的表必须要有主键且每个属性不可再分	由“职工号”、“姓名”、“电话号码”组成的职工表，由于一个人可能有一个办公电话和一个移动电话，所以，这时可以将其规范化为 1NF。将电话号码分为“办公电话”和“移动电话”两个属性，即职工表（职工号，姓名，办公电话，移动电话）

（续）

范式	特征	详　　解	举　　例
第二范式（2NF）	符合1NF，并且，非主属性完全依赖于码	在1NF的基础上，每一个非主属性必须完全依赖于码（在1NF基础上，消除非主属性对主键的部分函数依赖） 第二范式（2NF）是在第一范式（1NF）的基础上建立起来的，即满足第二范式（2NF）必须先满足第一范式（1NF）。第二范式（2NF）要求数据库表中的每个实例或记录必须可以被唯一地区分。选取一个能区分每个实体的属性或属性组，作为实体的唯一标识 第二范式（2NF）要求实体的属性完全依赖于主关键字。所谓完全依赖是指不能存在仅依赖主关键字一部分的属性，如果存在，那么这个属性和主关键字的这一部分应该分离出来形成一个新的实体，新实体与原实体之间是一对多的关系。为实现区分通常需要为表加上一个列，以存储各个实例的唯一标识。简而言之，第二范式就是在第一范式的基础上属性完全依赖于主键。 所有单关键字的数据库表都符合第二范式，因为不可能存在组合关键字	在选课关系表（学号，课程号，成绩，学分）中，码为组合关键字（学号，课程号）。但是，由于非主属性学分仅仅依赖于课程号，对关键字（学号，课程号）只是部分依赖，而不是完全依赖，所以，此种方式会导致数据冗余、更新异常、插入异常和删除异常等问题，其设计不符合 2NF。解决办法是将其分为两个关系模式：学生表（学号，课程号，分数）和课程表（课程号，学分），新关系通过学生表中的外键字课程号联系，在需要时通过两个表的连接来取出数据
第三范式（3NF）	符合1NF，并且，每个非主属性既不部分依赖于码也不传递依赖于码（在2NF基础上消除传递依赖）	如果关系模式 R 是第二范式，且每个非主属性都不传递依赖于R的码，则称R是第三范式的模式。第三范式（3NF）是第二范式（2NF）的一个子集，即满足第三范式（3NF）必须满足第二范式（2NF）。满足第三范式的数据库表应该不存在如下依赖关系： 关键字段→非关键字段 x→非关键字段 y 假定学生关系表为（学号，姓名，年龄，所在学院，学院地点，学院电话），关键字为单一关键字“学号”，因为存在如下决定关系： （学号）→（姓名，年龄，所在学院，学院地点，学院电话） 这个关系是符合 2NF 的，但是不符合 3NF，因为存在如下决定关系： （学号）→（所在学院）→（学院地点，学院电话） 即存在非关键字段“学院地点”、“学院电话”对关键字段“学号”的传递函数依赖。它也会存在数据冗余、更新异常、插入异常和删除异常的情况。把学生关系表分为如下两个表： 学生：（学号，姓名，年龄，所在学院） 学院：（学院，地点，电话） 这样的数据库表是符合第三范式的，消除了数据冗余、更新异常、插入异常和删除异常	学生表（学号，姓名，课程号，成绩），其中学生姓名若无重名，所以，该表有两个候选码（学号，课程号）和（姓名，课程号），则存在函数依赖：学号→姓名，（学号，课程号）→成绩，（姓名，课程号）→成绩，唯一的非主属性成绩对码不存在部分依赖，也不存在传递依赖，所以，属于第三范式
BCNF（Boyce-Codd Normal Form）	在1NF基础上，任何非主属性不能对主键子集依赖（在3NF基础上消除对主键子集的依赖）	若关系模式 R 是第一范式，且每个属性（包括主属性）既不存在部分函数依赖也不存在传递函数依赖于R的候选键，这种关系模式就是BCNF模式。即在第三范式的基础上，数据库表中如果不存在任何字段对任一候选关键字段的传递函数依赖则符合BCNF。BCNF是修正的第三范式，有时也称扩充的第三范式 BCNF是第三范式（3NF）的一个子集，即满足BCNF必须满足第三范式（3NF）。通常情况下，BCNF被认为没有新的设计规范加入，只是对第二范式与第三范式中设计规范要求更强，因而被认为是修正第三范式，也就是说，它事实上是对第三范式的修正，使数据库冗余度更小。这也是BCNF不被称为第四范式的原因 对于BCNF，在主键的任何一个真子集都不能决定于主属性。关系中U主键，若U中的任何一个真子集X都不能决定于主属性Y，则该设计规范属性BCNF。例如：在关系R中，U为主键，A属性是主键中的一个属性，若存在 A->Y，Y为主属性，则该关系不属于BCNF	假设仓库管理关系表（仓库号，存储物品号，管理员号，数量），满足一个管理员只在一个仓库工作；一个仓库可以存储多种物品。则存在如下关系： （仓库号，存储物品号）→（管理员号，数量） （管理员号，存储物品号）→（仓库号，数量） 所以，（仓库号，存储物品号）和（管理员号，存储物品号）都是仓库管理关系表的候选码，表中的唯一非关键字段为数量，它是符合第三范式的。但是，由于存在如下决定关系： （仓库号）→（管理员号） （管理员号）→（仓库号） 即存在关键字段决定关键字段的情况，所以，其不符合BCNF范式。把仓库管理关系表分解为二个关系表：仓库管理表（仓库号，管理员号）和仓库表（仓库号，存储物品号，数量），这样的数据库表是符合BCNF范式的，消除了删除异常、插入异常和更新异常

2．第一范式（1NF）：属性不可分

所谓第一范式（1NF）是指在关系模型中，对域添加的一个规范要求，所有的域都应该是原子性的，即**数据库表的每一列都是不可分割的原子数据项**，而不能是集合、数组、记录等非原子数据项。即当实体中的某个属性有多个值时，必须将其拆分为不同的属性。在符合第一范式（1NF）表中的每个域值只能是实体的一个属性或一个属性的一部分。简而言之，第一范式就是无重复的域。例如，由“职工号”、“姓名”、“电话号码”组成的职工表，由于一个人可能有一个办公电话和一个移动电话，所以，这时可以将其规范化为 1NF。将电话号码分为“办公电话”和“移动电话”两个属性，即职工表（职工号，姓名，办公电话，移动电话）。

需要注意的是，在任何一个关系型数据库中，第一范式（1NF）是对关系模式的设计基本要求，一般设计时都必须满足第一范式（1NF）。不过有些关系模型中突破了 1NF 的限制，这种称为非 1NF 的关系模型。换句话说，是否必须满足 1NF 的最低要求，主要依赖于所使用的关系模型。不满足 1NF 的数据库就不是关系数据库。满足 1NF 的表必须要有主键且每个属性不可再分。

3．第二范式（2NF）：符合 1NF，并且，非主属性完全依赖于码

在 1NF 的基础上，每一个非主属性必须完全依赖于码（在 1NF 基础上，消除非主属性对主键的部分函数依赖）。

第二范式（2NF）是在第一范式（1NF）的基础上建立起来的，即满足第二范式（2NF）必须先满足第一范式（1NF）。第二范式（2NF）要求数据库表中的每个实例或记录必须可以被唯一地区分。选取一个能区分每个实体的属性或属性组，作为实体的唯一标识。

例如，在选课关系表（学号，课程号，成绩，学分）中，码为组合关键字（学号，课程号）。但是，由于非主属性学分仅仅依赖于课程号，对关键字（学号，课程号）只是部分依赖，而不是完全依赖，所以，此种方式会导致数据冗余、更新异常、插入异常和删除异常等问题，其设计不符合 2NF。解决办法是将其分为两个关系模式：学生表（学号，课程号，分数）和课程表（课程号，学分），新关系通过学生表中的外键字课程号联系，在需要时通过两个表的连接来取出数据。

第二范式（2NF）要求实体的属性完全依赖于主关键字。所谓完全依赖是指不能存在仅依赖主关键字一部分的属性，如果存在，那么这个属性和主关键字的这一部分应该分离出来形成一个新的实体，新实体与原实体之间是一对多的关系。为实现区分通常需要为表加上一个列，以存储各个实例的唯一标识。简而言之，第二范式就是在第一范式的基础上属性完全依赖于主键。

所有单关键字的数据库表都符合第二范式，因为不可能存在组合关键字。

4．第三范式（3NF）

在 1NF 基础上，每个非主属性既不部分依赖于码也不传递依赖于码（在 2NF 基础上消除传递依赖）。如果关系模式 R 是第二范式，且每个非主属性都不传递依赖于 R 的码，则称 R 是第三范式的模式。第三范式（3NF）是第二范式（2NF）的一个子集，即满足第三范式（3NF）前必须先满足第二范式（2NF）。

例如，学生表（学号，姓名，课程号，成绩），其中学生姓名若无重名，所以，该表有两个候选码（学号，课程号）和（姓名，课程号），则存在函数依赖：学号→姓名，（学号，课程号）→成绩，（姓名，课程号）→成绩，唯一的非主属性成绩对码不存在部分依赖，也不存在传递依赖，所以，属于第三范式。

满足第三范式的数据库表应该不存在如下依赖关系：

关键字段→非关键字段 x→非关键字段 y

假定学生关系表为（学号，姓名，年龄，所在学院，学院地点，学院电话），关键字为单一关键字“学号”，因为存在如下决定关系：

（学号）→（姓名，年龄，所在学院，学院地点，学院电话）

这个关系是符合 2NF 的，但是不符合 3NF，因为存在如下决定关系：

（学号）→（所在学院）→（学院地点，学院电话）

即存在非关键字段“学院地点”、“学院电话”对关键字段“学号”的传递函数依赖。它也会存在数据冗余、更新异常、插入异常和删除异常的情况。把学生关系表分为如下两个表：

学生：（学号，姓名，年龄，所在学院）；

学院：（学院，地点，电话）。

这样的数据库表是符合第三范式的，消除了数据冗余、更新异常、插入异常和删除异常。

5．BCNF（Boyce-Codd Normal Form）

在 1NF 基础上，任何非主属性不能对主键子集依赖（在 3NF 基础上消除对主键子集的依赖）。

若关系模式 R 是第一范式，且每个属性（包括主属性）既不存在部分函数依赖也不存在传递函数依赖于 R 的候选键，这种关系模式就是 BCNF 模式。即在第三范式的基础上，数据库表中如果不存在任何字段对任一候选关键字段的传递函数依赖则符合 BCNF。BCNF 是修正的第三范式，有时也称扩充的第三范式。

BCNF 是第三范式（3NF）的一个子集，即满足 BCNF 必须满足第三范式（3NF）。通常情况下，BCNF 被认为没有新的设计规范加入，只是对第二范式与第三范式中设计规范要求更强，因而被认为是修正第三范式，也就是说，它事实上是对第三范式的修正，使数据库冗余度更小。这也是 BCNF 不被称为第四范式的原因。

对于 BCNF，在主键的任何一个真子集都不能决定于主属性。关系中 U 主键，若 U 中的任何一个真子集 X 都不能决定于主属性 Y，则该设计规范属性 BCNF。例如：在关系 R 中，U 为主键，A 属性是主键中的一个属性，若存在 A->Y，Y 为主属性，则该关系不属于 BCNF。

假设仓库管理关系表（仓库号，存储物品号，管理员号，数量），满足一个管理员只在一个仓库工作；一个仓库可以存储多种物品。则存在如下关系：

（仓库号，存储物品号）→（管理员号，数量）

（管理员号，存储物品号）→（仓库号，数量）

所以，（仓库号，存储物品号）和（管理员号，存储物品号)都是仓库管理关系表的候选码，表中的唯一非关键字段为数量，它是符合第三范式的。但是，由于存在如下决定关系：

（仓库号）→（管理员号）

（管理员号）→（仓库号）

即存在关键字段决定关键字段的情况，所以，其不符合 BCNF 范式。把仓库管理关系表分解为二个关系表：仓库管理表（仓库号，管理员号）和仓库表（仓库号，存储物品号，数量），这样的数据库表是符合 BCNF 范式的，消除了删除异常、插入异常和更新异常。

四种范式之间存在如下关系：

$$BCNF \subseteq 3NF \subseteq 2NF \subseteq 1NF$$

学习了范式，为了巩固理解，接下来设计一个论坛的数据库，该数据库中需要存放如下信息：

1）用户：用户名，EMAIL，主页，电话，联系地址。

2）帖子：发帖标题，发帖内容，回复标题，回复内容。

第一次可以将数据库设计为仅仅存在的一张表：

用户名 EMAIL 主页电话联系地址发帖标题发帖内容回复标题回复内容

这个数据库表符合第一范式，但是没有任何一组候选关键字能决定数据库表的整行，唯一的关键字段用户名也不能完全决定整个元组。所以，需要增加“发帖 ID”、“回复 ID”字段，即将表修改为：

用户名 EMAIL 主页电话联系地址发帖 ID 发帖标题发帖内容回复 ID 回复标题回复内容。

这样数据表中的关键字（用户名，发帖 ID，回复 ID）能决定整行：

（用户名，发帖 ID，回复 ID）→（EMAIL，主页，电话，联系地址，发帖标题，发帖内容，回复标题，回复内容）。

但是，这样的设计不符合第二范式，因为存在如下决定关系：

（用户名）→（EMAIL，主页，电话，联系地址）

（发帖 ID）→（发帖标题，发帖内容）

（回复 ID）→（回复标题，回复内容）

即非关键字段部分函数依赖于候选关键字段，很明显，这个设计会导致大量的数据冗余和操作异常。

因此，需要对这张表进行分解，具体可以分解为（带下划线的为关键字）：

1）用户信息：<u>用户名</u>，EMAIL，主页，电话，联系地址。

2）帖子信息：<u>发帖 ID</u>，标题，内容。

3）回复信息：<u>回复 ID</u>，标题，内容。

4）发贴：用户名，发帖 ID。

5）回复：发帖 ID，回复 ID。

这样的设计是满足第一、二、三范式和 BCNF 范式要求的，但是这样的设计是不是最好的呢？不一定。

观察可知，第 4 项“发帖”中的“用户名”和“发帖 ID”之间是 1∶N 的关系，因此，可以把“发帖”合并到第 2 项的“帖子信息”中；第 5 项“回复”中的“发帖 ID”和“回复 ID”之间也是 1∶N 的关系，因此，可以把“回复”合并到第 3 项的“回复信息”中。这样可以一定程度地减少数据冗余，新的设计如下所示：

1）用户信息：用户名，EMAIL，主页，电话，联系地址。

2）帖子信息：用户名，发帖 ID，标题，内容。

3）回复信息：发帖 ID，回复 ID，标题，内容。

数据库表 1 显然满足所有范式的要求。

数据库表 2 中存在非关键字段“标题”、“内容”对关键字段“发帖 ID”的部分函数依赖，满足第二范式的要求，但是这一设计并不会导致数据冗余和操作异常。

数据库表 3 中也存在非关键字段“标题”、“内容”对关键字段“回复 ID”的部分函数依赖，也不满足第二范式的要求，但是与数据库表 2 相似，这一设计也不会导致数据冗余和操作异常。

由此可以看出，并不一定要强行满足范式的要求，对于 1∶N 关系，当 1 的一边合并到 N 的那边后，N 的那边就不再满足第二范式了，但是这种设计反而比较好。

对于 M∶N 的关系，不能将 M 一边或 N 一边合并到另一边去，这样会导致不符合范式要求，同时导致操作异常和数据冗余。

对于 1∶1 的关系，可以将左边的 1 或者右边的 1 合并到另一边去，设计导致不符合范式要求，但是并不会导致操作异常和数据冗余。

所以，满足范式要求的数据库设计是结构清晰的，同时可避免数据冗余和操作异常。这并意味着不符合范式要求的设计一定是错误的，在数据库表中存在 1∶1 或 1∶N 关系这种较特殊的情况下，合并导致的不符合范式要求反而是合理的。

所以，在数据库设计的时候，一定要时刻考虑范式的要求。

真题 1：下列关于关系模型的术语中，所表达的概念与二维表中的“行”的概念最接近的术语是（　　）

A．属性　　B．关系　　C．域　　D．元组

答案：D。

二维表中的“行”即关系模型中的“元组”，二维表中的“列”即关系模型中的“属性”。

本题中，对于选项 A，属性作为表中的列的概念。所以，选项 A 错误。

对于选项 B，关系代表的是表和表之间的联系。所以，选项 B 错误。

对于选项 C，域和选项 A 中的属性是一致的。所以，选项 C 错误。

对于选项 D，二维表中的“行”即关系模型中的“元组”。

所以，本题的答案为 D。

真题 2：在一个关系 R 中，如果每个数据项都是不可再分割的，那么 R 一定属于（　　）

A．第一范式　　B．第二范式　　C．第三范式　　D．第四范式

答案：A。

例如，帖子表中只能出现发帖人的 ID，不能同时出现发帖人的 ID 与发帖人的姓名，否则，只要出现同一发帖人 ID 的所有记录，它们中的姓名部分都必须严格保持一致，这就是数据冗余。

本题中，在一个关系 R 中，若每个数据项都是不可再分割的，那么根据前面的解析应该属于第一范式。

所以，本题的答案为 A。

真题 3：一个关系模式为 Y（X1，X2，X3，X4），假定该关系存在着如下函数依赖：（X1，X2）→X3，X2→X4，则该关系属于（　　）

A．第一范式　　B．第二范式　　C．第三范式　　D．第四范式

答案：A。

对于本题而言，这个关系模式的候选键为{X1，X2}，因为 X2→X4，说明有非主属性 X4

部分依赖于候选键{X1，X2}，所以，这个关系模式不为第二范式。

真题 4：如果关系模式 R 所有属性的值域中每一个值都不可再分解，并且 R 中每一个非主属性完全函数依赖于 R 的某个候选键，那么 R 属于（　　）

A．第一范式（INF）　　B．第二范式（2NF）

C．第三范式（3NF）　　D．BCNF 范式

答案：B。

如果关系 R 中所有属性的值域都是单纯域，那么关系模式 R 是第一范式。符合第一范式的特点有：1）有主关键字；2）主键不能为空；3）主键不能重复；4）字段不可以再分。如果关系模式 R 是第一范式，而且关系中每一个非主属性完全函数依赖于主键，那么称关系模式 R 属于第二范式。很显然，本题中的关系模式 R 满足第二范式的定义。所以，选项 B 正确。

真题 5：设有关系模式 R（职工名，项目名，工资，部门名，部门经理）

如果规定，每个职工可参加多个项目，各领一份工资；每个项目只属于一个部门管理；每个部门只有一个经理。

1）试写出关系模式 R 的基本函数依赖和主码。

2）说明 R 不是 2NF 模式的理由，并把 R 分解成 2NF。

3）进而将 R 分解成 3NF，并说明理由。

答案：1）根据题意，可知有如下的函数依赖关系：

（职工名，项目名）→工资

项目名→部门名

部门名→部门经理

所以，主键为（职工名，项目名）。

2）根据 1），由于部门名、部门经理只是部分依赖于主键，所以该关系模式不是 2NF。应该做如下分解：

R1（项目名，部门名，部门经理）

R2（职工名，项目名，工资）

以上两个关系模式都是 2NF 模式

3）R2 已经是 3NF，但 R1 不是，因为部门经理传递依赖于项目名，故应该做如下分解：

R11（项目名，部门名）

R12（部门名，部门经理）

分解后形成的三个关系模式 R11、R12、R2 均是 3NF 模式。

真题 6：设有关系模式 R（A，B，C，D，E，F），其函数依赖集为：F={E→D，C→B，CE→F，B→A}。

请回答如下问题：

1）指出 R 的所有候选码并说明原因。

2）R 最高属于第几范式，为什么？

3）分解 R 为 3NF。

答案：1）可知 A、B、D、F 四个属性均不是决定因素，所以只有 C 和 E 有可能构成该关系模式的主键，而 C、E 之间没有函数依赖关系，且根据已知的函数依赖可知，CE→

ABCDEF，所以 R 的主键是 CE。

2）由于 D 部分依赖于主键 CE，A、B 部分依赖于主键 CE，所以 R 最高属于 1NF。

3）将一个不满足 2NF 的关系模式分解成 3NF，总的原则是将满足范式要求的函数依赖中包含的属性分解为一个关系模式，将不满足范式要求的函数依赖中所包含的属性分别分解为多个关系模式。首先将 R 分解为 2NF，分解如下：R1(E，D)，R2(C，B，A)，R3(C，E，F)。上述三个模式中，R1，R3 都已经属于 3NF，但在 R2 中，A 传递依赖于 C，故应该继续分解为 3NF，分解如下：R21(C，B)，R22(B，A)，将 R 分解为 R1，R21，R22，R3 四个模式后，都属于 3NF。

真题 7：设有关系模式 R（A，B，C，D，E)，其函数依赖集为 F={A→B，CE→A，E→D}

请回答如下问题：

1）指出 R 的所有候选码，并说明理由；

2）R 最高属于第几范式（在 1NF～3NF 范围内），为什么？

3）将 R 分解到 3NF。

答案：

1）R 的候选码为(C，E)，根据已知的函数依赖可知，CE→ABCDE，而 C 和 E 之间不存在函数依赖关系，所以 R 的主键是 CE。

2）R 最高属于 1NF，因为 CE→D 是部分依赖关系。

3）R 分解如下：R1={C，E，A}，R2={E，D}，R3={A，B}，则以上三个关系模式均属于 3NF。

真题 8：设有一个记录各个球队队员每场比赛进球数的关系模式 R（队员编号，比赛场次，进球数，球队名，队长名)。如果规定，每个队员只能属于一个球队，每个球队只有一个队长。

1）试写出关系模式 R 的基本函数依赖和主码。

2）说明 R 不是 2NF 模式的理由，并把 R 分解成 2NF。

3）进而将 R 分解成 3NF，并说明理由。

答案：

关系模式 R 的基本函数依赖 F 如下：

F={队员编号→球队名，球队名→队长名，（队员编号，比赛场次）→进球数}

其主键为（队员编号，比赛场次)。

1）R 不是 2NF 模式的原因是队员编号→球队名，所以（队员编号，比赛场次）→球队名是一个部分函数依赖关系，将 R 分解成 2NF 如下：

R1={队员编号，球队名，队长名}

R2={球队名，比赛场次，进球数}

2）由于在 R1 中，主键为队员编号，所以队员编号→队长名是一个传递函数依赖，将 R 分解成：

R11={队员编号，球队名}，R12={球队名，队长名}

则将 R 分解为 R11，R12，R2 后均为 3NF 的关系模式。

反范式

数据库设计要严格遵守范式，这样设计出来的数据库，虽然思路很清晰，结构也很合理，但是，有时候却要在一定程度上打破范式设计。因为范式越高，设计出来的表可能越多，关系可能越复杂，但是性能却不一定会很好，因为表一多，就增加了关联性。特别是在高可用的 OLTP 数据库中，这一点表现得很明显，所以就引入了反范式。

不满足范式的模型，就是反范式模型。反范式跟范式所要求的正好相反，在反范式的设计模式中，可以允许适当的数据冗余，用这个冗余可以缩短查询获取数据的时间。反范式其本质上就是用空间来换取时间，把数据冗余在多个表中，当查询时就可以减少或者避免表之间的关联。反范式技术也可以称为反规范化技术。

反范式的优点：减少了数据库查询时表之间的连接次数，可以更好地利用索引进行筛选和排序，从而减少了 I/O 数据量，提高了查询效率。

反范式的缺点：数据存在重复和冗余，存在部分空间浪费。另外，为了保持数据的一致性，则必须维护这部分冗余数据，因此增加了维护的复杂性。所以，在进行范式设计时，要在数据一致性与查询之间找到平衡点，因为符合业务场景的设计才是好的设计。

在 RDBMS 模型设计过程中，常常使用范式来约束模型，但在 NoSQL 模型中则大量采用反范式。常见的数据库反范式技术包括：

- 增加冗余列：在多个表中保留相同的列，以减少表连接的次数。冗余法以空间换取时间，把数据冗余在多个表中，当查询时可以减少或者是避免表之间的关联。
- 增加派生列：表中增加可以由本表或其他表中数据计算生成的列，减少查询时的连接操作并避免计算或使用集合函数。
- 表水平分割：根据一列或多列的值将数据放到多个独立的表中，主要用于表的规模很大、表中数据相对独立或数据需要存放到多个介质的情况。
- 表垂直分割：对表按列进行分割，将主键和一部分列放到一个表中，主键与其他列放到另一个表中，在查询时减少 I/O 次数。

举例，有学生表与课程表，假定课程表要经常被查询，而且在查询中要显示学生的姓名，则查询语句为：

```
SELECT CODE,NAME,SUBJECT FROM COURSE C,STUDENT S WHERE S.ID=C.CODE WHERE CODE=?
```

如果这个语句被大范围、高频率执行，那么可能会因为表关联造成一定程度的影响，现在，假定评估到学生改名的需求是非常少的，那么，就可以把学生姓名冗余到课程表中。注意：这里并没有省略学生表，只不过是把学生姓名冗余在了课程表中，如果万一有很少的改名需求，只要保证在课程表中改名正确即可。

那么，修改以后的语句可以简化为：

```
SELECT CODE,NAME,SUBJECT FROM COURSE C WHERE CODE=?
```

范式和反范式的对比如下表所示：

模型	优　点	缺　点
范式化模型	数据没有冗余，更新容易	当表的数量比较多，查询设计需要很多关联模型（Join）时，会导致查询性能低下

（续）

模型	优　点	缺　点
反范式化模型	数据冗余将带来很好的读取性能（因为不需要 Join 很多表，而且通常反范式模型很少做更新操作）	需要维护冗余数据，从目前 NoSQL 的发展可以看到，对磁盘空间的消耗是可以接受的

4.2 事务的概念及其 4 个特性是什么？

事务（Transaction）是一个操作序列。这些操作要么都做，要么都不做，是一个不可分割的工作单位。事务通常以 BEGIN TRANSACTION 开始，以 COMMIT 或 ROLLBACK 操作结束，COMMIT 即提交，提交事务中所有的操作、事务正常结束。ROLLBACK 即回滚，撤销已做的所有操作，回滚到事务开始时的状态。事务是数据库系统区别于文件系统的重要特性之一。

对于事务可以举一个简单的例子：转账，有 A 和 B 两个用户，A 用户转 100 到 B 用户，如下所示：

A：---->支出 100，则 A-100

B：---->收到 100，则 B+100

A--->B 转账，对应如下 SQL 语句：

```
UPDATE    ACCOUNT SET MONEY=MONEY - 100 WHERE NAME='A';
UPDATE    ACCOUNT SET MONEY=MONEY + 100 WHERE NAME='B';
```

事务有 4 个特性，一般都称之为 ACID 特性，简单记为原一隔持（谐音：愿意各吃，即愿意各吃各的），如下表所示：

名称	简　介	举　例
原子性（Atomicity）	所谓原子性是指事务在逻辑上是不可分割的操作单元，其所有语句要么都执行，要么都撤销执行。当每个事务运行结束时，可以选择“提交”所做的数据修改，并将这些修改永久应用到数据库中	假设有两个账号，A 账号和 B 账号。A 账号转给 B 账号 100 元，这里有两个动作在里面，①A 账号减去 100 元，②B 账号增加 100 元，这两个动作不可分割即原子性
一致性（Consistency）	事务是一种逻辑上的工作单元。一个事务就是一系列在逻辑上相关的操作指令的集合，用于完成一项任务，其本质是将数据库中的数据从一种一致性状态转换到另一种一致性状态，以体现现实世界中的状况变化。至于数据处于什么样的状态算是一致状态，这取决于现实生活中的业务逻辑以及具体的数据库内部实现	拿转账来说，假设用户 A 和用户 B 两者的钱加起来一共是 5000，那么不管 A 和 B 之间如何转账，转几次账，事务结束后两个用户的钱相加起来应该还得是 5000，这就是事务的一致性
隔离性（Isolation）	隔离性是针对并发事务而言的，所谓并发是指数据库服务器同时处理多个事务，如果不采取专门的控制机制，那么并发事务之间可能会相互干扰，进而导致数据出现不一致或错误的状态。隔离性就是要隔离并发运行的多个事务间的相互影响。关于事务的隔离性，数据库提供了多种隔离级别，后面的章节会介绍	隔离性即要达到这么一种效果：对于任意两个并发的事务 T1 和 T2，在事务 T1 看来，T2 要么在 T1 开始之前就已经结束，要么在 T1 结束之后才开始，这样每个事务都感觉不到有其他事务在并发地执行
持久性（Durability）	事务的持久性（也叫永久性）是指一旦事务提交成功，其对数据的修改是持久性的。数据更新的结果已经从内存转存到外部存储器上，此后即使发生了系统故障，已提交事务所做的数据更新也不会丢失	当开发人员在使用 JDBC（Java DataBase Connectivity，Java 数据库连接）操作数据库时，在提交事务后，提示用户事务操作完成，那么这个时候数据就已经存储在磁盘上了。即使数据库重启，该事务所做的更改操作也不会丢失

真题 9：事务所具有的特性有（　　）

A．原子性　　B．一致性　　C．隔离性　　D．持久性

答案：A、B、C、D。

真题 10：事务的持久性是指（　　）

A．事务中包括的所有操作要么都做，要么不做

B．事务一旦提交，对数据库的改变是永久的

C．一个事务内部的操作及使用的数据对并发的其他事务是隔离的

D．事务必须是使数据库从一个一致性状态变到另一个一致性状态

答案：B。

4.3 事务的常见分类有哪些？

从事务理论的角度来看，可以把事务分为以下几种类型：

- 扁平事务（Flat Transactions）
- 带有保存点的扁平事务（Flat Transactions with Savepoints）
- 链事务（Chained Transactions）
- 嵌套事务（Nested Transactions）
- 分布式事务（Distributed Transactions）

下面分别介绍这几种类型：

1）**扁平事务**是事务类型中最简单的一种，但是在实际生产环境中，这可能是使用最频繁的事务，在扁平事务中，所有操作都处于同一层次，其由 BEGIN WORK 开始，由 COMMIT WORK 或 ROLLBACK WORK 结束，其间的操作是原子的，要么都执行，要么都回滚，因此，扁平事务是应用程序成为原子操作的基本组成模块。扁平事务虽然简单，但是在实际环境中使用最为频繁，也正因为其简单，使用频繁，故每个数据库系统都实现了对扁平事务的支持。扁平事务的主要限制是不能提交或者回滚事务的某一部分，或分几个步骤提交。

保存点（Savepoint）用来通知事务系统应该记住事务当前的状态，以便当之后发生错误时，事务能回到保存点当时的状态。对于扁平的事务来说，隐式的设置了一个保存点，然而在整个事务中，只有这一个保存点，因此，回滚只能会滚到事务开始时的状态。

扁平事务一般有三种不同的结果：①事务成功完成。在平常应用中约占所有事务的 96%。②应用程序要求停止事务。比如应用程序在捕获到异常时会回滚事务，约占事务的 3%。③外界因素强制终止事务。如连接超时或连接断开，约占所有事务的 1%。

2）**带有保存点的扁平事务**除了支持扁平事务支持的操作外，还允许在事务执行过程中回滚到同一事务中较早的一个状态。这是因为某些事务可能在执行过程中出现的错误并不会导致所有的操作都无效，放弃整个事务不合乎要求，开销太大。

3）**链事务**是指一个事务由多个子事务链式组成，它可以被视为保存点模式的一个变种。带有保存点的扁平事务，当发生系统崩溃时，所有的保存点都将消失，这意味着当进行恢复时，事务需要从开始处重新执行，而不能从最近的一个保存点继续执行。链事务的思想是：在提交一个事务时，释放不需要的数据对象，将必要的处理上下文隐式地传给下一个要开始的事务，前一个子事务的提交操作和下一个子事务的开始操作合并成一个原子操作，这意味

着下一个事务将看到上一个事务的结果，就好像在一个事务中进行一样。这样，在提交子事务时就可以释放不需要的数据对象，而不必等到整个事务完成后才释放。其工作方式如下：

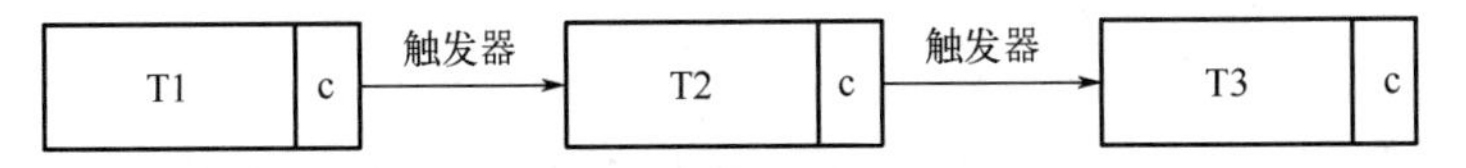

链事务与带有保存点的扁平事务的不同之处体现在：

① 带有保存点的扁平事务能回滚到任意正确的保存点，而链事务中的回滚仅限于当前事务，即只能恢复到最近的一个保存点。

② 对于锁的处理，两者也不相同，链事务在执行 COMMIT 后即释放了当前所持有的锁，而带有保存点的扁平事务不影响迄今为止所持有的锁。

4）嵌套事务是一个层次结构框架，由一个顶层事务（Top-Level Transaction）控制着各个层次的事务，顶层事务之下嵌套的事务被称为子事务（Subtransaction），其控制着每一个局部的变换，子事务本身也可以是嵌套事务。因此，嵌套事务的层次结构可以看成是一棵树。

5）分布式事务通常是在一个分布式环境下运行的扁平事务，因此，需要根据数据所在位置访问网络中不同节点的数据库资源。例如，一个银行用户从招商银行的账户向工商银行的账户转账 1000 元，这里需要用到分布式事务，因为不能仅调用某一家银行的数据库就完成任务。

4.4 什么是 XA 事务？

XA（eXtended Architecture）是指由 X/Open 组织提出的分布式交易处理的规范。XA 是一个分布式事务协议，由 Tuxedo 提出，所以，分布式事务也称为 XA 事务。XA 协议主要定义了事务管理器（TM，Transaction Manager，协调者）和资源管理器（RM，Resource Manager，参与者）之间的接口。其中，资源管理器往往由数据库实现，例如 Oracle、DB2、MySQL，这些商业数据库都实现了 XA 接口，而事务管理器作为全局的调度者，负责各个本地资源的提交和回滚。XA 事务是基于两阶段提交（Two-phase Commit，2PC）协议实现的，可以保证数据的强一致性，许多分布式关系型数据管理系统都采用此协议来完成分布式。阶段一为准备阶段，即所有的参与者准备执行事务并锁住需要的资源。当参与者 Ready 时，向 TM 汇报自己已经准备好。阶段二为提交阶段。当 TM 确认所有参与者都 Ready 后，向所有参与者发送 COMMIT 命令。

XA 事务允许不同数据库的分布式事务，只要参与在全局事务中的每个节点都支持 XA 事务。Oracle、MySQL 和 SQL Server 都支持 XA 事务。

- XA 事务由一个或多个资源管理器（RM）、一个事务管理器（TM）以及一个应用程序（Application Program）组成。
- 资源管理器：提供访问事务资源的方法。通常一个数据库就是一个资源管理器。
- 事务管理器：协调参与全局事务中的各个事务。需要和参与全局事务的所有资源管理器进行通信。
- 应用程序：定义事务的边界。

XA 事务的缺点是性能不佳，且 XA 无法满足高并发场景。一个数据库的事务和多个数据库间的 XA 事务性能会相差很多。因此，要尽量避免使用 XA 事务，例如可以将数据写入本地，用高性能的消息系统分发数据，或使用数据库复制等技术。只有在其他办法都无法实现业务需求，且性能不是瓶颈时才使用 XA。

4.5 事务的 4 种隔离级别（Isolation Level）分别是什么？

当多个线程都开启事务操作数据库中的数据时，数据库系统要能进行隔离操作，以保证各个线程获取数据的准确性，所以，对于不同的事务，采用不同的隔离级别会有不同的结果。如果不考虑事务的隔离性，那么会发生下表所示的 3 种问题：

现象	简介	举例
脏读（Dirty Read）	一个事务读取了已被另一个事务修改、但尚未提交的数据。当一个事务正在多次修改某个数据，而在这个事务中这多次的修改都还未提交，这时另外一个并发的事务来访问该数据时，就会造成两个事务得到的数据不一致	用户 A 向用户 B 转账 100 元，对应 SQL 命令如下所示： UPDATE ACCOUNT SET MONEY=MONEY + 100 WHERE NAME='B';（此时 A 通知 B） UPDATE ACCOUNT SET MONEY=MONEY - 100 WHERE NAME='A'; 当只执行第一条 SQL 时，A 通知 B 查看账户，B 发现钱确实已到账（此时即发生了脏读），而之后无论第二条 SQL 是否执行，只要该事务不提交，所有操作就都将回滚，那么当 B 以后再次查看账户时就会发现钱其实并没有转成功
不可重复读（Nonrepeatable Read）	在同一个事务中，同一个查询在 TIME1 时刻读取某一行，在 TIME2 时刻重新读取这一行数据的时候，发现这一行的数据已经发生修改，可能被更新了（UPDATE），也可能被删除了（DELETE）	事务 T1 在读取某一数据，而事务 T2 立即修改了这个数据并且提交事务给数据库，事务 T1 再次读取该数据就得到了不同的结果，发生了不可重复读
幻读（Phantom Read，也叫幻影读、幻像读、虚读）	在同一事务中，当同一查询多次执行的时候，由于其他插入（INSERT）操作的事务提交，会导致每次返回不同的结果集。幻读是事务非独立执行时发生的一种现象	事务 T1 对一个表中所有的行的某个数据项执行了从“1”修改为“2”的操作，这时事务 T2 又在这个表中插入了一行数据，而这个数据项的数值还是“1”并且提交给数据库。而操作事务 T1 的用户如果再查看刚刚修改的数据，那么会发现还有一行没有修改，其实这行是从事务 T2 中添加的，就好像产生幻觉一样，这就是发生了幻读

脏读和不可重复读的区别为：脏读是某一事务读取了另一个事务未提交的脏数据，而不可重复读则是在同一个事务范围内多次查询同一条数据却返回回了不同的数据值，这是由于在查询间隔期间，该条数据被另一个事务修改并提交了。

幻读和不可重复读的区别为：幻读和不可重复读都是读取了另一个事务中已经提交的数据，不同的是不可重复读查询的都是同一个数据项，而幻读针对的是一个数据整体（例如数据的条数）。

在 SQL 标准中定义了 4 种隔离级别，每一种级别都规定了一个事务中所做的修改，哪些是在事务内和事务间可见的，哪些是不可见的。较低级别的隔离通常可以执行更高的并发，系统的开销也更低。SQL 标准定义的四个隔离级别为：Read Uncommitted（未提交读）、Read Committed（提交读）、Repeatable Read（可重复读）、Serializable（可串行化），下面分别介绍。

（1）Read Uncommitted（未提交读，读取未提交内容）

在该隔离级别，所有事务都可以看到其他未提交事务的执行结果，即在未提交读级别，事务中的修改，即使没有提交，对其他事务也都是可见的，该隔离级别很少用于实际应用。读取未提交的数据，也被称之为脏读（Dirty Read）。该隔离级别最低，并发性能最高。

（2）Read Committed（提交读，读取提交内容）

这是大多数数据库系统的默认隔离级别。它满足了隔离的简单定义：一个事务只能看见已经提交事务所做的改变。换句话说，一个事务从开始直到提交之前，所做的任何修改对其他事务都是不可见的。

（3）Repeatable Read（可重复读）

可重复读可以确保同一个事务，在多次读取同样数据的时候，得到同样的结果。可重复读解决了脏读的问题，不过理论上，这会导致另一个棘手的问题：幻读（Phantom Read）。MySQL数据库中的InnoDB和Falcon存储引擎通过MVCC（Multi-Version Concurrent Control，多版本并发控制）机制解决了该问题。需要注意的是，多版本只是解决不可重复读问题，而加上间隙锁（也就是它这里所谓的并发控制）才解决了幻读问题。

（4）Serializable（可串行化、序列化）

这是最高的隔离级别，它通过强制事务排序，强制事务串行执行，使之不可能相互冲突，从而解决幻读问题。简言之，它是在每个读的数据行上加上共享锁。在这个级别，可能出现大量的超时现象和锁竞争。实际应用中也很少用到这个隔离级别，只有在非常需要确保数据的一致性而且可以接受没有并发的情况下，才考虑用该级别。这是花费代价最高但是最可靠的事务隔离级别。

隔离级别	Read Uncommitted（未提交读，读取未提交内容）	Read Committed（提交读，读取提交内容）	Repeatable Read（可重复读）	Serializable（可串行化、序列化）
简介	在该隔离级别，所有事务都可以看到其他未提交事务的执行结果，即在未提交读级别，事务中的修改，即使没有提交，对其他事务也都是可见的，该隔离级别很少用于实际应用。读取未提交的数据，也被称之为脏读（Dirty Read）。该隔离级别最低，并发性能高	这是大多数数据库系统的默认隔离级别。它满足了隔离的简单定义：一个事务只能看见已经提交事务所做的改变。换句话说，一个事务从开始直到提交之前，所做的任何修改对其他事务都是不可见的。提交读是Oracle数据库默认的事务隔离级别	可重复读可以确保同一个事务，在多次读取同样的数据的时候，得到同样的结果。可重复读解决了脏读的问题，不过理论上，这会导致另一个棘手的问题：幻读（Phantom Read）。MySQL数据库中的InnoDB和Falcon存储引擎通过MVCC（Multi-Version Concurrent Control，多版本并发控制）机制解决了该问题。需要注意的是，多版本只是解决不可重复读问题，而加上间隙锁（也就是它这里所谓的并发控制）才解决了幻读问题。可重复读是MySQL数据库的默认隔离级别	这是最高的隔离级别，它通过强制事务排序，强制事务串行执行，使之不可能相互冲突，从而解决幻读问题。简言之，它是在每个读的数据行上加上共享锁。在这个级别，可能出现大量的超时现象和锁竞争。实际应用中也很少用到这个隔离级别，只有在非常需要确保数据的一致性而且可以接受没有并发的情况下，才考虑用该级别。这是花费代价最高但是最可靠的事务隔离级别
脏读	允许			
不可重复读	允许	允许		
幻读	允许	允许	允许	
默认级别数据库		Oracle、SQL Server	MySQL	
并发性能	最高	比Read Uncommitted低	比Read Committed低	最低

不同的隔离级别有不同的现象，并有不同的锁和并发机制，隔离级别越高，数据库的并发性能就越差，4 种事务隔离级别与并发性能的关系如下：

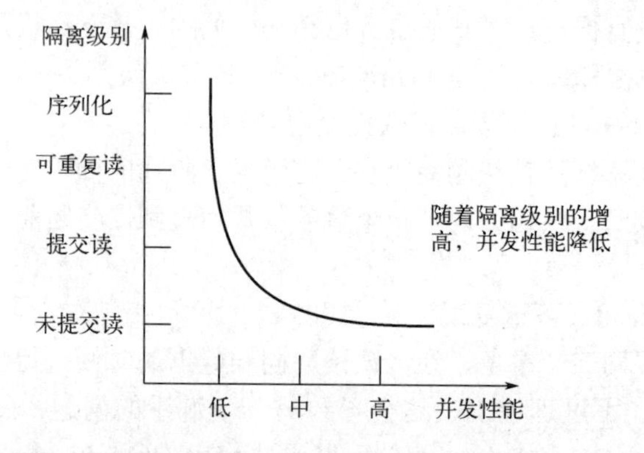

4.6 Oracle、MySQL 和 SQL Server 中的事务隔离级别分别有哪些？

Oracle、MySQL 和 SQL Server 中的事务隔离级别参考下表：

	Oracle	MySQL	SQL Server
支持	Read Committed（提交读）、Serializable（可串行化）	Read Uncommitted（未提交读）、Read Committed（提交读）、Repeatable Read（可重复读）、Serializable（可串行化）	Read Uncommitted（未提交读）、Read Committed（提交读）、Repeatable Read（可重复读）、Serializable（可串行化）、Snapshot（快照）、Read Committed Snapshot（已经提交读隔离）
默认	Read Committed（提交读）	Repeatable Read（可重复读）	Read Committed（提交读）
设置语句	Oracle 可以设置的隔离级别有： SET TRANSACTION ISOLATION LEVEL READ COMMITTED; --提交读 SET TRANSACTION ISOLATION LEVEL SERIALIZABLE; --可串行化，不支持 SYS 用户 注意：Oracle 不支持脏读。SYS 用户不支持 Serializable（可串行化）隔离级别	MySQL 可以设置的隔离级别有（其中，GLOBAL 表示系统级别，SESSION 表示会话级别）： SET GLOBAL|SESSION TRANSACTION ISOLATION LEVEL READ UNCOMMITTED;--未提交读 SET GLOBAL|SESSION TRANSACTION ISOLATION LEVEL READ COMMITTED; --提交读 SET GLOBAL|SESSION TRANSACTION ISOLATION LEVEL REPEATABLE READ; --可重复读 SET GLOBAL|SESSION TRANSACTION ISOLATION LEVEL SERIALIZABLE;--可串行化	SQL Server 可以设置的隔离级别有： SET TRANSACTION ISOLATION LEVEL READ UNCOMMITTED;--未提交读 SET TRANSACTION ISOLATION LEVEL READ COMMITTED;--提交读 SET TRANSACTION ISOLATION LEVEL REPEATABLE READ;--可重复读 SET TRANSACTION ISOLATION LEVEL SERIALIZABLE;--可串行化 ALTER DATABASE TEST SET ALLOW_SNAPSHOT_ISOLATION ON; --快照 ALTER DATABASE TEST SET READ_COMMITTED_SNAPSHOT ON;--已经提交读隔离

（续）

	Oracle	MySQL	SQL Server
查询SQL	SELECT S.SID,S.SERIAL#, CASE BITAND (T.FLAG, POWER(2, 28)) WHEN 0 THEN 'READ COMMITTED' ELSE 'SERIALIZABLE' END AS ISOLATION_LEVEL FROM V$TRANSACTION T JOIN V$SESSION S ON T.ADDR = S.TADDR AND S.SID = SYS_CONTEXT ('USERENV', 'SID');	MySQL 数据库查询当前会话的事务隔离级别的 SQL 语句为： SELECT @@TX_ISOLATION; MySQL 数据库查询系统的事务隔离级别的 SQL 语句为： SELECT @@GLOBAL.TX_ISOLATION; 当然，也可以同时查询： SELECT @@GLOBAL.TX_ISOLATION, @@TX_ISOLATION;	DBCC USEROPTIONS

1．Oracle 中的事务隔离级别

Oracle 数据库支持 Read Committed（提交读）和 Serializable（可串行化）这两种事务隔离级别，提交读是 Oracle 数据库默认的事务隔离级别，Oracle 不支持脏读。SYS 用户不支持 Serializable（可串行化）隔离级别。

Oracle 可以设置的隔离级别有：

```
SET TRANSACTION ISOLATION LEVEL READ COMMITTED;  --提交读
SET TRANSACTION ISOLATION LEVEL SERIALIZABLE;  --可串行化，不支持 SYS 用户
```

Oracle 数据库查询当前会话的事务隔离级别的 SQL 语句为：

```
SELECT S.SID,
       S.SERIAL#,
       CASE BITAND(T.FLAG, POWER(2, 28))
         WHEN 0 THEN 'READ COMMITTED'
         ELSE 'SERIALIZABLE'
       END AS ISOLATION_LEVEL
  FROM V$TRANSACTION T
  JOIN V$SESSION S
    ON T.ADDR = S.TADDR
   AND S.SID = SYS_CONTEXT('USERENV', 'SID');
```

Oracle 中使用如下脚本可以开始一个事务：

```
DECLARE
      TRANS_ID VARCHAR2(100);
BEGIN
      TRANS_ID := DBMS_TRANSACTION.LOCAL_TRANSACTION_ID(TRUE);
END;
```

示例如下：

```
SYS@orclasm > SET TRANSACTION ISOLATION LEVEL READ UNCOMMITTED;
```

```
SET TRANSACTION ISOLATION LEVEL READ UNCOMMITTED
                                      *

ERROR at line 1:
ORA-02179: valid options: ISOLATION LEVEL { SERIALIZABLE | READ COMMITTED }

SYS@orclasm > SET TRANSACTION ISOLATION LEVEL SERIALIZABLE;
SET TRANSACTION ISOLATION LEVEL SERIALIZABLE
*
ERROR at line 1:
ORA-08178: illegal SERIALIZABLE clause specified for user INTERNAL



SYS@orclasm > conn lhr/lhr
Connected.
LHR@orclasm > SET TRANSACTION ISOLATION LEVEL SERIALIZABLE;

Transaction set.

LHR@orclasm > SET TRANSACTION ISOLATION LEVEL READ COMMITTED;
SET TRANSACTION ISOLATION LEVEL READ COMMITTED
*
ERROR at line 1:
ORA-01453: SET TRANSACTION must be first statement of transaction



LHR@orclasm > commit;

Commit complete.

LHR@orclasm > SET TRANSACTION ISOLATION LEVEL READ COMMITTED;

Transaction set.

LHR@orclasm > conn / as sysdba
Connected.
SYS@orclasm > SET TRANSACTION ISOLATION LEVEL READ COMMITTED;

Transaction set.
```

2．MySQL 中的事务隔离级别

MySQL 数据库支持 Read Uncommitted（未提交读）、Read Committed（提交读）、Repeatable Read（可重复读）和 Serializable（可串行化）这 4 种事务隔离级别，其中，Repeatable Read（可重复读）是 MySQL 数据库的默认隔离级别。

MySQL 可以设置的隔离级别有（其中，GLOBAL 表示系统级别，SESSION 表示会话级别）：

```
SET GLOBAL|SESSION TRANSACTION ISOLATION LEVEL READ UNCOMMITTED;--未提交读
SET GLOBAL|SESSION TRANSACTION ISOLATION LEVEL READ COMMITTED;--提交读
SET GLOBAL|SESSION TRANSACTION ISOLATION LEVEL REPEATABLE READ;--可重复读
```

```
SET GLOBAL|SESSION TRANSACTION ISOLATION LEVEL SERIALIZABLE;--可串行化
```

MySQL 数据库查询当前会话的事务隔离级别的 SQL 语句为：

```
SELECT @@TX_ISOLATION;
```

MySQL 数据库查询系统的事务隔离级别的 SQL 语句为：

```
SELECT @@GLOBAL.TX_ISOLATION;
```

当然，也可以同时查询：

```
SELECT @@GLOBAL.TX_ISOLATION, @@TX_ISOLATION;
```

3．SQL Server 中的事务隔离级别

SQL Server 共支持 6 种事务隔离级别，分别为：Read Uncommitted（未提交读）、Read Committed（提交读）、Repeatable Read（可重复读）、Serializable（可串行化）、Snapshot（快照）、Read Committed Snapshot（已经提交读隔离）。SQL Server 数据库默认的事务隔离级别是 Read Committed（提交读）。

获取事务隔离级别：

```
DBCC USEROPTIONS
```

SQL Server 可以设置的隔离级别有：

```
SET TRANSACTION ISOLATION LEVEL READ UNCOMMITTED;--未提交读
SET TRANSACTION ISOLATION LEVEL READ COMMITTED;--提交读
SET TRANSACTION ISOLATION LEVEL REPEATABLE READ;--可重复读
SET TRANSACTION ISOLATION LEVEL SERIALIZABLE;--可串行化
ALTER DATABASE TEST SET ALLOW_SNAPSHOT_ISOLATION ON; --快照
ALTER DATABASE TEST SET READ_COMMITTED_SNAPSHOT ON;--已经提交读隔离
```

4.7 什么是 CAP 定理（CAP theorem）？

CAP 定理又称 CAP 原则是一个衡量系统设计的准则。CAP 定理指的是在一个分布式系统中，Consistency（一致性）、Availability（可用性）、Partition Tolerance（分区容错性），三者不可兼得。

- C（一致性）：所有节点在同一时间的数据完全一致；
- A（可用性）：服务一直可用，每个请求都能接收到一个响应，无论响应成功或失败；
- P（分区容错性）：分布式系统在遇到某节点或网络分区故障的时候，仍然能够对外提供满足一致性和可用性的服务。

任何分布式系统在可用性、一致性、分区容错性方面，不能兼得，最多只能得其二。因此，任何分布式系统的设计只是在三者中的不同取舍而已。所以，就有了 3 个分类：CA 数据库，CP 数据库和 AP 数据库。传统的关系型数据库在功能支持上通常很宽泛，从简单的键值查询，到复杂得多表联合查询再到事务机制的支持。而与之不同的是，NoSQL 系统通常注重性能和扩展性，而非事务机制，因为事务就是强一致性的体现。

- CA 数据库满足数据的一致性和高可用性，但没有可扩展性，不考虑分区容忍性，对应的数据库就是普通的关系型数据库 RDBMS，例如 Oracle、MySQL 的单节点，满足数据的一致性和高可用性。单点数据库是符合这种架构的，例如超市收银系统、图书管理系统。
- CP 数据库考虑的是一致性和分区容错性，这种数据库对分布式系统内的通信要求比较高，因为要保持数据的一致性，需要做大量的交互，如 Oracle RAC、Sybase 集群。虽然 Oracle RAC 具备一定的扩展性，但当节点达到一定数目时，性能（即可用性）就会下降很快，并且节点之间的网络开销还在，需要实时同步各节点之间的数据。CP 数据库通常性能不是特别高，例如火车售票系统。
- AP 数据库考虑的是实用性和分区容忍性，即外部访问数据，可以更快地得到回应，例如博客系统。这时候，数据的一致性就可能得不到满足或者对一致性要求低一些，各节点之间的数据同步没有那么快，但能保存数据的最终一致性。比如一个数据，可能外部一个进程在改写这个数据，同时另一个进程在读这个数据，此时，数据显现是不一致的。但是有一点，就是数据库会满足一个最终一致性的概念，即过程可能是不一致的，但是到某一个终点，数据就会一致起来。当前热炒的 NoSQL 大多是典型的 AP 类型数据库。

真题 11：CAP 定理和一般事务中的 ACID 特性中的一致性有什么区别？

答案：一般事务 ACID 中的一致性是有关数据库规则的描述，如果数据表结构定义一个字段值是唯一的，那么一致性系统将解决所有操作中导致这个字段值非唯一性的情况，如果带有一个外键的一行记录被删除，那么其外键相关记录也应该被删除，这就是 ACID 一致性意思。

CAP 理论的一致性是保证同一个数据在所有不同服务器上的拷贝都是相同的，这是一种逻辑保证，而不是物理，因为网络速度限制，在不同服务器上这种复制是需要时间的，集群通过阻止客户端查看不同节点上还未同步的数据维持逻辑视图。

第5章　基础部分

5.1　MySQL 数据库有什么特点？

MySQL 是一个小型的关系型数据库，开发者为瑞典 MySQL AB 公司，现在已经被 Oracle 收购，它支持 FreeBSD、Linux、MAC、Windows 等多种操作系统。MySQL 数据库可支持要求最苛刻的 Web、电子商务和联机事务处理（OLTP）应用程序。它是一个全面集成、事务安全、符合 ACID 的数据库，具备全面的提交、回滚、崩溃恢复和行级锁定功能。MySQL 凭借其易用性、扩展力和性能，成为全球最受欢迎的开源数据库。全球许多流量最大的网站都依托于 MySQL 来支持其业务关键的应用程序，其中，包括 Facebook、Google、Ticketmaster 和 eBay。MySQL 5.6 显著提高了性能和可用性，可支持下一代 Web、嵌入式和云计算应用程序。

MySQL 被设计为一个单进程多线程架构的数据库（通过"ps -Lf mysqld 进程号"或"pstack mysqld 进程号" 可以查看多线程结构），这点与 SQL Server 类似，但与 Oracle 多进程的架构有所不同（Oracle 的 Windows 版本也属于单进程多线程架构）。这也就是说，MySQL 数据库实例在系统上的表现就是一个进程。

MySQL 主要有以下优点：

- 可以处理拥有上千万条记录的大型数据。
- 支持常见的 SQL 语句规范。
- 可移植性高，安装简单小巧。
- 良好的运行效率，有丰富信息的网络支持。
- 调试、管理，优化简单（相对其他大型数据库）。
- 复制全局事务标识可支持自我修复式集群。
- 复制无崩溃从机可提高可用性。
- 复制多线程从机可提高性能。
- 对 InnoDB 进行 NoSQL 访问，可快速完成键值操作以及快速提取数据来完成大数据部署。
- 在 Linux 上的性能提升高达 230%。
- 在当今的多核、多 CPU 硬件上具备更高的扩展力。
- InnoDB 性能改进，可更加高效地处理事务和只读负载。
- 更快速地执行查询命令，具备增强的诊断功能。
- Performance Schema 可监视各个用户和应用程序的资源占用情况。
- 通过基于策略的密码管理和实施来确保安全性。
- 复制功能支持灵活的拓扑架构，可实现向外扩展和高可用性。
- 分区有助于提高性能和管理超大型数据库环境。
- ACID 事务支持构建安全可靠的关键业务应用程序。

- Information Schema 有助于方便地访问元数据。
- 插入式存储引擎架构可最大限度发挥灵活性。

5.2 如何确定 MySQL 是否处于运行状态？如何开启 MySQL 服务？

下面分为 Linux 和 Windows 来讨论：

在 Linux 下启动 MySQL 服务：

```
[root@testdb /]# service mysql status
 ERROR! mysql is not running
[root@testdb /]# service mysql start
Starting mysql........... SUCCESS!
[root@testdb /]# service mysql status
 SUCCESS! mysql running (3041)
[root@testdb /]# ps -ef|grep mysql
root        2938       1   0 19:30 pts/0      00:00:00 /bin/sh /usr/bin/mysqld_safe --datadir=/var/lib/mysql --pid-file=/var/lib/ mysql/testdb.
pid
mysql       3041    2938 43  19:30  pts/0     00:00:09  /usr/sbin/mysqld  --basedir=/usr  --datadir=/var/lib/mysql  --plugin-dir=/usr/lib64/
mysql/plugin --user=mysql --log-error=/var/lib/mysql/testdb.err --pid-file=/var/lib/mysql/testdb.pid
root        3096    2342   0 19:30 pts/0      00:00:00 grep mysql
```

在 Linux 下，也可以通过“netstat -nlp | grep mysqld”来查看 MySQL 服务的状态：

```
[root@testdb /]# netstat   -nlp | grep mysqld
tcp        0      0 :::3306                     :::*                        LISTEN      13853/mysqld
unix  2      [ ACC ]     STREAM     LISTENING     38511    13853/mysqld          /var/lib/mysql57/mysql.sock
```

也可以使用 mysqld_safe 命令启动 MySQL 数据库，通过“mysqladmin”来关闭 MySQL 数据库：

```
[root@testdb /]# mysqladmin -uroot -plhr shutdown
mysqladmin: [Warning] Using a password on the command line interface can be insecure.
[root@testdb /]# mysqld_safe &
[1] 14408
[root@testdb /]# 2017-08-23T10:02:38.704780Z mysqld_safe Logging to '/var/lib/mysql57/mysql5719/log/mysqld.log'.
2017-08-23T10:02:38.726029Z mysqld_safe Starting mysqld daemon with databases from /var/lib/mysql57/mysql5719/data
```

在数据库启动的时候可以加上从指定参数文件进行启动，如下所示：

```
mysqld_safe --defaults-file=/etc/my.cnf &
```

在 Windows 下启动 MySQL 服务：

```
D:\MySQL\MySQL-advanced-5.6.21-win32\bin>net start mysql
MySQL  服务正在启动 ....
MySQL  服务已经启动成功。
```

进入 Windows 的服务可以看到：

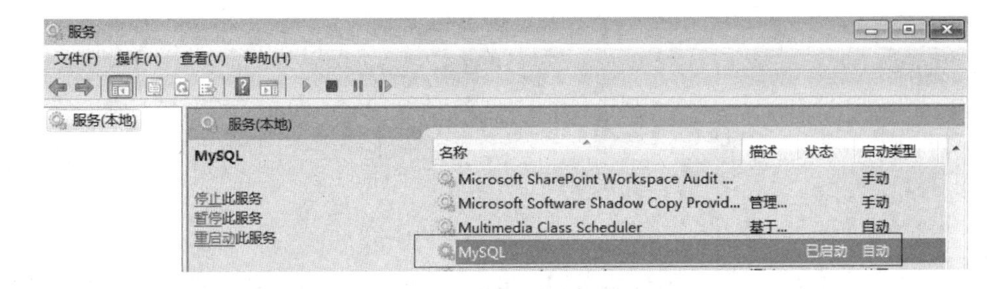

5.3 如何获取表内所有列的名称和类型？

运行命令：desc table_name;。

```
mysql> desc user;
+------------------------+-----------------+------+-----+---------+-------+
| Field                  | Type            | Null | Key | Default | Extra |
+------------------------+-----------------+------+-----+---------+-------+
| Host                   | char(60)        | NO   | PRI |         |       |
| User                   | char(16)        | NO   | PRI |         |       |
| Password               | char(41)        | NO   |     |         |       |
.... 省略部分....
| plugin                 | char(64)        | YES  |     |         |       |
| authentication_string  | text            | YES  |     | NULL    |       |
| password_expired       | enum('N','Y')   | NO   |     | N       |       |
+------------------------+-----------------+------+-----+---------+-------+
43 rows in set (0.04 sec)
```

另外，可以使用“show full columns from table_name;”命令，该命令可以显示指定表所有列的详细信息（通过该命令显示的都是建表时的信息），如下所示：

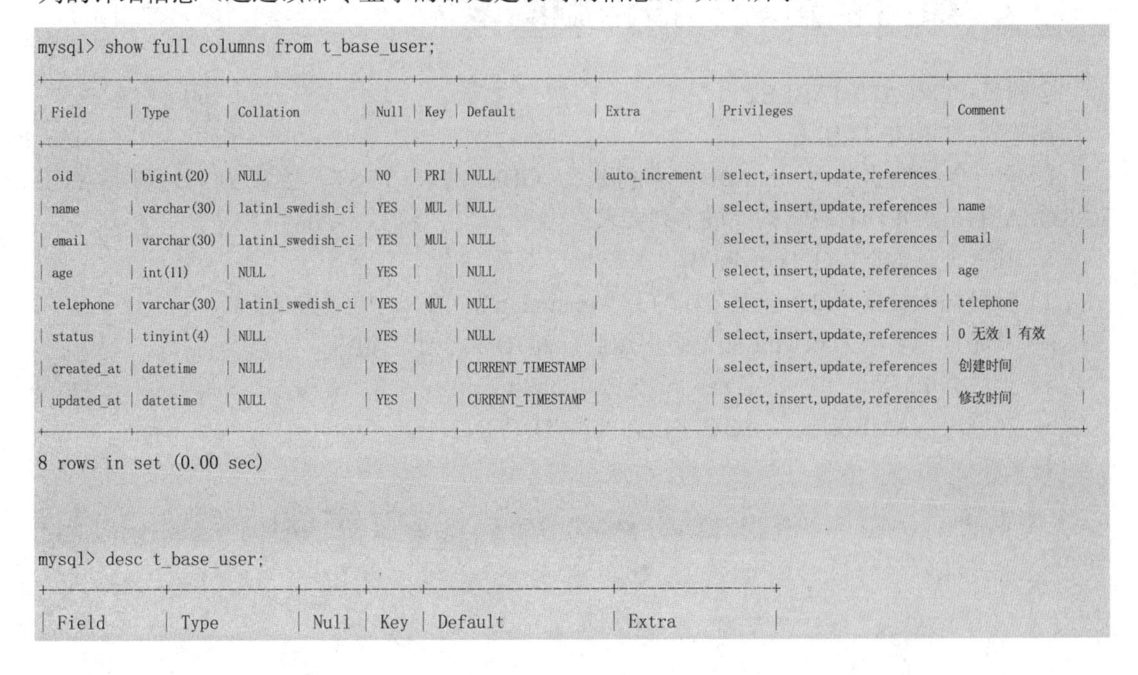

```
mysql> show full columns from t_base_user;
+------------+--------------+-------------------+------+-----+-------------------+----------------+---------------------------------+-------------+
| Field      | Type         | Collation         | Null | Key | Default           | Extra          | Privileges                      | Comment     |
+------------+--------------+-------------------+------+-----+-------------------+----------------+---------------------------------+-------------+
| oid        | bigint(20)   | NULL              | NO   | PRI | NULL              | auto_increment | select,insert,update,references |             |
| name       | varchar(30)  | latin1_swedish_ci | YES  | MUL | NULL              |                | select,insert,update,references | name        |
| email      | varchar(30)  | latin1_swedish_ci | YES  | MUL | NULL              |                | select,insert,update,references | email       |
| age        | int(11)      | NULL              | YES  |     | NULL              |                | select,insert,update,references | age         |
| telephone  | varchar(30)  | latin1_swedish_ci | YES  | MUL | NULL              |                | select,insert,update,references | telephone   |
| status     | tinyint(4)   | NULL              | YES  |     | NULL              |                | select,insert,update,references | 0 无效 1 有效 |
| created_at | datetime     | NULL              | YES  |     | CURRENT_TIMESTAMP |                | select,insert,update,references | 创建时间    |
| updated_at | datetime     | NULL              | YES  |     | CURRENT_TIMESTAMP |                | select,insert,update,references | 修改时间    |
+------------+--------------+-------------------+------+-----+-------------------+----------------+---------------------------------+-------------+
8 rows in set (0.00 sec)


mysql> desc t_base_user;
+------------+--------------+------+-----+-------------------+----------------+
| Field      | Type         | Null | Key | Default           | Extra          |
```

```
+------------+-------------+------+-----+-------------------+----------------+
| oid        | bigint(20)  | NO   | PRI | NULL              | auto_increment |
| name       | varchar(30) | YES  | MUL | NULL              |                |
| email      | varchar(30) | YES  | MUL | NULL              |                |
| age        | int(11)     | YES  |     | NULL              |                |
| telephone  | varchar(30) | YES  | MUL | NULL              |                |
| status     | tinyint(4)  | YES  |     | NULL              |                |
| created_at | datetime    | YES  |     | CURRENT_TIMESTAMP |                |
| updated_at | datetime    | YES  |     | CURRENT_TIMESTAMP |                |
+------------+-------------+------+-----+-------------------+----------------+
8 rows in set (0.00 sec)
```

其中：

- Field：字段名。
- Type：该字段类型。
- Collation：描述了如何对查询出来的数据进行比较和排序。
- Null：是否允许为空，NO 表示不允许，YES 表示允许。
- Key：键，表示该列是否有索引，例如：主键（PRI），唯一键（UNI），非唯一键或多列唯一键（MUL）等。如果该列为空，那么表示该列没有索引或该列作为多列索引的非第 1 列。若表中没有主键，但是某个列创建了唯一索引，且不能包含空值，则该列会显示为 PRI。若某个列含有多个键，则会按照优先级显示：PRI>UNI>MUL。
- Default：该字段默认值。
- Extra：附加信息，如自增主键上的（auto_increment）。
- Privileges：权限，有 select、update 等。
- Comment：字段注释。

5.4 如何创建表？如何删除表？

创建表：CREATE TABLE。

删除表：DROP TABLE。

创建一个存储引擎为 InnoDB，字符集为 GBK 的表 TEST，字段为 ID 和 NAME VARCHAR(16)，并查看表结构完成下列要求：

1）插入一条数据：(1, “newlhr”)

2）批量插入数据：(2, “小麦苗”)，(3, “ximaimiao”)。要求中文不能乱码。

3）首先查询名字为 newlhr 的记录，然后查询 ID 大于 1 的记录。

4）把数据 ID 等于 1 的名字 newlhr 更改为 oldlhr。

5）在字段 NAME 前插入 AGE 字段，类型 TINYINT(4)。

答案：

```
mysql> CREATE TABLE `TEST`(`ID` INT(4) NOT NULL, `NAME` VARCHAR(20) NOT NULL)ENGINE=InnoDB DEFAULT CHARSET=GBK;
Query OK, 0 rows affected (0.67 sec)
mysql> DESC TEST;
+-------+-------------+------+-----+---------+-------+
```

```
| Field | Type        | Null | Key | Default | Extra |
+-------+-------------+------+-----+---------+-------+
| id    | int(4)      | NO   |     | NULL    |       |
| name  | varchar(20) | NO   |     | NULL    |       |
+-------+-------------+------+-----+---------+-------+
2 rows in set (0.09 sec)
```

插入一条数据：(1, “newlhr”)。

```
mysql> INSERT INTO TEST(ID,NAME) VALUES(1,"newlhr");
Query OK, 1 row affected (0.09 sec)
mysql> SELECT * FROM TEST;
+----+--------+
| id | name   |
+----+--------+
|  1 | newlhr |
+----+--------+
1 row in set (0.00 sec)
```

批量插入数据：(2, “小麦苗”)，(3, “ximaimiao”)。要求中文不能显示乱码。

```
mysql> INSERT INTO TEST VALUES(2,"小麦苗"),(3,"ximaimiao");
Query OK, 2 rows affected (0.27 sec)
Records: 2  Duplicates: 0  Warnings: 0
mysql> SELECT * FROM TEST;
+----+-----------+
| id | name      |
+----+-----------+
|  1 | newlhr    |
|  2 | 小麦苗    |
|  3 | ximaimiao |
+----+-----------+
```

首先查询名字为 newlhr 的记录，然后查询 ID 大于 1 的记录。

```
mysql> SELECT * FROM TEST WHERE NAME="newlhr";
+----+--------+
| id | name   |
+----+--------+
|  1 | newlhr |
+----+--------+
mysql> SELECT * FROM TEST WHERE ID>1;
+----+-----------+
| id | name      |
+----+-----------+
|  2 | 小麦苗    |
|  3 | ximaimiao |
+----+-----------+
```

把数据 ID 等于 1 的名字 newlhr 更改为 oldlhr。

```
mysql> UPDATE TEST SET NAME="oldlhr" WHERE ID=1;
```

```
Query OK, 1 row affected (0.00 sec)
Rows matched: 1  Changed: 1  Warnings: 0
mysql> SELECT * FROM TEST;
+----+-----------+
| id | name      |
+----+-----------+
|  1 | oldlhr    |
|  2 | 小麦苗    |
|  3 | ximaimiao |
+----+-----------+
```

在字段 NAME 前插入 AGE 字段，类型 TINYINT(4)。

```
mysql> ALTER TABLE TEST ADD AGE TINYINT(4) AFTER ID;
Query OK, 3 rows affected (0.04 sec)
Records: 3  Duplicates: 0  Warnings: 0
mysql> DESC TEST;
+-------+-------------+------+-----+---------+-------+
| Field | Type        | Null | Key | Default | Extra |
+-------+-------------+------+-----+---------+-------+
| id    | int(4)      | NO   |     | NULL    |       |
| age   | tinyint(4)  | YES  |     | NULL    |       |
| name  | varchar(20) | NO   |     | NULL    |       |
+-------+-------------+------+-----+---------+-------+
```

真题 12：有如下表结构，其中，NAME 字段代表“姓名”，SCORE 字段代表“分数”。

```
CREATE TABLE `T1` (
    `ID` DOUBLE,
    `NAME` VARCHAR(300),
    `SCORE` DOUBLE
);
INSERT INTO `T1` (`ID`, `NAME`, `SCORE`) VALUES('1','N1','59');
INSERT INTO `T1` (`ID`, `NAME`, `SCORE`) VALUES('2','N2','66');
INSERT INTO `T1` (`ID`, `NAME`, `SCORE`) VALUES('3','N3','78');
INSERT INTO `T1` (`ID`, `NAME`, `SCORE`) VALUES('4','N1','48');
INSERT INTO `T1` (`ID`, `NAME`, `SCORE`) VALUES('5','N3','85');
INSERT INTO `T1` (`ID`, `NAME`, `SCORE`) VALUES('6','N5','51');
INSERT INTO `T1` (`ID`, `NAME`, `SCORE`) VALUES('7','N4','98');
INSERT INTO `T1` (`ID`, `NAME`, `SCORE`) VALUES('8','N5','53');
INSERT INTO `T1` (`ID`, `NAME`, `SCORE`) VALUES('9','N2','67');
INSERT INTO `T1` (`ID`, `NAME`, `SCORE`) VALUES('10','N4','88');
```

完成下列查询：

1）查询单分数最高的人和单分数最低的人。

2）查询两门分数加起来的第 2 至 5 名。

3）查询两门总分数在 150 分以下的人。

4）查询两门平均分数介于 60 和 80 的人。

5）查询总分大于 150 分，平均分小于 90 分的人数。

6）查询总分大于 150 分，平均分小于 90 分的人数有几个。

答案：

1）查询单分数最高的人和单分数最低的人。

```
mysql> SELECT * FROM T1 WHERE SCORE IN (SELECT MAX(SCORE)  FROM T1 UNION ALL SELECT  MIN(SCORE) FROM T1);
+------+------+-------+
| id   | name | score |
+------+------+-------+
|    4 | n1   |    48 |
|    7 | n4   |    98 |
+------+------+-------+
2 rows in set (0.03 sec)
```

2）查询两门分数加起来的第 2 至 5 名。

```
mysql> SELECT NAME,SUM(SCORE) FROM T1 GROUP  BY NAME ORDER BY SUM(SCORE) DESC LIMIT 1,4;
+------+------------+
| name | sum(score) |
+------+------------+
| n3   |        163 |
| n2   |        133 |
| n1   |        107 |
| n5   |        104 |
+------+------------+
```

3）查询两门总分数在 150 分以下的人。

```
mysql> SELECT NAME, SUM(SCORE) FROM T1 GROUP  BY NAME HAVING SUM(SCORE) < 150;
+------+------------+
| name | sum(score) |
+------+------------+
| n1   |        107 |
| n2   |        133 |
| n5   |        104 |
+------+------------+
3 rows in set (0.00 sec)
```

4）查询两门平均分数介于 60 和 80 的人。

```
mysql> SELECT NAME,AVG(SCORE) FROM T1 GROUP  BY NAME HAVING AVG(SCORE) BETWEEN 60 AND 80;
+------+------------+
| name | avg(score) |
+------+------------+
| n2   |       66.5 |
+------+------------+
1 row in set (0.02 sec)
```

5）查询总分大于 150 分，平均分小于 90 分的人数。

```
mysql> SELECT NAME,SUM(SCORE),AVG(SCORE) FROM T1 GROUP  BY NAME HAVING SUM(SCORE)>150 AND AVG(SCORE)<90;
+------+------------+------------+
| name | sum(score) | avg(score) |
+------+------------+------------+
```

```
| n3    |         163 |        81.5 |
+-------+-------------+-------------+
1 row in set (0.00 sec)
```

6）查询总分大于 150 分，平均分小于 90 分的人数有几个。

```
mysql> SELECT COUNT(NAME) FROM T1 GROUP  BY NAME HAVING SUM(SCORE) > 150 AND AVG(SCORE) < 90;
+----------------------+
| count(distinct name) |
+----------------------+
|                    1 |
+----------------------+
1 row in set (0.04 sec)
```

5.5 如何创建和删除数据库？

创建数据库：CREATE DATABASE DB4 CHARACTER SET UTF8;

删除数据库：DROP DATABASE DB4;

示例如下所示：

```
mysql> CREATE DATABASE DB4 CHARACTER SET UTF8;
Query OK, 1 row affected (0.02 sec)
mysql> SHOW DATABASES;
+--------------------+
| Database           |
+--------------------+
| information_schema |
| DB4                |
| MySQL              |
| performance_schema |
| test               |
+--------------------+
5 rows in set (0.00 sec)
mysql> DROP DATABASE DB4;
Query OK, 0 rows affected (0.09 sec)
```

真题 13：创建 GBK 字符集的数据库 NEWLHR，并查看已建库的完整语句。

答案：

```
mysql> CREATE DATABASE NEWLHR CHARACTER SET GBK ;
Query OK, 1 row affected (0.13 sec)
mysql> SHOW CREATE DATABASE NEWLHR;
+----------+-----------------------------------------------------------------+
| Database | Create Database                                                 |
+----------+-----------------------------------------------------------------+
| newlhr   | CREATE DATABASE `newlhr` /*!40100 DEFAULT CHARACTER SET gbk */ |
+----------+-----------------------------------------------------------------+
1 row in set (0.02 sec)
```

5.6 如何查看当前数据库里有哪些用户?

可以通过查询 mysql.user 表来查询数据库的用户。

```
mysql> select distinct concat('user: ''',user,'''@''',host,''';') as query from mysql.user;
+------------------------------+
| query                        |
+------------------------------+
| user: 'root'@'127.0.0.1';    |
| user: 'root'@'::1';          |
| user: ''@'localhost';        |
| user: 'newlhr'@'localhost';  |
| user: 'root'@'localhost';    |
+------------------------------+
5 rows in set (0.07 sec)
mysql> select user,host from mysql.user;
+--------+-----------+
| user   | host      |
+--------+-----------+
| root   | 127.0.0.1 |
| root   | ::1       |
|        | localhost |
| newlhr | localhost |
| root   | localhost |
+--------+-----------+
5 rows in set (0.00 sec)
```

5.7 如何查看创建的索引及索引类型等信息?

可以通过以下命令查看：SHOW INDEX FROM <tablename>。

```
mysql> DESC TEST;
+--------+-------------+------+-----+---------+----------------+
| Field  | Type        | Null | Key | Default | Extra          |
+--------+-------------+------+-----+---------+----------------+
| id     | int(11)     | NO   | PRI | NULL    | auto_increment |
| AGE    | tinyint(4)  | YES  |     | NULL    |                |
| name   | varchar(20) | NO   | MUL | NULL    |                |
| shouji | char(11)    | YES  | MUL | NULL    |                |
+--------+-------------+------+-----+---------+----------------+
 mysql> SHOW INDEX FROM TEST\G;
*************************** 1. row ***************************
        Table: test
   Non_unique: 0
     Key_name: PRIMARY
 Seq_in_index: 1
  Column_name: id
```

```
   Collation: A
 Cardinality: 5
    Sub_part: NULL
      Packed: NULL
        Null:
  Index_type: BTREE
     Comment:
Index_comment: *************************** 2. row ***************************
       Table: test
  Non_unique: 1
    Key_name: index_name
Seq_in_index: 1
 Column_name: name
   Collation: A
 Cardinality: 5
    Sub_part: NULL
      Packed: NULL
        Null:
  Index_type: BTREE
     Comment:
Index_comment: *************************** 3. row ***************************
       Table: test
  Non_unique: 1
    Key_name: shouji
Seq_in_index: 1
 Column_name: shouji
   Collation: A
 Cardinality: 5
    Sub_part: 8
      Packed: NULL
        Null: YES
  Index_type: BTREE
     Comment:
Index_comment: 3 rows in set (0.00 sec)
```

5.8 如何查看数据库的版本、当前登录用户和当前的数据库名称？

通过 VERSION()函数可以查询版本，通过 USER()函数可以查询当前登录数据库的用户，通过 DATABASE()函数可以获取当前连接的数据库名称。如下所示：

```
mysql> SELECT VERSION(),@@VERSION,USER(),DATABASE();
+-------------------------------------------+-------------------------------------------+----------------+------------+
| VERSION()                                 | @@VERSION                                 | USER()         | DATABASE() |
+-------------------------------------------+-------------------------------------------+----------------+------------+
| 5.6.21-enterprise-commercial-advanced-log | 5.6.21-enterprise-commercial-advanced-log | root@localhost | mysql      |
+-------------------------------------------+-------------------------------------------+----------------+------------+
```

```
1 row in set (0.00 sec)
[root@rhel6lhr ~]# mysql -V
mysql  Ver 14.14 Distrib 5.6.21, for Linux (x86_64) using  EditLine wrapper
```

5.9 MySQL 有哪些常用日期和时间函数？

MySQL 的日期函数较多，只需要掌握常用的即可，常用的日期或时间函数如下表所示：

函数	函数功能描述	函数举例
DAYOFWEEK (DATE)	返回 DATE 的星期索引（1= Sunday，2= Monday，... 7= Saturday）	mysql> SELECT DAYOFWEEK('2016-05-24'); +------------------------+ | DAYOFWEEK('2016-05-24') | +------------------------+ | 3 | +------------------------+
DAYOFYEAR (DATE)	返回 DATE 是一年中的第几天，范围为 1～366	mysql> SELECT DAYOFYEAR('2016-05-24'); +------------------------+ | DAYOFYEAR('2016-05-24') | +------------------------+ | 145 | +------------------------+
HOUR(TIME)/ MINUTE(TIME)/ SECOND(TIME)	返回 TIME 的小时值/分钟值/秒值，范围为 0～23	mysql> SELECT HOUR('10:05:03'),MINUTE('10:05:03'),SECOND ('10:05:03'); +------------------+--------------------+--------------------+ | HOUR('10:05:03') | MINUTE('10:05:03') | SECOND('10:05:03') | +------------------+--------------------+--------------------+ | 10 | 5 | 3 | +------------------+--------------------+--------------------+
DATE_FORMAT (DATE,FORMAT)	依照 FORMAT 字符串格式化 DATE 值，修饰符的含义： %M：月的名字（January..December） %W：星期的名字（Sunday..Saturday） %D：有英文后缀的某月的第几天（0th，1st，2nd，3rd 等） %Y：4 位数字年份 %y：2 位数字年份 %m：月，数字（00..12） %c：月，数字（0..12） %d：代表月份中的天数，格式为（00……31） %e：代表月份中的天数，格式为（0……31）	mysql> SELECT DATE_FORMAT('2016-05-24', '%W %M %Y'); +--------------------------------------+ | DATE_FORMAT('2016-05-24', '%W %M %Y') | +--------------------------------------+ | Tuesday May 2016 | +--------------------------------------+

（续）

<table>
<tr><th>函数</th><th>函数功能描述</th><th>函数举例</th></tr>
<tr><td>DATE_FORMAT
(DATE,FORMAT)</td><td>%x：周值的年份，星期一是一个星期的第一天，数字的，4位，与“%v”一同使用
%a：缩写的星期名（Sun..Sat）

%H：小时（00..23）
%k：小时（0..23）
%h：小时（01..12）
%I：小时（01..12）
%l：小时（1..12）

%i：代表分钟，格式为(00……59)。只有这一个代表分钟，大写的 I 不代表分钟代表小时

%r：代表时间，格式为 12 小时（hh:mm:ss [AP]M)）
%T：代表时间，格式为 24 小时（hh:mm:ss）

%S：秒（00..59）
%s：秒（00..59）

%p：AM 或 PM
%w：一周中的天数（0=Sunday..6=Saturday）</td><td></td></tr>
<tr><td>STR_TO_DATE()</td><td>将字符串转换为日期类型</td><td>mysql> SELECT STR_TO_DATE('04/31/2004', '%m/%d/%Y');
+---+
| STR_TO_DATE('04/31/2004', '%m/%d/%Y') |
+---+
| 2004-04-31 |
+---+
1 row in set (0.00 sec)</td></tr>
<tr><td>CURDATE()/
CURRENT_DATE</td><td>以“YYYY-MM-DD”或“YYYYMMDD”格式返回当前的日期值</td><td>mysql> SELECT CURDATE(),CURRENT_DATE;
+------------+--------------+
| CURDATE() | CURRENT_DATE |
+------------+--------------+
| 2017-07-28 | 2017-07-28 |
+------------+--------------+</td></tr>
<tr><td>CURTIME()
/CURRENT_TIME</td><td>以“HH:MM:SS”或“HHMMSS”格式返回当前的时间值</td><td>mysql> SELECT CURTIME(),CURRENT_TIME();
+-----------+----------------+
| CURTIME() | CURRENT_TIME() |
+-----------+----------------+
| 16:05:37 | 16:05:37 |
+-----------+----------------+</td></tr>
<tr><td>NOW()/SYSDATE()
/CURRENT_
TIMESTAMP</td><td>以“YYYY-MM-DD HH:MM:SS”或“YYYYMMDDHHMMSS”格式返回当前的日期时间值</td><td>mysql> SELECT NOW(),SYSDATE(),CURRENT_TIMESTAMP;
+---------------------+---------------------+---------------------+
| NOW() | SYSDATE() | CURRENT_TIMESTAMP |
+---------------------+---------------------+---------------------+</td></tr>
</table>

（续）

函数	函数功能描述	函数举例
NOW()/SYSDATE()/CURRENT_TIMESTAMP		| 2017-07-28 16:04:31 | 2017-07-28 16:04:31 | 2017-07-28 16:04:31 | +---------------------+---------------------+---------------------+
SEC_TO_TIME(NUMBER)	以“HH:MM:SS”或“HHMMSS”格式返回的参值被转换到时分秒后的值	mysql> SELECT SEC_TO_TIME(2378); +-------------------+ | SEC_TO_TIME(2378) | +-------------------+ | 00:39:38 | +-------------------+
TIME_TO_SEC(TIME)	将参数 TIME 转换为秒数后返回	mysql> SELECT TIME_TO_SEC('22:23:00'); +-------------------------+ | TIME_TO_SEC('22:23:00') | +-------------------------+ | 80580 | +-------------------------+

其他的函数请查阅官方文档。

真题 14：MySQL 中的字符串和日期相互转化的函数是什么？

答案：MySQL 中日期转换为字符串使用 DATE_FORMAT 函数，相当于 Oracle 中的 TO_CHAR 函数，而将字符串转换为日期格式，使用的函数为 STR_TO_DATE，相当于 Oracle 中的 TO_DATE 函数。

STR_TO_DATE 函数的使用示例如下所示：

```
select str_to_date('09/01/2009','%m/%d/%Y');
select str_to_date('20140422154706','%Y%m%d%H%i%s');
select str_to_date('2014-04-22 15:47:06','%Y-%m-%d %H:%i:%s');
```

5.10 MySQL 有哪些数据类型？

MySQL 中定义数据字段的类型对数据库的优化是非常重要的。MySQL 支持多种类型，大致可以分为三类：数值、日期/时间和字符串（字符）类型。

1．数值类型

下表介绍了数值类型的特性。

	类型	大小	范围（有符号）	范围（无符号）	用途
整数类型	TINYINT	1 字节	(-128，127)	(0，255)	小整数值、微小
	SMALLINT	2 字节	(-32768，32767)	(0，65535)	大整数值、小
	MEDIUMINT	3 字节	(-8388608，8388607)	(0，16777215)	大整数值、中等大小
	INT 或 INTEGER	4 字节	(-2147483648，2147483647)	(0，4294967295)	大整数值、普通大小
	BIGINT	8 字节	(-9233372036854775808，9223372036854775807)	(0，18446744073709551615)	极大整数值、大

（续）

	类型	大小	范围（有符号）	范围（无符号）	用途
带小数的类型	FLOAT	4 字节	(-3.402823466E+38，1.175494351E-38)，0，(1.175494351E-38，3.402823466351E+38)	0，(1.175494351E-38，3.402823466E+38)	单精度浮点数值
	DOUBLE	8 字节	(1.7976931348623157E+308，2.2250738585072014E-308)，0，(2.2250738585072014E-308，1.7976931348623157E+308)	0，(2.2250738585072014E-308，1.7976931348623157E+308)	双精度浮点数值
	DECIMAL	对 DECIMAL (M,D)，若 M>D，则为 M+2 否则，为 D+2	依赖于 M 和 D 的值	依赖于 M 和 D 的值	小数值、定点数

2．日期和时间类型

表示时间值的日期和时间类型为 DATETIME、DATE、TIMESTAMP、TIME 和 YEAR。每个时间类型有一个有效值范围和一个“零”值，当指定不合法的 MySQL 不能表示的值时使用“零”值。下表介绍了日期和时间类型的特性。

类型	大小（字节）	范围	格式	用途及注意事项
DATE	3	1000-01-01～9999-12-31	YYYY-MM-DD	日期值
TIME	3	'-838:59:59'～'838:59:59'	HH:MM:SS	时间值或持续时间
YEAR	1	1901～2155	YYYY	年份值
DATETIME	5+小数位	1000-01-01 00:00:00.000000～9999-12-31 23:59:59.999999	YYYY-MM-DD HH:MM:SS	混合日期和时间值。对于 DATATIME 类型的字段，在 MySQL 5.6.4 以前是 8 个字节（不能存储小数位），之后的长度为 5 个字节再加上小数位字节数。DATATIME 最大小数位是 6。若小数位为 1 或 2，则总字节数为 6（5+1）；若小数位为 3 或 4，则总字节数为 7（5+2）；若小数位为 5 或 6，则总字节数为 8（5+3）
TIMESTAMP	8	1970-01-01 00:00:01.000000～2038-01-19 03:14:07.999999	YYYYMMDDHHMMSS	混合日期和时间值，时间戳。TIMESTAMP 最大小数位是 6

使用日期类型需要注意如下几点内容：

（1）如果要记录年月日时分秒，并且记录的年份比较久远，那么最好使用 DATETIME，而不要使用 TIMESTAMP，因为 TIMESTAMP 表示的日期范围比 DATETIME 要短得多。

（2）如果记录的日期需要让不同时区的用户使用，那么最好使用 TIMESTAMP，因为日期类型中只有它能够和实际时区相对应。

举例如下所示：

```
mysql> SELECT NOW();
+---------------------+
| now()               |
+---------------------+
| 2015-03-19 17:28:38 |
+---------------------+
```

```
1 row in set (0.13 sec)

mysql> SHOW VARIABLES LIKE 'TIME_ZONE';
+---------------+--------+
| Variable_name | Value  |
+---------------+--------+
| time_zone     | SYSTEM |
+---------------+--------+
1 row in set (0.00 sec)
```

3．字符串类型

字符串类型指 CHAR、VARCHAR、BINARY、VARBINARY、BLOB、TEXT、ENUM 和 SET。下表介绍了字符串类型的特性。

类型	大小（字节）	用途	注意
CHAR	0～255	定长字符串	频繁改变的列建议用 CHAR 类型
VARCHAR	0～65535	变长字符串	
TINYBLOB	0～255	不超过 255 个字符的二进制字符串	
TINYTEXT	0～255	短文本字符串	
BLOB	0～65535	二进制形式的长文本数据	
TEXT	0～65535	长文本数据、VARCHAR 的加长增强版	
MEDIUMBLOB	0～16777215	二进制形式的中等长度文本数据	
MEDIUMTEXT	0～16777215	中等长度文本数据	
LOGNGBLOB	0～4294967295	二进制形式的极大文本数据	
LONGTEXT	0～4294967295	极大文本数据	
ENUM	1～2	枚举类型	
SET	1～8	类似于枚举类型，但是，SET 类型一次可以选取多个成员，而 ENUM 只能选一个	

字符类型需要注意如下几点内容：

（1）CHAR 和 VARCHAR 类型类似，但它们保存和检索的方式不同。它们的最大长度和尾部空格是否被保留等方面也不同。在存储或检索过程中不进行大小写转换。

（2）BINARY 和 VARBINARY 类似于 CHAR 和 VARCHAR，不同的是它们包含二进制字符串而不要非二进制字符串。也就是说，它们包含字节字符串而不是字符字符串。这说明它们没有字符集，并且排序和比较基于列值字节的数值。

（3）BLOB 是一个二进制大对象，可以容纳可变数量的数据。有 4 种 BLOB 类型：TINYBLOB、BLOB、MEDIUMBLOB 和 LONGBLOB。它们的区别只是可容纳值的最大长度不同。

（4）有 4 种 TEXT 类型：TINYTEXT、TEXT、MEDIUMTEXT 和 LONGTEXT。这些对应 4 种 BLOB 类型，有相同的最大长度和存储需求。

字符串举例如下所示：

```
mysql> CREATE TABLE t6(sex enum('F','M','UN'));
```

```
Query OK, 0 rows affected (0.04 sec)


mysql> desc t6;
+-------+----------------------+------+-----+---------+-------+
| Field | Type                 | Null | Key | Default | Extra |
+-------+----------------------+------+-----+---------+-------+
| sex   | enum('F','M','UN')   | YES  |     | NULL    |       |
+-------+----------------------+------+-----+---------+-------+
1 row in set (0.00 sec)

mysql> CREATE TABLE t5(col1 set('a','b','c'), sex enum('F','M','UN') );
Query OK, 0 rows affected (0.05 sec)

mysql> desc t5;
+-------+----------------------+------+-----+---------+-------+
| Field | Type                 | Null | Key | Default | Extra |
+-------+----------------------+------+-----+---------+-------+
| col1  | set('a','b','c')     | YES  |     | NULL    |       |
| sex   | enum('F','M','UN')   | YES  |     | NULL    |       |
+-------+----------------------+------+-----+---------+-------+
2 rows in set (0.00 sec)

mysql> INSERT INTO t5 values('a');
ERROR 1136 (21S01): Column count doesn't match value count at row 1
mysql> INSERT INTO t5 values('a','f');
Query OK, 1 row affected (0.38 sec)

mysql> INSERT INTO t5 values('a,b','f');
Query OK, 1 row affected (0.04 sec)

mysql> INSERT INTO t5 values('b,c','f');
Query OK, 1 row affected (0.00 sec)

mysql> SELECT * FROM t5;
+------+------+
| col1 | sex  |
+------+------+
| a    | F    |
| a,b  | F    |
| b,c  | F    |
+------+------+
3 rows in set (0.00 sec)
```

真题 15：在 MySQL 中，VARCHAR 与 CHAR 的区别是什么？VARCHAR(50)中的 50 代表的含义是什么？

答案：CHAR 是一种固定长度的类型，VARCHAR 则是一种可变长度的类型。

CHAR 列的长度固定为创建表时声明的长度。长度可以为从 0～255 的任何值。当保存 CHAR 值时，在它们的右边填充空格以达到指定的长度。当检索到 CHAR 值时，尾部的空格被删除掉。在存储或检索过程中不进行大小写转换。

VARCHAR 列中的值为可变长字符串。长度可以指定为 0～65535 之间的值。VARCHAR 的最大有效长度由最大行大小和使用的字符集确定。在 MySQL 4.1 之前的版本，VARCHAR(50)的“50”指的是 50 字节（bytes）。如果存放 UTF8 汉字时，那么最多只能存放 16 个（每个汉字 3 字节）。从 MySQL 4.1 版本开始，VARCHAR(50)的“50”指的是 50 字符（character），无论存放的是数字、字母还是 UTF8 汉字（每个汉字 3 字节），都可以存放 50 个。

CHAR 和 VARCHAR 类型声明的长度表示保存的最大字符数。例如，CHAR(30)可以占用 30 个字符。对于 MyISAM 表，推荐 CHAR 类型；对于 InnoDB 表，推荐 VARCHAR 类型。另外，在进行检索的时候，若列值的尾部含有空格，则 CHAR 列会删除其尾部的空格，而 VARCHAR 则会保留空格。如下所示：

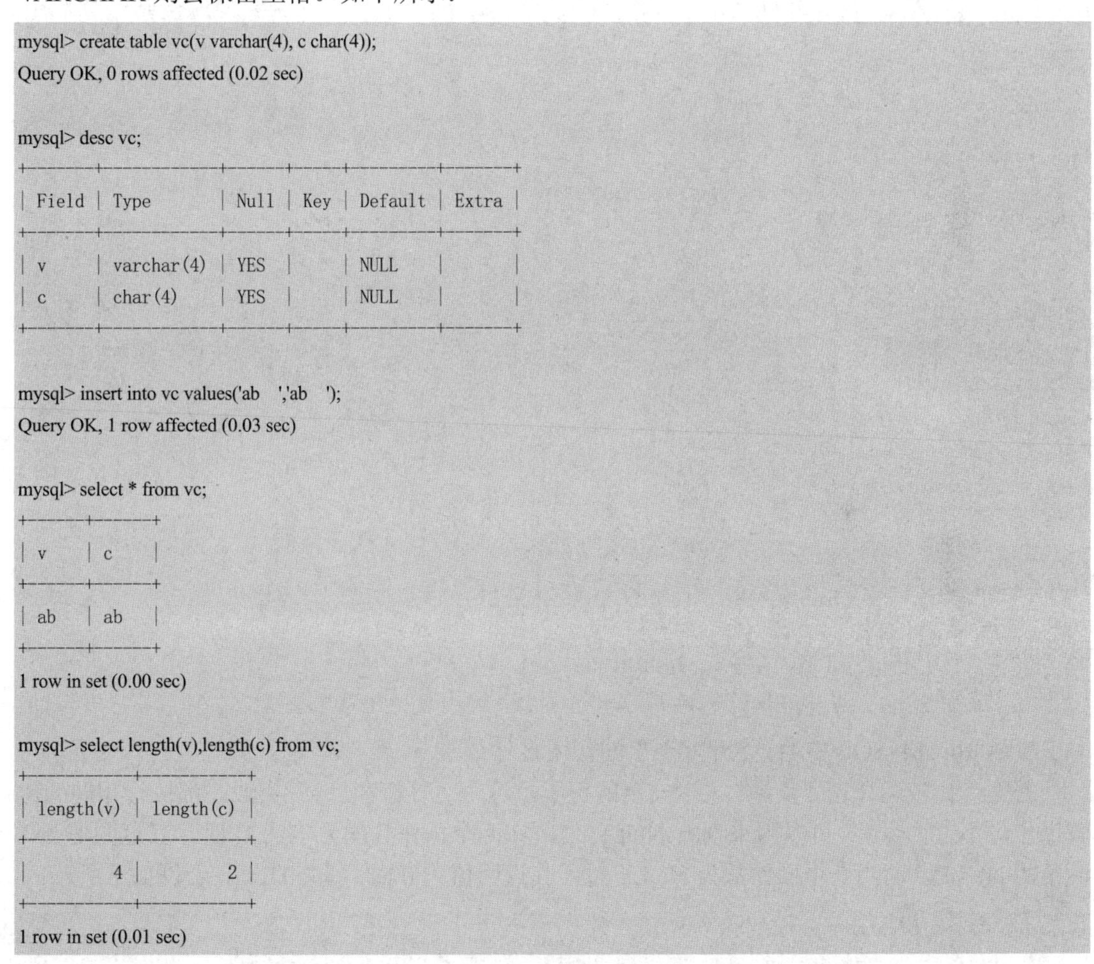

```
mysql> create table vc(v varchar(4), c char(4));
Query OK, 0 rows affected (0.02 sec)

mysql> desc vc;
+-------+------------+------+-----+---------+-------+
| Field | Type       | Null | Key | Default | Extra |
+-------+------------+------+-----+---------+-------+
| v     | varchar(4) | YES  |     | NULL    |       |
| c     | char(4)    | YES  |     | NULL    |       |
+-------+------------+------+-----+---------+-------+

mysql> insert into vc values('ab  ','ab  ');
Query OK, 1 row affected (0.03 sec)

mysql> select * from vc;
+------+------+
| v    | c    |
+------+------+
| ab   | ab   |
+------+------+
1 row in set (0.00 sec)

mysql> select length(v),length(c) from vc;
+-----------+-----------+
| length(v) | length(c) |
+-----------+-----------+
|         4 |         2 |
+-----------+-----------+
1 row in set (0.01 sec)
```

可以看到，c 列的 length 只有 2，下面给字段加上“+”：

```
mysql> select concat(v,'+'),concat(c,'+') from vc;
+---------------+---------------+
| concat(v,'+') | concat(c,'+') |
+---------------+---------------+
| ab  +         | ab+           |
+---------------+---------------+
```

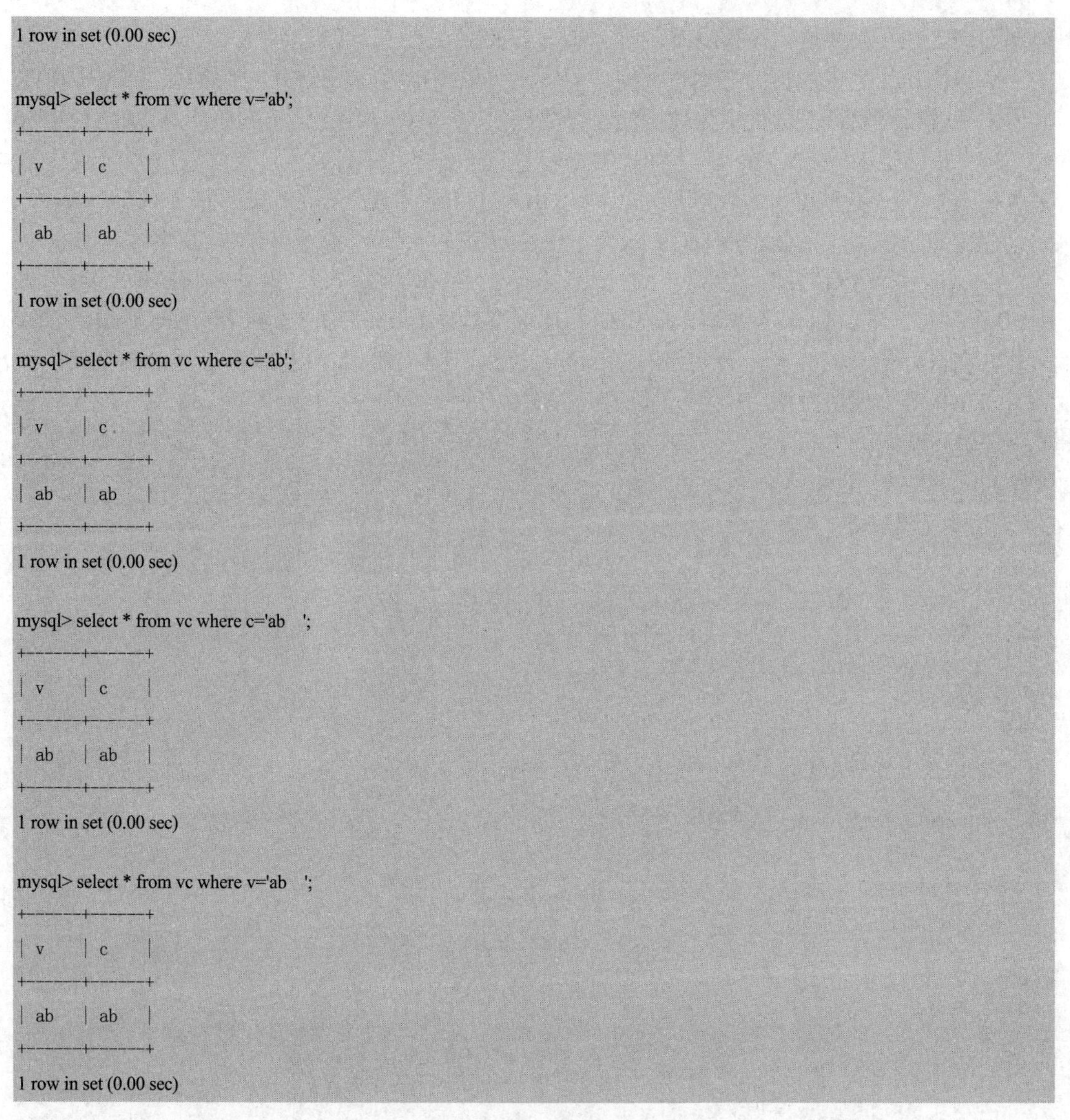

```
1 row in set (0.00 sec)

mysql> select * from vc where v='ab';
+------+------+
| v    | c    |
+------+------+
| ab   | ab   |
+------+------+
1 row in set (0.00 sec)

mysql> select * from vc where c='ab';
+------+------+
| v    | c    |
+------+------+
| ab   | ab   |
+------+------+
1 row in set (0.00 sec)

mysql> select * from vc where c='ab    ';
+------+------+
| v    | c    |
+------+------+
| ab   | ab   |
+------+------+
1 row in set (0.00 sec)

mysql> select * from vc where v='ab    ';
+------+------+
| v    | c    |
+------+------+
| ab   | ab   |
+------+------+
1 row in set (0.00 sec)
```

真题 16：MySQL 中运算符“<=>”的作用是什么？

答案：比较运算符“<=>”表示安全的等于，这个运算符和“=”类似，都执行相同的比较操作，不过“<=>”可以用来判断 NULL 值，在两个操作数均为 NULL 时，其返回值为 1 而不为 NULL，而当一个操作数为 NULL 时，其返回值为 0 而不为 NULL。示例如下所示：

```
mysql> select 1<=>0,'2'<=>2,NULL<=>NULL;
+-------+---------+-------------+
| 1<=>0 | '2'<=>2 | NULL<=>NULL |
+-------+---------+-------------+
|     0 |       1 |      1      |
+-------+---------+-------------+
```

真题 17：MySQL 数据类型有哪些属性？

答案：数据类型的属性包括 auto_increment、binary、default、index、not null、null、primary key、unique 和 zerofill，如下所示：

属　性	列
auto_increment	1. auto_increment 能为新插入的行赋予一个唯一的整数标识符，该属性只用于整数类型 2. auto_increment 一般从 1 开始，每行增加 1。可以通过“ALTER TABLE TB_NAME AUTO_INCREMENT=n;”语句强制设置自动增长列的初始值，但是该强制的默认值是保留在内存中的。如果该值在使用之前数据库重新启动，那么这个强制的默认值就会丢失，就需要在数据库启动以后重新设置 3. 可以使用 LAST_INSERT_ID()查询当前线程最后插入记录使用的值。如果一次插入了多条记录，那么返回的是第一条记录使用的自动增长值 4. MySQL 要求将 auto_increment 属性用于作为主键的列 5. 每个表只允许有一个 auto_increment 列 6. 自动增长列可以手工插入，但是插入的值如果是空或者 0，那么实际插入的将是自动增长后的值 7. 对于 InnoDB 表，自动增长列必须是索引。如果是组合索引，也必须是组合索引的第一列，但是对于 MylSAM 表，自动增长列可以是组合索引的其他列，这样插入记录后，自动增长列是按照组合索引的前几列进行排序后递增的 8. 对于 TRUNCATE 操作，则表中的 auto_increment 属性的值会被置为 1，而 DELETE 并不会 9. 可以使用 SQL 语句“alter table ai3 add id0 int　auto_increment primary key first;”来添加主键列 10. 可以使用 SQL 语句“alter table ai4 modify id int auto_increment primary key;”来修改主键列 11. 如果达到最大值，那么继续插入会报错
binary	binary 属性只用于 char 和 varchar 值。当为列指定了该属性时，将以区分大小写的方式排序和比较
default	default 属性确保在没有任何值可用的情况下，赋予某个常量值，这个值必须是常量，因为 MySQL 不允许插入函数或表达式值。此外，此属性无法用于 BLOB 或 TEXT 列。如果已经为此列指定了 NULL 属性，那么当没有指定默认值时默认值将为 NULL，否则默认值将依赖于字段的数据类型
index	如果所有其他因素都相同，要加速数据库查询，那么使用索引通常是最重要的一个步骤。索引一个列会为该列创建一个有序的键数组，每个键指向其相应的表行。以后针对输入条件可以搜索这个有序的键数组，与搜索整个未索引的表相比，这将在性能方面得到极大的提升
not null	如果将一个列定义为 not null，那么将不允许向该列插入 null 值。建议在重要情况下始终使用 not null 属性，因为它提供了一个基本验证，确保已经向查询传递了所有必要的值
null	为列指定 null 属性时，该列可以保持为空，而不论行中其他列是否已经被填充。null 精确的说法是“无”，而不是空字符串或 0
primary key	primary key 属性用于确保指定行的唯一性。指定为主键的列中，值不能重复，也不能为空。为指定为主键的列赋予 auto_increment 属性是很常见的，因为此列不必与行数据有任何关系，而只是作为一个唯一标识符。主键又分为以下两种： （1）单字段主键 如果输入到数据库中的每行都已经有不可修改的唯一标识符，一般会使用单字段主键。注意，此主键一旦设置就不能再修改 （2）多字段主键 如果记录中任何一个字段都不可能保证唯一性，那么就可以使用多字段主键。这时，多个字段联合起来确保唯一性。如果出现这种情况，那么指定一个 auto_increment 整数作为主键是更好的办法
unique	被赋予 unique 属性的列将确保所有值都有不同的值，只是 null 值可以重复。一般会指定一个列为 unique，以确保该列的所有值都不同
zerofill	zerofill 属性可用于任何数值类型，用 0 填充所有剩余字段空间。例如，无符号 int 的默认宽度是 10；因此，当“零填充”的 int 值为 4 时，将表示它为 0000000004

下面针对每种类型举例说明。

1）auto_increment

```
mysql> create table ai(id smallint not null auto_increment primary key);
Query OK, 0 rows affected (0.01 sec)

mysql> show create table ai\G;
*************************** 1. row ***************************
       Table: ai
Create Table: CREATE TABLE `ai` (
  `id` smallint(6) NOT NULL AUTO_INCREMENT,
```

```
  PRIMARY KEY (`id`)
) ENGINE=InnoDB DEFAULT CHARSET=latin1
1 row in set (0.00 sec)

mysql> desc ai;
+-------+-------------+------+-----+---------+----------------+
| Field | Type        | Null | Key | Default | Extra          |
+-------+-------------+------+-----+---------+----------------+
| id    | smallint(6) | NO   | PRI | NULL    | auto_increment |
+-------+-------------+------+-----+---------+----------------+
1 row in set (0.00 sec)
mysql> insert into ai values(null),(8),(0);
Query OK, 3 rows affected (0.00 sec)
Records: 3  Duplicates: 0  Warnings: 0

mysql> select * from ai;
+----+
| id |
+----+
|  1 |
|  8 |
|  9 |
+----+
3 rows in set (0.00 sec)
mysql> select last_insert_id();
+------------------+
| last_insert_id() |
+------------------+
|                1 |
+------------------+
1 row in set (0.00 sec)

mysql> insert into ai values(null);
Query OK, 1 row affected (0.00 sec)

mysql> select last_insert_id();
+------------------+
| last_insert_id() |
+------------------+
|               10 |
+------------------+
1 row in set (0.00 sec)

mysql> create table ai1(id1 smallint not null auto_increment,id2 smallint not null,name char(5),index(id2,id1)) engine=myisam;
Query OK, 0 rows affected (0.00 sec)

mysql> desc ai1;
+-------+-------------+------+-----+---------+----------------+
| Field | Type        | Null | Key | Default | Extra          |
+-------+-------------+------+-----+---------+----------------+
```

```
| id1    | smallint(6) | NO   |     | NULL    | auto_increment |
| id2    | smallint(6) | NO   | MUL | NULL    |                |
| name   | char(5)     | YES  |     | NULL    |                |
+--------+-------------+------+-----+---------+----------------+
3 rows in set (0.00 sec)

mysql> insert into ai1(id2,name) values(2,'2'),(3,'3'),(4,'4'),(2,'2'),(3,'3'),(4,'4');
Query OK, 6 rows affected (0.00 sec)
Records: 6  Duplicates: 0  Warnings: 0

mysql> select * from ai1;
+-----+-----+------+
| id1 | id2 | name |
+-----+-----+------+
|   1 |   2 | 2    |
|   1 |   3 | 3    |
|   1 |   4 | 4    |
|   2 |   2 | 2    |
|   2 |   3 | 3    |
|   2 |   4 | 4    |
+-----+-----+------+
rows in set (0.00 sec)
```

添加主键列：

```
mysql> create table ai3(id smallint);
Query OK, 0 rows affected (0.02 sec)

mysql>
mysql>
mysql> desc ai3
    -> ;
+-------+-------------+------+-----+---------+-------+
| Field | Type        | Null | Key | Default | Extra |
+-------+-------------+------+-----+---------+-------+
| id    | smallint(6) | YES  |     | NULL    |       |
+-------+-------------+------+-----+---------+-------+
1 row in set (0.00 sec)

mysql> alter table ai3 add id0 int  auto_increment primary key first;
Query OK, 0 rows affected (0.23 sec)
Records: 0  Duplicates: 0  Warnings: 0

mysql> desc ai3;
+-------+-------------+------+-----+---------+----------------+
| Field | Type        | Null | Key | Default | Extra          |
+-------+-------------+------+-----+---------+----------------+
| id0   | int(11)     | NO   | PRI | NULL    | auto_increment |
| id    | smallint(6) | YES  |     | NULL    |                |
+-------+-------------+------+-----+---------+----------------+
2 rows in set (0.00 sec)
```

```
mysql> select * from ai3;
Empty set (0.00 sec)

mysql> insert into ai3(id) values(2);
Query OK, 1 row affected (0.00 sec)

mysql> select * from ai3;
+-----+------+
| id0 | id   |
+-----+------+
|   1 |    2 |
+-----+------+
1 row in set (0.00 sec)
```

修改某个列：

```
mysql> create table ai4(id smallint );
Query OK, 0 rows affected (0.02 sec)

mysql> alter table ai4 modify id int auto_increment primary key;
Query OK, 0 rows affected (0.06 sec)
Records: 0    Duplicates: 0    Warnings: 0

mysql> desc ai4;
+-------+---------+------+-----+---------+----------------+
| Field | Type    | Null | Key | Default | Extra          |
+-------+---------+------+-----+---------+----------------+
| id    | int(11) | NO   | PRI | NULL    | auto_increment |
+-------+---------+------+-----+---------+----------------+
1 row in set (0.00 sec)
```

2）binary

```
hostname char(25) binary not null
```

3）default

```
subscribed enum('0', '1') not null default '0'
```

4）index

```
create table employees
(
    id varchar(9) not null,
    firstname varchar(15) not null,
    lastname varchar(25) not null,
    email varchar(45) not null,
    phone varchar(10) not null,
    index lastname(lastname),
    primary key(id)
);
```

```
mysql> create table employees
    -> (
    -> id varchar(9) not null,
    -> firstname varchar(15) not null,
    -> lastname varchar(25) not null,
    -> email varchar(45) not null,
    -> phone varchar(10) not null,
    -> index lastname(lastname),
    -> primary key(id)
    -> );
Query OK, 0 rows affected (0.03 sec)

mysql> desc employees;
+-----------+-------------+------+-----+---------+-------+
| Field     | Type        | Null | Key | Default | Extra |
+-----------+-------------+------+-----+---------+-------+
| id        | varchar(9)  | NO   | PRI | NULL    |       |
| firstname | varchar(15) | NO   |     | NULL    |       |
| lastname  | varchar(25) | NO   | MUL | NULL    |       |
| email     | varchar(45) | NO   |     | NULL    |       |
| phone     | varchar(10) | NO   |     | NULL    |       |
+-----------+-------------+------+-----+---------+-------+

mysql> SHOW INDEX FROM employees\G;
*************************** 1. row ***************************
        Table: employees
   Non_unique: 0
     Key_name: PRIMARY
 Seq_in_index: 1
  Column_name: id
    Collation: A
  Cardinality: 0
     Sub_part: NULL
       Packed: NULL
         Null:
   Index_type: BTREE
      Comment:
Index_comment:
*************************** 2. row ***************************
        Table: employees
   Non_unique: 1
     Key_name: lastname
 Seq_in_index: 1
  Column_name: lastname
    Collation: A
  Cardinality: 0
     Sub_part: NULL
       Packed: NULL
         Null:
```

```
  Index_type: BTREE
     Comment:
Index_comment:
```

也可以利用 MySQL 的 create index 命令在创建表之后增加索引：

```
create index lastname on employees (lastname(7));
```

这一次只索引了名字的前 7 个字符，因为可能不需要其他字母来区分不同的名字。因为使用较小的索引时性能更好，所以应当在实践中尽量使用小的索引。

5）zerofill

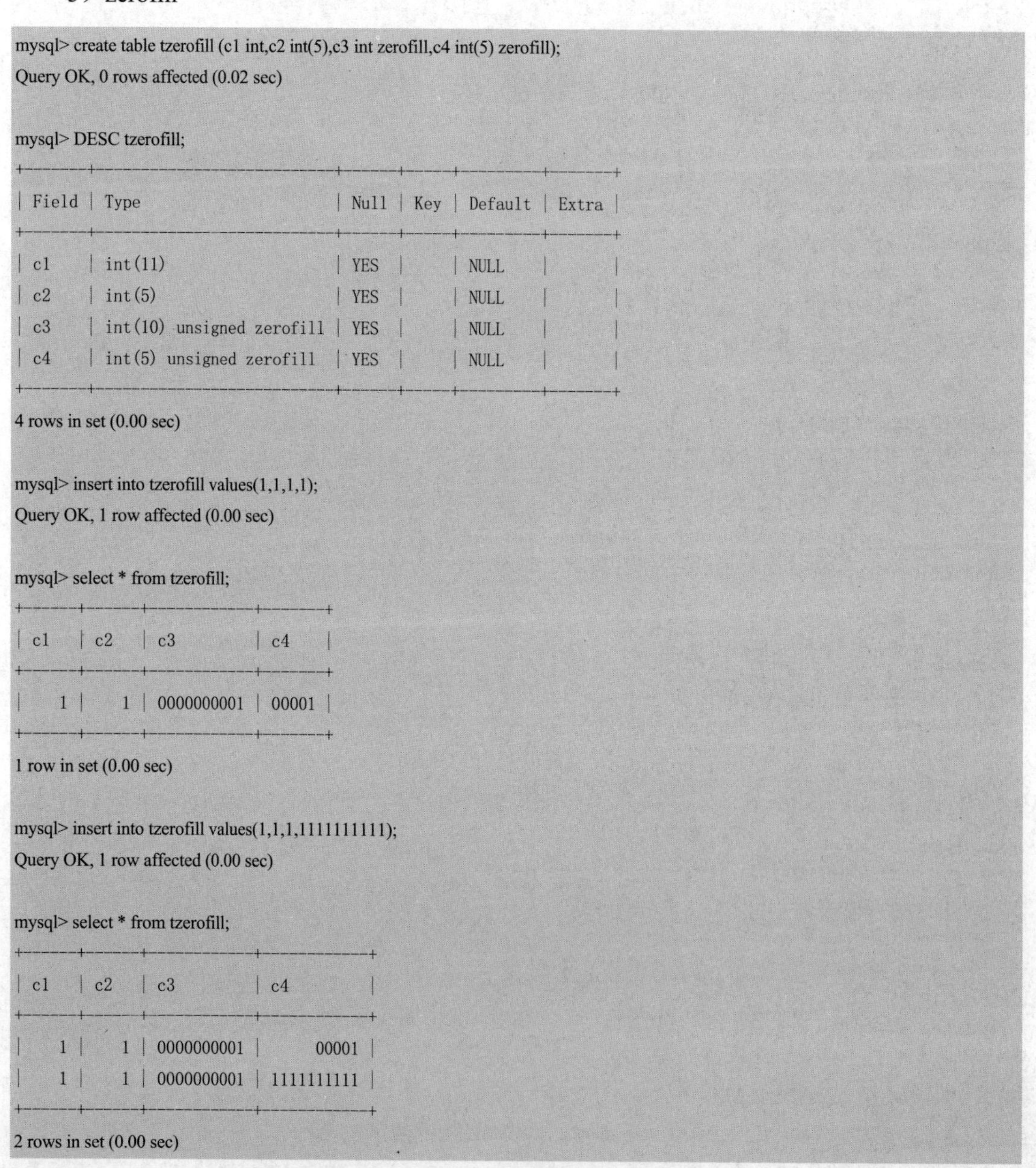

```
mysql> create table tzerofill (c1 int,c2 int(5),c3 int zerofill,c4 int(5) zerofill);
Query OK, 0 rows affected (0.02 sec)

mysql> DESC tzerofill;
+-------+--------------------------+------+-----+---------+-------+
| Field | Type                     | Null | Key | Default | Extra |
+-------+--------------------------+------+-----+---------+-------+
| c1    | int(11)                  | YES  |     | NULL    |       |
| c2    | int(5)                   | YES  |     | NULL    |       |
| c3    | int(10) unsigned zerofill | YES  |     | NULL    |       |
| c4    | int(5) unsigned zerofill | YES  |     | NULL    |       |
+-------+--------------------------+------+-----+---------+-------+
4 rows in set (0.00 sec)

mysql> insert into tzerofill values(1,1,1,1);
Query OK, 1 row affected (0.00 sec)

mysql> select * from tzerofill;
+------+------+------------+-------+
| c1   | c2   | c3         | c4    |
+------+------+------------+-------+
|    1 |    1 | 0000000001 | 00001 |
+------+------+------------+-------+
1 row in set (0.00 sec)

mysql> insert into tzerofill values(1,1,1,1111111111);
Query OK, 1 row affected (0.00 sec)

mysql> select * from tzerofill;
+------+------+------------+------------+
| c1   | c2   | c3         | c4         |
+------+------+------------+------------+
|    1 |    1 | 0000000001 |      00001 |
|    1 |    1 | 0000000001 | 1111111111 |
+------+------+------------+------------+
2 rows in set (0.00 sec)
```

5.11 MySQL 中 limit 的作用是什么?

limit 限制返回结果行数，主要用于查询之后要显示返回的前几条或者中间某几行数据，其写法如下所示：

LIMIT 0,100; #从起始角标为 0 的位置，往后获取 100 条记录，也可简写为 LIMIT 100;

LIMIT 10,6; #从起始角标为 10 的位置，往后获取 6 条记录。

limit 的使用示例如下所示：

```
mysql> SELECT * FROM City limit 10;
+----+----------------+-------------+---------------+------------+
| ID | Name           | CountryCode | District      | Population |
+----+----------------+-------------+---------------+------------+
|  1 | Kabul          | AFG         | Kabol         |    1780000 |
|  2 | Qandahar       | AFG         | Qandahar      |     237500 |
|  3 | Herat          | AFG         | Herat         |     186800 |
|  4 | Mazar-e-Sharif | AFG         | Balkh         |     127800 |
|  5 | Amsterdam      | NLD         | Noord-Holland |     731200 |
|  6 | Rotterdam      | NLD         | Zuid-Holland  |     593321 |
|  7 | Haag           | NLD         | Zuid-Holland  |     440900 |
|  8 | Utrecht        | NLD         | Utrecht       |     234323 |
|  9 | Eindhoven      | NLD         | Noord-Brabant |     201843 |
| 10 | Tilburg        | NLD         | Noord-Brabant |     193238 |
+----+----------------+-------------+---------------+------------+
10 rows in set (0.00 sec)
mysql> SELECT * FROM City limit 10,5;
+----+-----------+-------------+---------------+------------+
| ID | Name      | CountryCode | District      | Population |
+----+-----------+-------------+---------------+------------+
| 11 | Groningen | NLD         | Groningen     |     172701 |
| 12 | Breda     | NLD         | Noord-Brabant |     160398 |
| 13 | Apeldoorn | NLD         | Gelderland    |     153491 |
| 14 | Nijmegen  | NLD         | Gelderland    |     152463 |
| 15 | Enschede  | NLD         | Overijssel    |     149544 |
+----+-----------+-------------+---------------+------------+
5 rows in set (0.00 sec)
```

可以直接使用 limit 来进行分页操作，但这个关键字在数据量和偏移量（offset）比较大时，却很低效。所以，对 limit 优化，要么限制分页的数量，要么降低偏移量（offset）的大小。一般解决方法是关联查询或子查询优化法，可以先查询出主键，然后利用主键进行关联查询。优化示例如下：

原 SQL：SELECT * FROM MEMBER LIMIT 10000, 100;

优化 SQL：SELECT * FROM MEMBER WHERE MEMBERID >= (SELECT MEMBERID FROM MEMBER LIMIT 10000,1) LIMIT 100;

MySQL 中的“LIMIT 0,100”与“LIMIT 100000,100”的执行效率是一样吗？为什么？如何优化？

答案：不一样，“LIMIT 100000,100”的效率更低。在语句“LIMIT 100000,100”中，实际上 MySQL 扫描了 100100 行记录，然后只返回 100 条记录，将前面的 100000 条记录抛弃掉。

MySQL 的“limit m,n”工作原理就是先读取前 m 条记录，然后抛弃前 m 条，再读取 n 条想要的记录，所以 m 越大，性能会越差。优化思路是，在索引上完成排序分页的操作，最后根据主键关联回原表查询所需要的其他列内容。示例如下：

优化前 SQL：

```
SELECT * FROM MEMBER ORDER BY LAST_ACTIVE LIMIT 50,5;
```

优化后 SQL：

```
SELECT * FROM MEMBER INNER JOIN (SELECT MEMBER_ID FROM MEMBER ORDER BY LAST_ACTIVE LIMIT 50, 5)
USING (MEMBER_ID);
```

区别在于，优化前的 SQL 需要更多 I/O 浪费，因为先读索引，再读数据，然后抛弃无用的行,而优化后的 SQL 只读索引就可以了，然后通过 MEMBER_ID 读取需要的列。

5.12 如何对一张表同时进行查询和更新？

MySQL 不允许对同一张表同时进行查询和更新，那么可以使用临时表的方式来处理。如下的 SQL 语句不能正常执行：

```
mysql> update actor a
    ->     set a.first_name =
    ->         (select upper(b.last_name)
    ->           from actor b
    ->          where b.last_name = a.first_name);
ERROR 1093 (HY000): You can't specify target table 'a' for update in FROM clause
mysql>
mysql> update actor a
    ->     inner join (select upper(last_name) last_name from actor) b
    ->  on b.last_name = a.first_name
    -> set a.first_name = b.last_name;
Query OK, 0 rows affected (0.05 sec)
Rows matched: 0   Changed: 0   Warnings: 0
```

5.13 MySQL 中如何在表的指定位置添加列？

如果想在一个已经建好的表中添加一列，那么可以用以下语句实现：

```
alter table TABLE_NAME add column NEW_COLUMN_NAME varchar(20) not null;
```

这条语句会向已有的表中加入新的一列，这一列在表的最后一列位置。如果希望添加在指定的一列，可以用 AFTER 关键词：

```
alter table TABLE_NAME add column NEW_COLUMN_NAME varchar(20) not null after COLUMN_NAME;
```

注意，上面这个命令的意思是添加新列到某一列后面。如果想添加到第一列的话，那么可以用 FIRST：

```
alter table TABLE_NAME add column NEW_COLUMN_NAME varchar(20) not null first;
```

可以使用 SQL 语句“alter table ai3 add id0 int　auto_increment primary key first;”来添加主键列。可以使用 SQL 语句“alter table ai4 modify id int auto_increment primary key;”来修改主键列。

5.14 MySQL 中 LENGTH 和 CHAR_LENGTH 的区别是什么？

LENGTH 和 CHAR_LENGTH 是 MySQL 中获取字符串长度的两个函数。函数 LENGTH 是计算字段的长度，单位为字节，1 个汉字算 3 个字节，1 个数字或字母算 1 个字节。CHAR_LENGTH(str)返回值为字符串 str 的长度，单位为字符。CHARACTER_LENGTH()是 CHAR_LENGTH()的同义词。对于函数 CHAR_LENGTH 来说，一个多字节字符算作一个单字符。Latin1 字符的这两个函数返回结果是相同的，但是对于 Unicode 和其他编码来说，它们是不同的。例如，对于一个包含 5 个 2 字节字符集的字符串来说，LENGTH()返回值为 10，而 CHAR_LENGTH()的返回值为 5。

示例如下：

```
mysql> SELECT LENGTH(A),LENGTH(B),CHAR_LENGTH(A) FROM (SELECT _UTF8 '小麦苗' A, _GBK 'ABC' B) T;
+-----------+-----------+----------------+
| length(a) | length(b) | CHAR_LENGTH(a) |
+-----------+-----------+----------------+
|         9 |         3 |              3 |
+-----------+-----------+----------------+
```

5.15 函数 FROM_UNIXTIME 和 UNIX_TIMESTAMP 的作用分别是什么？

函数 FROM_UNIXTIME 将 MySQL 中用 10 位数字存储的时间以日期格式来显示。

语法：FROM_UNIXTIME(unix_timestamp,format)，例如：

```
mysql> SELECT FROM_UNIXTIME(1234567890, '%Y-%m-%d %H:%i:%S');
+------------------------------------------------+
| FROM_UNIXTIME(1234567890, '%Y-%m-%d %H:%i:%S') |
+------------------------------------------------+
| 2009-02-14 07:31:30                            |
+------------------------------------------------+
1 row in set (0.00 sec)
```

```
mysql> select FROM_UNIXTIME(1344887103);
+---------------------------+
| FROM_UNIXTIME(1344887103) |
+---------------------------+
| 2012-08-14 03:45:03       |
+---------------------------+
1 row in set (0.00 sec)
```

函数 UNIX_TIMESTAMP 返回指定时间的 UNIX 格式数字串，即 UNIX 时间戳（从 UTC 时间'1970-01-01 00:00:00'开始的秒数），通常为十位，如 1344887103。

语法：UNIX_TIMESTAMP(date)

参数：date 可能是个 DATE 字符串，DATETIME 字符串，TIMESTAPE 字符串，或者是一个类似于 YYMMDD 或者 YYYYMMDD 的数字串。

返回：从 UTC 时间'1970-01-01 00:00:00'开始到该参数之间的秒数。服务器将参数 date 转化成 UTC 格式的内部时间。客户端则可以自行设置当前时区。当 UNIX_TIMESTAMP()用于 1 个 TIMESTAMP 列时，函数直接返回内部时间戳的值；如果传递 1 个超出范围的时间到 UNIX_TIMESTAMP()，它的返回值是零。如果 date 为空，那么将返回从 UTC 时间'1970-01-01 00:00:00'开始到当前时间的秒数。

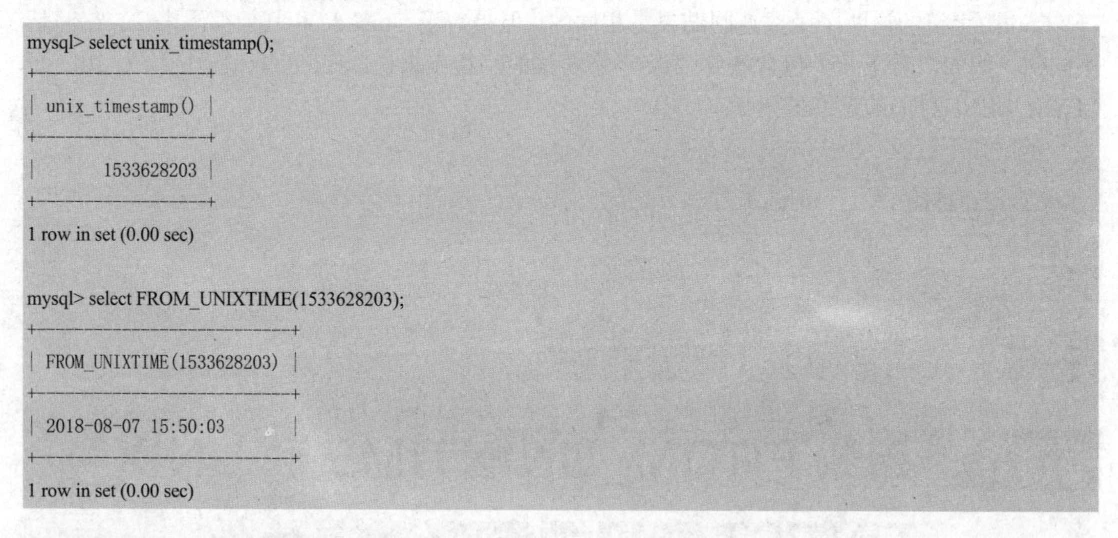

```
mysql> select unix_timestamp();
+------------------+
| unix_timestamp() |
+------------------+
|       1533628203 |
+------------------+
1 row in set (0.00 sec)

mysql> select FROM_UNIXTIME(1533628203);
+---------------------------+
| FROM_UNIXTIME(1533628203) |
+---------------------------+
| 2018-08-07 15:50:03       |
+---------------------------+
1 row in set (0.00 sec)
```

5.16 真题

真题 18：如何连接到 MySQL 数据库？

答案：连接到 MySQL 数据库有多种写法，假设 MySQL 服务器的地址为 192.168.59.130，可以通过如下几种方式来连接 MySQL 数据库：

1）mysql -p。

2）mysql -uroot -p。

3）mysql -uroot -h192.168.59.130 -p。

真题 19：哪个命令可以查看所有数据库？

答案：运行命令：show databases;

真题 20：如何切换到某个特定的数据库？

答案：运行命令：use database_name;

真题 21：列出数据库内所有的表？

答案：在当前数据库运行命令：show tables;

真题 22：MySQL 如何实现插入时如果不存在则插入，如果存在则更新的操作？

答案：在 Oracle 中有 MERGE INTO 来实现记录已存在就更新的操作，mysql 没有 MERGE INTO 语法，但是有 REPLACE INTO 的写法，同样实现记录已存在就更新的操作。

SQL Server 中的实现方法是：

```
if not exists (select 1 from t where id = 1)
insert into t(id，  update_time) values(1，  getdate())
else
update t set update_time = getdate() where id = 1
```

MySQL 的 REPLACE INTO 有 3 种形式：

1）REPLACE INTO TBL_NAME(COL_NAME) VALUES(-)

2）REPLACE INTO TBL_NAME(COL_NAME) SELECT-

3）REPLACE INTO TBL_NAME SET COL_NAME=VALUE-

其中，“INTO”关键字可以省略，不过最好加上“INTO”，这样意思更加直观。另外，对于那些没有给予值的列，MySQL 将自动为这些列赋上默认值。

真题 23：用哪些命令可以查看 MySQL 数据库中的表结构？

答案：查看 MySQL 表结构的命令有如下几种：

1）DESC 表名;

2）SHOW COLUMNS FROM 表名;

3）DESC 表名;

4）SHOW CREATE TABLE 表名;

5）查询 information_schema.tables 系统表。

真题 24：如何创建 TABB 表，完整复制 TABA 表的结构和索引，而且不要数据？

答案：CREATE TABLE TABB LIKE TABA;

真题 25：如何查看某一用户的权限？

答案：SHOW GRANTS FOR USERNAME;

真题 26：如何得知当前 BINARY LOG 文件和 POSITION 值？

答案：SHOW MASTER STATUS;

真题 27：用什么命令切换 BINARY LOG？

答案：FLUSH LOGS;。

真题 28：用什么命令整理表数据文件的碎片？

答案：OPTIMIZE TABLE TABLENAME;

真题 29：如何得到 TA_LHR 表的建表语句？

答案：SHOW CREATE TABLE TA_LHR;

真题 30：MySQL 和 Oracle 如何修改命令提示符？

答案：MySQL 的默认提示符为“mysql”，可以使用 prompt 命令来修改，如下所示：

全局：export MYSQL_PS1="(\u@\h) [\d]> "

当前会话：prompt (\u@\h) [\d] \R:\m:\s>_

其中，“\u”代表用户名，“\h”代表服务器地址，“\d”代表当前数据库，“\R:\m:\s”代表时分秒，例如：23:10:10。

Oracle 的默认命令提示符为“SQL”，可以使用“SET SQLPROMPT”命令来修改，如下所示：

```
SQL> SHOW SQLPROMPT
sqlprompt "SQL> "
SQL> SET SQLPROMPT "_USER'@'_CONNECT_IDENTIFIER> "
SYS@lhrdb>
SYS@lhrdb> SHOW SQLPROMPT
sqlprompt "_user'@'_connect_identifier> "
```

在以上结果中，SYS 表示用户，lhrdb 表示数据库。注意，以上提示符的“>”后有一个空格。

如果想全局生效，那么可以修改文件：$ORACLE_HOME/sqlplus/admin/glogin.sql。在 glogin.sql 文件中添加如下的内容：

```
SET SQLPROMPT "_USER'@'_CONNECT_IDENTIFIER> "
```

这样，每次登录 SQL*Plus 的时候，SQL 提示符就会变为设置的内容。

真题 31：MySQL 如何查看帮助命令？

答案：MySQL 的帮助命令比 Oracle 丰富得多，可以使用 help 或“?”，如下所示：

```
mysql> ? contents
mysql> ? Data Types
mysql> ? create database;
mysql> ? int
```

真题 32：MySQL 中的 pager 命令的作用是什么？

答案：在 MySQL 日常操作中，妙用 pager 设置显示方式，可以大大提高工作效率。例如，SELECT 查询出来的结果集显示面积超过几个屏幕，那么前面的结果将一晃而过无法看到，这时候可以使用 pager 命令设置调用 os 的 more 或者 less 等显示查询结果，和在 os 中使用 more 或者 less 查看大文件的效果一样。

nopager 命令可以取消 pager 设置，恢复之前的输出状态。

例如，当处理大量数据时，不想显示查询的结果，而只需知道查询花费的时间：

```
mysql>  select * from t1;
+------+----------+--------+
| id   | name     | salary |
+------+----------+--------+
|    1 | xiaoming |   3000 |
|    1 | xiaoli   |   2000 |
|    3 | xiaozhu  |   5000 |
|    4 | xiaohei  |   6000 |
```

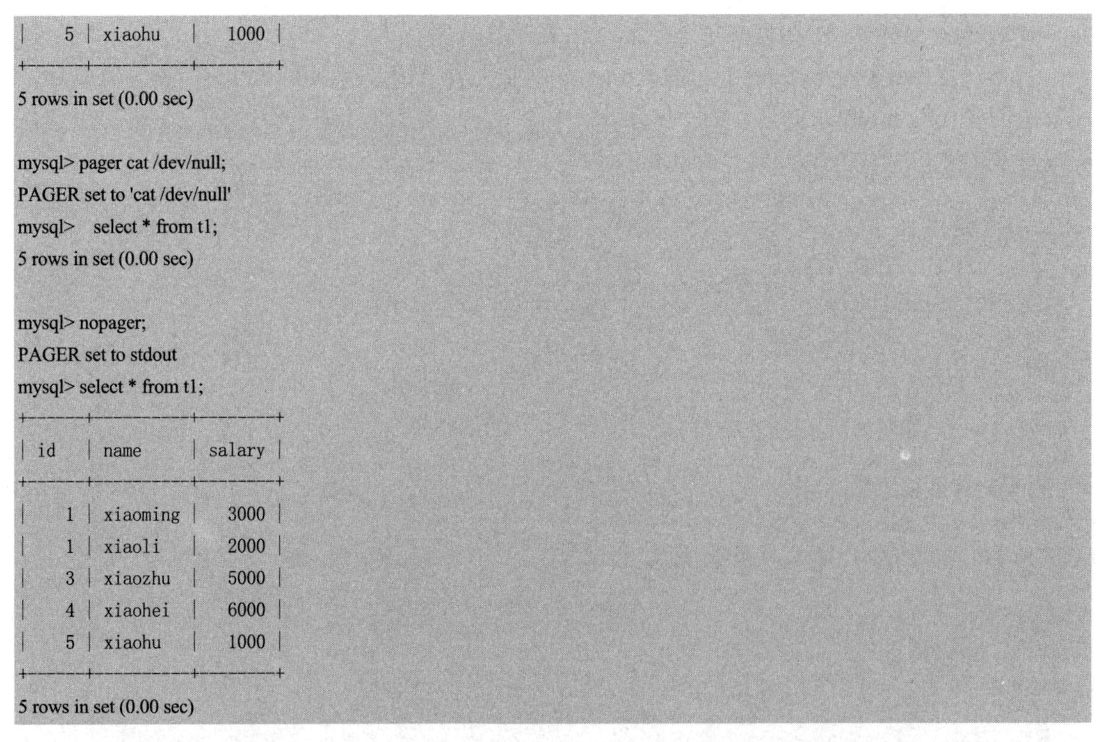

```
|      5 | xiaohu    |    1000 |
+--------+-----------+---------+
5 rows in set (0.00 sec)

mysql> pager cat /dev/null;
PAGER set to 'cat /dev/null'
mysql>    select * from t1;
5 rows in set (0.00 sec)

mysql> nopager;
PAGER set to stdout
mysql> select * from t1;
+--------+-----------+---------+
| id     | name      | salary  |
+--------+-----------+---------+
|      1 | xiaoming  |    3000 |
|      1 | xiaoli    |    2000 |
|      3 | xiaozhu   |    5000 |
|      4 | xiaohei   |    6000 |
|      5 | xiaohu    |    1000 |
+--------+-----------+---------+
5 rows in set (0.00 sec)
```

真题 33：SHOW WARNINGS 和 SHOW ERRORS 的作用是什么？

答案：SHOW WARNINGS 可以显示上一个命令的警告信息，SHOW ERRORS 可以显示上一个命令的错误信息。其他用法见下表：

	命令	解释
语法命令	SHOW WARNINGS [LIMIT [offset,] row_count]	查看警告信息的语法
	SHOW ERRORS [LIMIT [offset,] row_count]	查看错误信息的语法
查看信息	SHOW WARNINGS	查看上一个命令的警告信息
	SHOW ERRORS	查看上一个命令的错误信息
查看行数	SHOW COUNT(*) WARNINGS SELECT @@warning_count;	查看上一个命令的警告数
	SHOW COUNT(*) ERRORS SELECT @@error_count;	查看上一个命令的错误数
参数	max_error_count	默认为 64，控制可以记录的最大信息数，包括 ERRORS 和 WARINGS。SHOW ERRORS 和 SHOW WARNINGS 的显示结果不会超过该值，但是“SELECT @@error_count;”和“SELECT @@warning_count;”可以超过该值。可以设置该值为 0 来禁用信息存储，此时 SHOW ERRORS 和 SHOW WARNINGS 没有结果，但是“SELECT @@error_count;”和“SELECT @@warning_count;”依然有值
	sql_notes	控制是否记录错误和警告信息，默认为 1，表示启用，0 表示禁用
是否自动显示警告信息的内容	\W 或 warnings	在每个 SQL 执行完后自动显示告警信息的内容
	\w 或 nowarning	默认值，在每个 SQL 执行完后不自动显示告警信息的内容，只显示数量

真题 34：MySQL 中如何快速地复制一张表及其数据？

答案：可以使用 like 关键字，但是 like 只复制了表结构及其索引，而其数据没有复制，所以，需要使用 insert 来插入，如下所示：

```
mysql> show create table employees\G;
*************************** 1. row ***************************
       Table: employees
Create Table: CREATE TABLE `employees` (
  `id` varchar(9) NOT NULL,
  `firstname` varchar(15) NOT NULL,
  `lastname` varchar(25) NOT NULL,
  `email` varchar(45) NOT NULL,
  `phone` varchar(10) NOT NULL,
  PRIMARY KEY (`id`),
  UNIQUE KEY `uk_email` (`email`),
  KEY `lastname` (`lastname`)
) ENGINE=InnoDB DEFAULT CHARSET=latin1
1 row in set (0.00 sec)

ERROR:
No query specified

mysql> create table employees_bk2 like employees;
Query OK, 0 rows affected (0.04 sec)

mysql> show create table employees_bk2\G
*************************** 1. row ***************************
       Table: employees_bk2
Create Table: CREATE TABLE `employees_bk2` (
  `id` varchar(9) NOT NULL,
  `firstname` varchar(15) NOT NULL,
  `lastname` varchar(25) NOT NULL,
  `email` varchar(45) NOT NULL,
  `phone` varchar(10) NOT NULL,
  PRIMARY KEY (`id`),
  UNIQUE KEY `uk_email` (`email`),
  KEY `lastname` (`lastname`)
) ENGINE=InnoDB DEFAULT CHARSET=latin1
row in set (0.00 sec)
mysql> select * from employees_bk2;
Empty set (0.00 sec)

mysql> insert into employees_bk2 select * from employees;
Query OK, 2 rows affected (0.00 sec)
Records: 2  Duplicates: 0  Warnings: 0

mysql> select * from employees_bk2;
+----+-----------+----------+-------------+-------+
| id | firstname | lastname | email       | phone |
+----+-----------+----------+-------------+-------+
```

```
| 1  | 1         | 1        | lhr@qq.com   | 1     |
| 2  | 1         | 1        | lhr2@qq.com  | 1     |
+----+-----------+----------+--------------+-------+
2 rows in set (0.00 sec)
```

还可以使用类似于“create table t1 as select * from t”的语法来复制表，但是这种方式不能将索引信息复制过来，如下所示：

```
mysql> create table employees_bk as select * from employees;
Query OK, 2 rows affected (0.02 sec)
Records: 2  Duplicates: 0  Warnings: 0

mysql> select * from employees_bk;
+----+-----------+----------+--------------+-------+
| id | firstname | lastname | email        | phone |
+----+-----------+----------+--------------+-------+
| 1  | 1         | 1        | lhr@qq.com   | 1     |
| 2  | 1         | 1        | lhr2@qq.com  | 1     |
+----+-----------+----------+--------------+-------+
2 rows in set (0.00 sec)

mysql> show create table employees_bk\G
*************************** 1. row ***************************
       Table: employees_bk
Create Table: CREATE TABLE `employees_bk` (
  `id` varchar(9) NOT NULL,
  `firstname` varchar(15) NOT NULL,
  `lastname` varchar(25) NOT NULL,
  `email` varchar(45) NOT NULL,
  `phone` varchar(10) NOT NULL
) ENGINE=InnoDB DEFAULT CHARSET=latin1
1 row in set (0.00 sec)
```

真题 35：在 MySQL 里如何执行 OS 命令？

答案：可以通过 system 或“\!”来执行。

真题 36：MySQL 服务器默认端口是多少？

答案：MySQL 服务器默认端口是 3306，也可以修改为其他端口。

真题 37：与 Oracle 相比，MySQL 最明显的优势是什么？

答案：与 Oracle 这款昂贵的付费软件相比，MySQL 是开源软件，可以免费使用。另外，相比 Oracle 而言，MySQL 是非常轻巧的。

真题 38：如何区分 FLOAT 和 DOUBLE 数据类型？

答案：FLOAT 和 DOUBLE 都表示带小数的数值类型。FLOAT 表示单精度浮点数值，占用 4 个字节。DOUBLE 表示双精度浮点数值，占用 8 个字节。

真题 39：MySQL 中的 IFNULL()有什么作用？

答案：使用 IFNULL()方法能使 MySQL 中的查询更加精确。IFNULL()方法将会测试它的第一个参数，若不为 NULL 则返回该参数的值，否则返回第二个参数的值，类似于 Oracle 中的 NVL 函数。示例如下：

```
mysql> SELECT name, IFNULL(id,'Unknown') AS 'id' FROM taxpayer;
+---------+---------+
| name    | id      |
+---------+---------+
| bernina | 198-48  |
| bertha  | Unknown |
| ben     | Unknown |
| bill    | 475-83  |
+---------+---------+
```

第6章　维　　护

6.1 在 MySQL 中，如何查看表的详细信息，例如存储引擎、行数、更新时间等?

可以使用 SHOW TABLE STATUS 获取表的详细信息，语法为：

```
SHOW TABLE STATUS
    [{FROM | IN} db_name]
    [LIKE 'pattern' | WHERE expr]
```

例如：

1）show table status from db_name　查询 db_name 数据库里所有表的信息。

2）show table status from db_name like 'lhrusr'\G; 查询 db_name 里 lhrusr 表的信息。

3）show table status from db_name like 'uc%' 查询 db_name 数据库里表名以 uc 开头的表的信息。

下面的 SQL 语句查询了 MySQL 数据库中的 user 表的详细信息：

```
mysql>   show table status from mysql like 'user'\G;
*************************** 1. row ***************************
           Name: user
         Engine: MyISAM
        Version: 10
     Row_format: Dynamic
           Rows: 7
 Avg_row_length: 85
    Data_length: 596
Max_data_length: 281474976710655
   Index_length: 2048
      Data_free: 0
 Auto_increment: NULL
    Create_time: 2017-08-25 18:37:13
    Update_time: 2017-08-25 19:06:01
     Check_time: NULL
      Collation: utf8_bin
       Checksum: NULL
 Create_options:
        Comment: Users and global privileges
```

其中，每列的含义如下表所示：

列　名	解　释
Name	表名
Engine	表的存储引擎，在 MySQL 4.1.2 之前，该列的名字为 Type
Version	表的.frm 文件的版本号
Row_format	行存储格式（Fixed，Dynamic，Compressed，Redundant，Compact）。对于 MyISAM 引擎，可以是 Dynamic，Fixed 或 Compressed。动态行的行长度可变，例如 Varchar 或 Blob 类型字段。固定行是指行长度不变，例如 Char 和 Integer 类型字段
Rows	行的数目。对于非事务性表，这个值是精确的，对于事务性引擎，这个值通常是估算的。例如 MyISAM，存储精确的数目。对于其他存储引擎，比如 InnoDB，这个值是一个大约的数，与实际值相差可达 40%到 50%。在这些情况下，可以使用 SELECT COUNT(*)来获取准确的数目。对于在 information_schema 数据库中的表，Rows 值为 NULL
Avg_row_length	平均每行包括的字节数
Data_length	表数据的大小（和存储引擎有关）
Max_data_length	表可以容纳的最大数据量（和存储引擎有关）
Index_length	索引的大小（和存储引擎有关）
Data_free	对于 MyISAM 引擎，标识已分配，但现在未使用的空间，并且包含了已被删除行的空间
Auto_increment	下一个 Auto_increment 的值
Create_time	表的创建的时间
Update_time	表的最近更新时间
Check_time	使用 check table 或 myisamchk 工具检查表的最近时间
Collation	表的默认字符集和字符排序规则
Checksum	如果启用，则对整个表的内容计算时的校验和
Create_options	指表创建时的其他所有选项
Comment	包含了其他额外信息，对于 MyISAM 引擎，包含了注释。对于 InnoDB 引擎，则保存着 InnoDB 表空间的剩余空间信息。如果是一个视图，那么注释里面包含了 VIEW 字样

也可以使用 information_schema.tables 表来查询，如下所示：

```
SELECT table_name,Engine,Version,Row_format,table_rows,Avg_row_length,
  Data_length,Max_data_length,Index_length,Data_free,Auto_increment,
  Create_time,Update_time,Check_time,table_collation,Checksum,
  Create_options,table_comment
FROM information_schema.tables
WHERE Table_Schema='mysql' and table_name='user'\G;
```

示例：

```
mysql> SELECT table_name,Engine,Version,Row_format,table_rows,Avg_row_length,
    ->     Data_length,Max_data_length,Index_length,Data_free,Auto_increment,
    ->     Create_time,Update_time,Check_time,table_collation,Checksum,
    ->     Create_options,table_comment
    -> FROM information_schema.tables
    -> WHERE Table_Schema='mysql' and table_name='user'\G;
*************************** 1. row ***************************
     table_name: user
         Engine: MyISAM
```

```
           Version: 10
        Row_format: Dynamic
        table_rows: 7
   Avg_row_length: 85
       Data_length: 596
Max_data_length: 281474976710655
     Index_length: 2048
         Data_free: 0
  Auto_increment: NULL
       Create_time: 2017-08-25 18:37:13
       Update_time: 2017-08-25 19:06:01
        Check_time: NULL
table_collation: utf8_bin
          Checksum: NULL
  Create_options:
   table_comment: Users and global privileges
1 row in set (0.00 sec)
```

真题 40：在 MySQL 中，如何查看视图（VIEW）的定义？

答案：可以通过“SHOW CREATE VIEW VIEW_NAME;”、“SHOW CREATE TABLE VIEW_NAME;”或直接查询 INFORMATION_SCHEMA.VIEWS 表来获取视图（VIEW）的定义。

真题 41：在 MySQL 中，如何查询指定数据库中指定表的所有字段名？

答案：可以通过查询 INFORMATION_SCHEMA.COLUMNS 表来获取所有字段名，查询的 SQL 为：

```
SELECT * FROM INFORMATION_SCHEMA.COLUMNS WHERE TABLE_SCHEMA='information_schema' AND TABLE_NAME=
'COLUMNS';
```

也可以通过“SHOW FULL COLUMNS FROM TB_NAME;”来获取字段名，但是查询 INFORMATION_SCHEMA.COLUMNS 获取到的信息更加全面。

6.2 如何管理 MySQL 多实例？

MySQL 多实例是指在一台机器上开启多个不同的服务端口（例如：3306、3307 等），运行多个 MySQL 服务进程，通过不同的 Socket 监听不同的服务端口来提供各自的服务。

MySQL 多实例可以有效利用服务器资源，当单个服务器资源有剩余时，可以充分利用剩余的资源提供更多的服务，从而节约了服务器资源。

一般有两种方式来部署 MySQL 多实例：第一种是使用多个配置文件启动不同的进程来实现多实例，这种方式的优势是逻辑简单、配置简单，缺点是管理起来不太方便；第二种是通过官方自带的 mysqld_multi 使用单独的配置文件来实现多实例，这种方式定制每个实例的配置不太方面，优点是管理起来很方便，可以集中管理。

mysqld_multi 常用的命令如下所示：

- 启动全部实例：mysqld_multi start。
- 查看全部实例状态：mysqld_multi report。

- 启动单个实例：mysqld_multi start 3306。
- 停止单个实例：mysqld_multi stop 3306。
- 查看单个实例状态：mysqld_multi report 3306。

真题 42：MySQL 的企业版和社区版的区别有哪些？

答案：用户通常可以到官方网站 www.mysql.com 下载最新版本的 MySQL 数据库。按照用户群分类，MySQL 数据库目前分为社区版（Community server）和企业版（Enterprise），它们最主要的区别在于：社区版是自由下载而且完全免费的，但是官方不提供任何技术支持，适用于大多数普通用户；企业版是收费的，不能在线下载，但是，它提供了更多的功能和更完备的技术支持，更适合于对数据库的功能和可靠性要求较高的企业客户。

真题 43：在 Linux 下安装 MySQL 有哪几种方式？它们的优缺点各有哪些？

答案：在 Windows 下可以使用 NOINSTALL 包和图形化包来安装，在 Linux 下可以使用如下 3 种方式来安装：

	RPM（Redhat Package Manage）	**二进制（Binary Package）**	**源码（Source Package）**
优点	安装简单，适合初学者学习使用	安装简单；可以安装到任何路径下，灵活性好；一台服务器可以安装多个 MySQL	可以根据实际安装的操作系统进行按需定制编译，最灵活；性能最好；一台服务器可以安装多个 MySQL
缺点	需要单独下载客户端和服务器；安装路径不灵活，默认路径不能修改，一台服务器只能安装一个 MySQL	已经经过编译，性能不如源码编译的好；不能灵活定制编译参数	安装过程较复杂；编译时间长
文件布局	/usr/bin：客户端程序和脚本 /usr/sbin：mysqld 服务器 /var/lib/mysql：日志文件，数据库 /usr/share/doc/packages：文档 /usr/include/mysql：包含（头）文件 /usr/lib/mysql：库文件 /usr/share/mysql：错误消息和字符集文件 /usr/share/sql-bench：基准程序	bin：客户端程序和 mysqld 服务器 data：日志文件，数据库 docs：文档，ChangeLog include：包含（头）文件 lib：库 scripts：mysql_install_db 用来初始化系统数据库 share/mysql：错误消息文件 sql-bench：基准程序	bin：客户端程序和脚本 include/mysql：包含（头）文件 info：Info 格式的文档 lib/mysql：库文件 libexec：mysqld 服务器 share/mysql：错误消息文件 sql-bench：基准程序和 crash-me 测试 var：数据库和日志文件

主要安装过程	在大多数情况下，下载 MySQL-server 和 MySQL-client 就可以了，安装方法如下：
	`rpm -ivh MySQL-server* MySQL-client*`
		1．添加用户
		`groupadd mysql`
		`useradd -g mysql mysql`
		2．安装
		`tar -xzvf mysql-VERSION-OS.tar.gz -C /mysql/`
		`ln -s MySQL-VERSION-OS mysql` 或用 mv 命令
		3．初始化，MySQL 5.7 之后用 mysqld --initialize
		`scripts/mysql_install_db`
		4．启动数据库并修改密码等
		`mysqld_safe &`
		`set password=password('lhr');`
			除了第二步的安装过程外，其他步骤和二进制基本一样（MySQL 5.7 开始使用 cmake）：
			`gunzip < mysql-VERSION.tar.gz | tar -xvf -`
			`cd mysql-VERSION`
			`./configure --prefix=/usr/local/mysql`
			`make && make install`

6.3 什么是间隙（Next-Key）锁？

当使用范围条件而不是相等条件检索数据的时候，并请求共享或排它锁时，InnoDB 会给符合条件的已有数据记录的索引项加锁；对于键值在条件范围内但并不存在的记录，称为“间隙（GAP）”，InnoDB 也会对这个“间隙”加锁，这种锁机制就是所谓的间隙（Next-Key）锁。间隙锁是 InnoDB 中行锁的一种，但是这种锁锁住的不止一行数据，它锁住的是多行，是一个数据范围。间隙锁的主要作用是为了防止出现幻读（Phantom Read），用在 Repeated-Read（简称 RR）隔离级别下。在 Read-Commited（简称 RC）下，一般没有间隙锁（有外键情况下例外，此处不考虑）。间隙锁还用于恢复和复制。

间隙锁的出现主要集中在同一个事务中先 DELETE 后 INSERT 的情况下，当通过一个条件删除一条记录的时候，如果条件在数据库中已经存在，那么这个时候产生的是普通行锁，即锁住这个记录，然后删除，最后释放锁。如果这条记录不存在，那么问题就来了，数据库会扫描索引，发现这个记录不存在，这个时候的 DELETE 语句获取到的就是一个间隙锁，然后数据库会向左扫描，扫到第一个比给定参数小的值，向右扫描，扫描到第一个比给定参数大的值，然后以此为界，构建一个区间，锁住整个区间内的数据，一个特别容易出现死锁的间隙锁诞生了。

在 MySQL 的 InnoDB 存储引擎中，如果更新操作是针对一个区间的，那么它会锁住这个区间内所有的记录，例如 UPDATE XXX WHERE ID BETWEEN A AND B，那么它会锁住 A 到 B 之间所有记录，注意是所有记录，甚至如果这个记录并不存在也会被锁住，在这个时候，如果另外一个连接需要插入一条记录到 A 与 B 之间，那么它就必须等到上一个事务结束。典型的例子就是使用 AUTO_INCREMENT ID，由于这个 ID 是一直往上分配的，因此，当两个事务都 INSERT 时，会得到两个不同的 ID，但是这两条记录还没有被提交，因此，也就不存在，如果这个时候有一个事务进行范围操作，而且恰好要锁住不存在的 ID，就是触发间隙锁问题。所以，MySQL 中尽量不要使用区间更新。InnoDB 除了通过范围条件加锁时使用间隙锁外，如果使用相等条件请求给一个不存在的记录加锁，那么 InnoDB 也会使用间隙锁！

间隙锁也存在副作用，它会把锁定范围扩大，有时候也会带来麻烦。如果要关闭，那么一是将会话隔离级别改到 RC 下，或者开启 innodb_locks_unsafe_for_binlog（默认是 OFF）。间隙锁只会出现在辅助索引上，唯一索引和主键索引是没有间隙锁。间隙锁（无论是 S 还是 X）只会阻塞 INSERT 操作。

在 MySQL 数据库参数中，控制间隙锁的参数是 innodb_locks_unsafe_for_binlog，这个参数的默认值是 OFF，也就是启用间隙锁，它是一个布尔值，当值为 TRUE 时，表示 DISABLE 间隙锁。

6.4 MySQL 有哪些命令可以查看锁？

有如下几个命令可以查看锁：

1．show processlist

“show processlist;”可以显示哪些线程正在运行。如果当前用户有 SUPER 权限，那么就可以看到所有线程。如果有线程正在 UPDATE 或者 INSERT 某个表，那么进程的 status 为 updating 或者 sending data。“show processlist;”只列出前 100 条数据，如果想列出所有结果，那么可以使用“show full processlist;”。

示例如下：

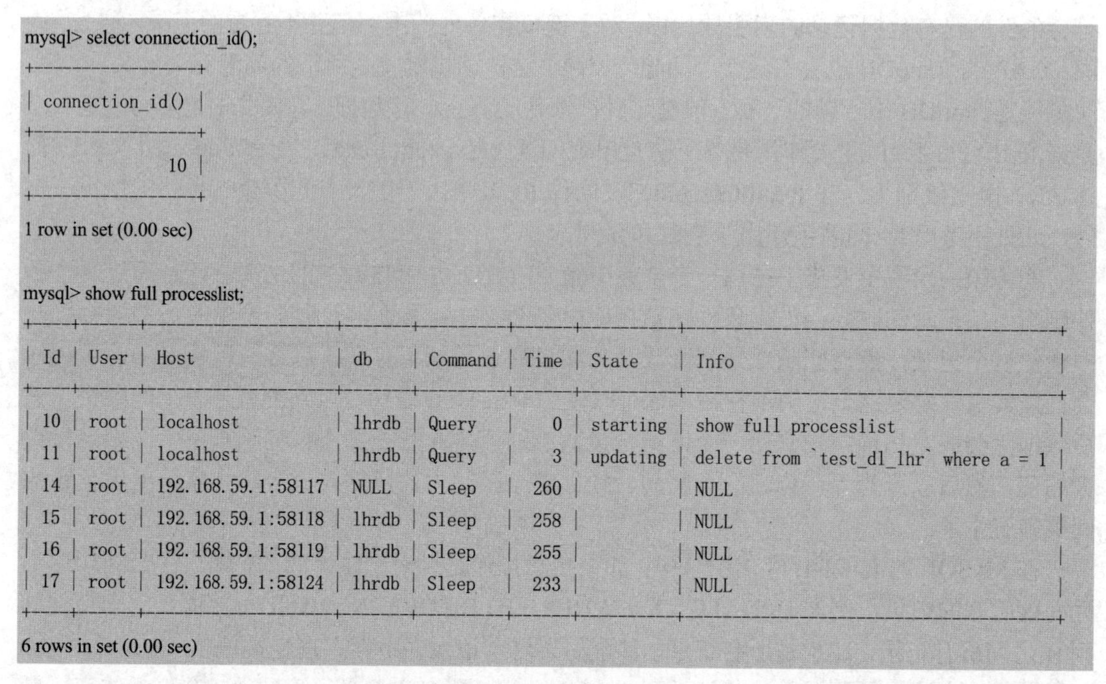

```
mysql> select connection_id();
+-----------------+
| connection_id() |
+-----------------+
|              10 |
+-----------------+
1 row in set (0.00 sec)

mysql> show full processlist;
+----+------+--------------------+-------+---------+------+----------+--------------------------------------+
| Id | User | Host               | db    | Command | Time | State    | Info                                 |
+----+------+--------------------+-------+---------+------+----------+--------------------------------------+
| 10 | root | localhost          | lhrdb | Query   |    0 | starting | show full processlist                |
| 11 | root | localhost          | lhrdb | Query   |    3 | updating | delete from `test_dl_lhr` where a = 1 |
| 14 | root | 192.168.59.1:58117 | NULL  | Sleep   |  260 |          | NULL                                 |
| 15 | root | 192.168.59.1:58118 | lhrdb | Sleep   |  258 |          | NULL                                 |
| 16 | root | 192.168.59.1:58119 | lhrdb | Sleep   |  255 |          | NULL                                 |
| 17 | root | 192.168.59.1:58124 | lhrdb | Sleep   |  233 |          | NULL                                 |
+----+------+--------------------+-------+---------+------+----------+--------------------------------------+
6 rows in set (0.00 sec)
```

其中，Id 表示连接 id，可以使用 connection_id()获取；Time 表示当前命令持续的时间，单位为秒；State 表示当前命令的操作状态，下面是一些常见的状态（State）：

状　态	含　义
Checking table	正在检查数据表（这是自动的）
Closing tables	正在将表中修改的数据刷新到磁盘中，同时正在关闭已经用完的表。这是一个很快的操作，如果不是这样的话，那么就应该确认磁盘空间是否已经满了或者磁盘是否正处于重负中
Connect Out	复制从服务器正在连接主服务器
Copying to tmp table on disk	由于临时结果集大于 tmp_table_size，正在将临时表从内存存储转为磁盘存储以此节省内存
Creating tmp table	正在创建临时表以存放部分查询结果
deleting from main table	服务器正在执行多表删除中的第一部分，刚删除第一个表
deleting from reference tables	服务器正在执行多表删除中的第二部分，正在删除其他表的记录
Flushing tables	正在执行 FLUSH TABLES，等待其他线程关闭数据表
Killed	发送了一个 kill 请求给某线程，那么这个线程将会检查 kill 标志位，同时会放弃下一个 kill 请求。MySQL 会在每次的主循环中检查 kill 标志位，不过有些情况下该线程可能会过一小段时间才能死掉。如果该线程被其他线程锁住了，那么 kill 请求会在锁释放时马上生效
Locked	被其他查询锁住了
Sending data	正在处理 SELECT 查询的记录，同时正在把结果发送给客户端
Sorting for group	正在为 GROUP BY 做排序

（续）

状 态	含 义
Sorting for order	正在为 ORDER BY 做排序
Opening tables	这个过程应该会很快，除非受到其他因素的干扰。例如，在执 ALTER TABLE 或 LOCK TABLE 语句行完以前，数据表无法被其他线程打开。正尝试打开一个表
Removing duplicates	正在执行一个 SELECT DISTINCT 方式的查询，但是 MySQL 无法在前一个阶段优化掉那些重复的记录。因此，MySQL 需要再次去掉重复的记录，然后再把结果发送给客户端
Reopen table	获得了对一个表的锁，但是必须在表结构修改之后才能获得这个锁。已经释放锁，关闭数据表，正尝试重新打开数据表
Repair by sorting	修复指令正在排序以创建索引
Repair with keycache	修复指令正在利用索引缓存一个一个地创建新索引。它会比 Repair by sorting 慢些
Searching rows for update	正在讲符合条件的记录找出来以备更新。它必须在 UPDATE 要修改相关的记录之前就完成了
Sleeping	正在等待客户端发送新请求
System lock	正在等待取得一个外部的系统锁。如果当前没有运行多个 mysqld 服务器同时请求同一个表，那么可以通过增加--skip-external-locking 参数来禁止外部系统锁
Upgrading lock	INSERT DELAYED 正在尝试取得一个锁表以插入新记录
Updating	正在搜索匹配的记录，并且修改它们
User Lock	正在等待 GET_LOCK()
Waiting for tables	该线程得到通知，数据表结构已经被修改了，需要重新打开数据表以取得新的结构。然后，为了能够重新打开数据表，必须等到所有其他线程关闭这个表。以下几种情况下会产生这个通知：FLUSH TABLES tbl_name、ALTER TABLE、RENAME TABLE、REPAIR TABLE、ANALYZE TABLE 或 OPTIMIZE TABLE
waiting for handler insert	INSERT DELAYED 已经处理完了所有待处理的插入操作，正在等待新的请求

2．show open tables

这条命令能够查看当前有哪些表是打开的。in_use 列表示有多少线程正在使用某张表，name_locked 表示该表是否被锁，一般发生在使用 DROP 或 RENAME 命令操作这张表时。所以这条命令不能查询到当前某张表是否有死锁，谁拥有表上的这个锁等信息。常用命令如下所示：

```
show open tables from db_name;
show open tables where in_use > 0;
```

示例如下所示：

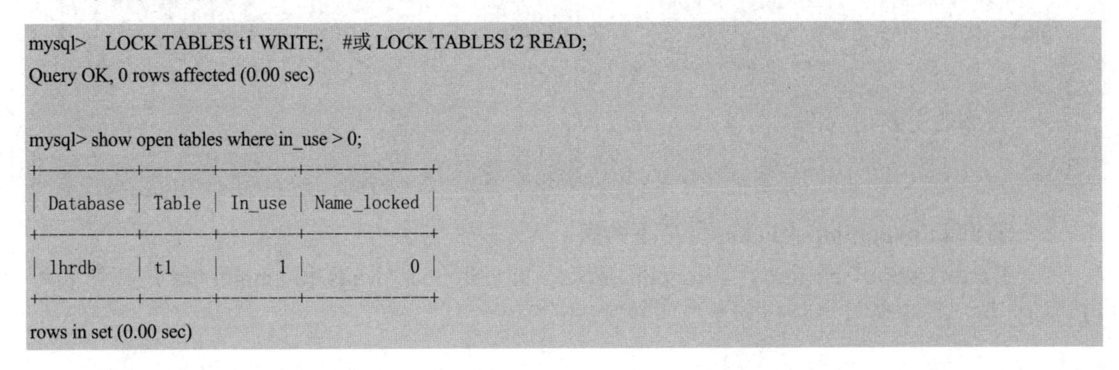

```
mysql>   LOCK TABLES t1 WRITE;   #或 LOCK TABLES t2 READ;
Query OK, 0 rows affected (0.00 sec)

mysql> show open tables where in_use > 0;
+----------+-------+--------+-------------+
| Database | Table | In_use | Name_locked |
+----------+-------+--------+-------------+
| lhrdb    | t1    |      1 |           0 |
+----------+-------+--------+-------------+
rows in set (0.00 sec)
```

```
mysql> UNLOCK TABLES;
Query OK, 0 rows affected (0.00 sec)

mysql> show open tables where in_use > 0;
Empty set (0.01 sec)
```

3．show engine innodb status\G;

这条命令可以查询 InnoDB 存储引擎的运行时信息，包括死锁的详细信息。

```
------------
TRANSACTIONS
------------
Trx id counter 24838
Purge done for trx's n:o < 24563 undo n:o < 0 state: running but idle
History list length 74
LIST OF TRANSACTIONS FOR EACH SESSION:
---TRANSACTION 421901583630848, not started
0 lock struct(s), heap size 1136, 0 row lock(s)
---TRANSACTION 421901583628112, not started
0 lock struct(s), heap size 1136, 0 row lock(s)
---TRANSACTION 24837, ACTIVE 236 sec starting index read
mysql tables in use 1, locked 1
LOCK WAIT 2 lock struct(s), heap size 1136, 2 row lock(s)
MySQL thread id 7, OS thread handle 140426172380928, query id 42 localhost root statistics
select actor_id from sakila.actor where actor_id =1 for update
Trx read view will not see trx with id >= 24838, sees < 24836
------- TRX HAS BEEN WAITING 50 SEC FOR THIS LOCK TO BE GRANTED:
RECORD LOCKS space id 93 page no 3 n bits 272 index PRIMARY of table `sakila`.`actor` trx id 24837 lock_mode X locks rec but not
gap waiting
Record lock, heap no 2 PHYSICAL RECORD: n_fields 6; compact format; info bits 0
 0: len 2; hex 0001; asc   ;;
 1: len 6; hex 000000005f45; asc     _E;;
 2: len 7; hex c50000014d0110; asc     M  ;;
 3: len 8; hex 50454e454c4f5045; asc PENELOPE;;
 4: len 7; hex 4755494e455353; asc GUINESS;;
 5: len 4; hex 43f23ed9; asc C > ;;

------------------
---TRANSACTION 24836, ACTIVE 310 sec
2 lock struct(s), heap size 1136, 5 row lock(s)
MySQL thread id 3, OS thread handle 140426305799936, query id 40 localhost root
```

4．查看服务器的状态

```
show status like '%lock%';
```

5．查询 information_schema 用户下的表

通过 information_shcema 下的 innodb_locks、innodb_lock_waits 和 innodb_trx 这三张表可以更新监控当前事务并且分析存在锁的问题。

查看当前状态产生的 InnoDB 锁，仅在有锁等待时有结果输出：

```
select * from information_schema.innodb_locks;
```

查看当前状态产生的 InnoDB 锁等待，仅在有锁等待时有结果输出：

```
select * from information_schema.innodb_lock_waits;
```

当前 innodb 内核中的当前活跃（active）事务：

```
select * from information_schema.innodb_trx;
```

下面分别对这 3 张表的结构做说明：

1）innodb_trx 表结构说明如下：

字段名	说　明
trx_id	innodb 存储引擎内部唯一的事务 ID
trx_state	当前事务状态（running 和 lock wait 两种状态）
trx_started	事务的开始时间
trx_requested_lock_id	等待事务的锁 ID，如果 trx_state 的状态为 Lock wait，那么该值带表当前事务等待之前事务占用资源的 ID；如果 trx_state 不是 Lock wait，那么该值为 NULL
trx_wait_started	事务等待的开始时间
trx_weight	事务的权重，在 innodb 存储引擎中，当发生死锁需要回滚的时，innodb 存储引擎会选择该值最小的事务进行回滚
trx_mysql_thread_id	MySQL 中的线程 ID，即 show processlist 显示的结果
trx_query	事务运行的 SQL 语句

2）innodb_locks 表结构说明如下：

字段名	说　明
lock_id	锁的 ID
lock_trx_id	事务的 ID
lock_mode	锁的模式（S 锁与 X 锁两种模式）
lock_type	锁的类型是表锁还是行锁（RECORD）
lock_table	要加锁的表
lock_index	锁住的索引
lock_space	锁住对象的 space id
lock_page	事务锁定页的数量；若是表锁，则该值为 NULL
lock_rec	事务锁定行的数量；若是表锁，则该值为 NULL
lock_data	事务锁定记录主键值；若是表，锁则该值为 NULL

3）innodb_lock_waits 表结构说明如下：

字 段 名	说　明
requesting_trx_id	申请锁资源的事务 ID

（续）

字 段 名	说 明
requested_lock_id	申请的锁的 ID
blocking_trx_id	阻塞其他事务的事务 ID
blocking_lock_id	阻塞其他锁的锁 ID

可以根据这三张表进行联合查询，得到更直观更清晰的结果，参考如下 SQL：

```
select r.trx_isolation_level,
        r.trx_id                    waiting_trx_id,
        r.trx_mysql_thread_id waiting_trx_thread,
        r.trx_state                 waiting_trx_state,
        lr.lock_mode                waiting_trx_lock_mode,
        lr.lock_type                waiting_trx_lock_type,
        lr.lock_table               waiting_trx_lock_table,
        lr.lock_index               waiting_trx_lock_index,
        r.trx_query                 waiting_trx_query,
        b.trx_id                    blocking_trx_id,
        b.trx_mysql_thread_id blocking_trx_thread,
        b.trx_state                 blocking_trx_state,
        lb.lock_mode                blocking_trx_lock_mode,
        lb.lock_type                blocking_trx_lock_type,
        lb.lock_table               blocking_trx_lock_table,
        lb.lock_index               blocking_trx_lock_index,
        b.trx_query                 blocking_query
  from information_schema.innodb_lock_waits w
 inner join information_schema.innodb_trx b
    on b.trx_id = w.blocking_trx_id
 inner join information_schema.innodb_trx r
    on r.trx_id = w.requesting_trx_id
 inner join information_schema.innodb_locks lb
    on lb.lock_trx_id = w.blocking_trx_id
 inner join information_schema.innodb_locks lr
    on lr.lock_trx_id = w.requesting_trx_id;
```

实验表如下所示：

```
CREATE TABLE `test_dl_lhr` (
  `id` int(11) unsigned NOT NULL AUTO_INCREMENT,
  `a` int(11) unsigned DEFAULT NULL,
  PRIMARY KEY (`id`),
  UNIQUE KEY `a` (`a`)
) ENGINE=InnoDB AUTO_INCREMENT=100 DEFAULT CHARSET=utf8;

insert into `test_dl_lhr` values(1,1),(2,2),(4,4);

开启 2 个事务分别执行：delete from `test_dl_lhr` where a = 1;
```

示例结果：

```
*************************** 1. row ***************************
     TRX_ISOLATION_LEVEL: REPEATABLE READ
          WAITING_TRX_ID: 28734
      WAITING_TRX_THREAD: 11
       WAITING_TRX_STATE: LOCK WAIT
   WAITING_TRX_LOCK_MODE: X
   WAITING_TRX_LOCK_TYPE: RECORD
  WAITING_TRX_LOCK_TABLE: `lhrdb`.`test_dl_lhr`
  WAITING_TRX_LOCK_INDEX: a
       WAITING_TRX_QUERY: delete from `test_dl_lhr` where a = 1
         BLOCKING_TRX_ID: 28739
     BLOCKING_TRX_THREAD: 10
      BLOCKING_TRX_STATE: RUNNING
  BLOCKING_TRX_LOCK_MODE: X
  BLOCKING_TRX_LOCK_TYPE: RECORD
BLOCKING_TRX_LOCK_TABLE: `lhrdb`.`test_dl_lhr`
BLOCKING_TRX_LOCK_INDEX: a
```

真题 44：如何在 MySQL 中查询 OS 线程 id（LWP）？

答案：从 MySQL 5.7 开始，在 performance_schema.threads 中加了一列 THREAD_OS_ID，可以通过该列匹配到 OS 线程 id（LWP）。如下所示：

```
[root@LHRDB ~]# ps -Lf 16833
UID        PID  PPID   LWP  C NLWP STIME
mysql    16833 16666 19136  0   38 10:05
mysql    16833 16666 19193  0   38 10:33
mysql    16833 16666 19218  0   38 10:47
mysql    16833 16666 19219  0   38 10:47
mysql    16833 16666 19221  0   38 10:47
mysql    16833 16666 19222  0   38 10:47
mysql    16833 16666 19223  0   38 10:47
mysql    16833 16666 19230  0   38 10:49
mysql    16833 16666 19231  0   38 10:49
mysql> SELECT a.THREAD_ID,
    -> a.PROCESSLIST_ID,
    -> a.PROCESSLIST_USER,
    -> a.PROCESSLIST_HOST,
    -> a.PROCESSLIST_TIME,
    -> a.CONNECTION_TYPE,
    -> a.THREAD_OS_ID
    -> FROM performance_schema.threads a
    -> where a.TYPE='FOREGROUND'
-> and a.THREAD_OS_ID=19231;
+-----------+----------------+------------------+------------------+------------------+-----------------+--------------+
| THREAD_ID | PROCESSLIST_ID | PROCESSLIST_USER | PROCESSLIST_HOST | PROCESSLIST_TIME | CONNECTION_TYPE | THREAD_OS_ID |
+-----------+----------------+------------------+------------------+------------------+-----------------+--------------+
|        41 |             16 | root             | 192.168.59.1     |             4143 | TCP/IP          |        19231 |
+-----------+----------------+------------------+------------------+------------------+-----------------+--------------+
mysql> select * from information_schema.processlist where id=16;
+----+------+-------------------+-------+---------+------+-------+
```

```
| ID | USER | HOST               | DB  | COMMAND | TIME | STATE | INFO |
+----+------+--------------------+-----+---------+------+-------+------+
| 16 | root | 192.168.59.1:56204 | sys | Sleep   | 5016 |       | NULL |
+----+------+--------------------+-----+---------+------+-------+------+
```

真题 45：如何查看 MySQL 的连接数？

答案：查看当前连接数（Threads 就是连接数）：

```
mysqladmin   -uroot -plhr -h192.168.59.159 status
```

示例：

```
[root@LHRDB ~]# mysqladmin   -uroot -plhr -h192.168.59.159 status
mysqladmin: [Warning] Using a password on the command line interface can be insecure.
Uptime: 156665   Threads: 20   Questions: 12662   Slow queries: 0   Opens: 283   Flush tables: 1   Open tables: 276   Queries per second avg: 0.080
```

说明，当前有 20 个 FOREGROUND 类型的连接。也可以通过 performance_schema.threads 或 show processlist 来查询。

真题 46：如何杀掉某个 MySQL 客户端连接或正在执行的 SQL 语句？

答案：可以使用 KILL 命令，KILL 命令的语法格式如下：

```
KILL [CONNECTION | QUERY] thread_id
```

每个与 mysqld 的连接都在一个独立的线程里运行，可以使用“SHOW PROCESSLIST”语句查看哪些线程正在运行，并使用 KILL thread_id 语句终止一个线程。KILL 可以加 CONNECTION 或 QUERY 修改符，默认为 CONNECTION。KILL CONNECTION 会终止与给定的 thread_id 有关的连接。KILL QUERY 会终止连接当前正在执行的语句，但是会保持连接的原状。

```
mysql> show processlist;
+----+------+--------------------+------+---------+------+----------+------------------+
| Id | User | Host               | db   | Command | Time | State    | Info             |
+----+------+--------------------+------+---------+------+----------+------------------+
|  7 | root | localhost          | NULL | Sleep   | 1491 |          | NULL             |
|  8 | root | 192.168.59.1:55734 | NULL | Query   |    0 | starting | show processlist |
| 26 | root | 192.168.59.1:57489 | sys  | Sleep   |  595 |          | NULL             |
+----+------+--------------------+------+---------+------+----------+------------------+

mysql> KILL 26;
Query OK, 0 rows affected (0.00 sec)

mysql> show processlist;
+----+------+--------------------+------+---------+------+----------+------------------+
| Id | User | Host               | db   | Command | Time | State    | Info             |
+----+------+--------------------+------+---------+------+----------+------------------+
|  7 | root | localhost          | NULL | Sleep   | 1510 |          | NULL             |
|  8 | root | 192.168.59.1:55734 | NULL | Query   |    0 | starting | show processlist |
+----+------+--------------------+------+---------+------+----------+------------------+
```

可以使用如下的 SQL 语句生成批量执行的 KILL 语句：

```
select concat('KILL ',id,';') from information_schema.processlist where user='root';
```

另外，也可以使用 mysqladmin processlist 和 mysqladmin kill 命令来检查和终止线程。

6.5 MySQL 中 SQL Mode 的作用是什么？

SQL Mode（模式）定义了 MySQL 应支持的 SQL 语法、数据校验等，这样可以更容易地在不同的环境中使用 MySQL。SQL Mode 常用来解决下面几类问题：

1）通过设置 SQL Mode，可以完成不同严格程度的数据校验，有效地保障数据准确性。

2）通过设置 SQL Mode 为 ANSI 模式，来保证大多数 SQL 符合标准的 SQL 语法，这样应用在不同数据库之间进行迁移时，就不需要对业务 SQL 进行较大的修改。

3）在不同数据库之间进行数据迁移之前，通过设置 SQL Mode 可以使 MySQL 上的数据更方便地迁移到目标数据库中。

SQL Mode 由参数 sql_mode 来设置，可以在配置文件 my.cnf 中设置，也可在客户端中进行设置。此外，这个参数还可分别进行全局的设置或当前会话的设置，也可以在 MySQL 启动时设置（--sql-mode="modes"）。示例如下：

```
SET [SESSION|GLOBAL] sql_mode='modes';
```

查看 sql_mode 的当前值：

```
mysql> select @@sql_mode;
+-------------------------------------------------------------------------------------------------------------------------------------------+
| @@sql_mode                                                                                                                                |
+-------------------------------------------------------------------------------------------------------------------------------------------+
| ONLY_FULL_GROUP_BY,STRICT_TRANS_TABLES,NO_ZERO_IN_DATE,NO_ZERO_DATE,ERROR_FOR_DIVISION_BY_ZERO,NO_AUTO_CREATE_USER,NO_ENGINE_SUBSTITUTION |
+-------------------------------------------------------------------------------------------------------------------------------------------+
1 row in set (0.00 sec)
mysql>  SHOW VARIABLES LIKE 'SQL_MODE';
+---------------+-------------------------------------------------------------------------------------------------------------------------------------------+
| Variable_name | Value                                                                                                                                     |
+---------------+-------------------------------------------------------------------------------------------------------------------------------------------+
| sql_mode      | ONLY_FULL_GROUP_BY,STRICT_TRANS_TABLES,NO_ZERO_IN_DATE,NO_ZERO_DATE,ERROR_FOR_DIVISION_BY_ZERO,NO_AUTO_CREATE_USER,NO_ENGINE_SUBSTITUTION |
+---------------+-------------------------------------------------------------------------------------------------------------------------------------------+
1 row in set (0.00 sec)

mysql>  SELECT @@global.SQL_MODE;
+-------------------------------------------------------------------------------------------------------------------------------------------+
| @@global.SQL_MODE                                                                                                                         |
+-------------------------------------------------------------------------------------------------------------------------------------------+
| ONLY_FULL_GROUP_BY,STRICT_TRANS_TABLES,NO_ZERO_IN_DATE,NO_ZERO_DATE,ERROR_FOR_DIVISION_BY_ZERO,NO_AUTO_CREATE_USER,NO_ENGINE_SUBSTITUTION |
+-------------------------------------------------------------------------------------------------------------------------------------------+
1 row in set (0.00 sec)

mysql> SELECT @@session.SQL_MODE;
```

```
+------------------------------------------------------------------------------------------------------------------------------------+
| @@session.SQL_MODE                                                                                                                 |
+------------------------------------------------------------------------------------------------------------------------------------+
| ONLY_FULL_GROUP_BY,STRICT_TRANS_TABLES,NO_ZERO_IN_DATE,NO_ZERO_DATE,ERROR_FOR_DIVISION_BY_ZERO,NO_AUTO_CREATE_USER,NO_ENGINE_SUBSTITUTION |
+------------------------------------------------------------------------------------------------------------------------------------+
1 row in set (0.00 sec)
```

在 MySQL 5.7 和 8.0 中，默认的 sql_mode 的值为 ONLY_FULL_GROUP_BY、STRICT_TRANS_TABLES、NO_ZERO_IN_DATE、NO_ZERO_DATE、ERROR_FOR_DIVISION_BY_ZERO、NO_AUTO_CREATE_USER 和 NO_ENGINE_SUBSTITUTION；在 MySQL 5.6 中，默认的 sql_mode 的值为 NO_ENGINE_SUBSTITUTION；在 MySQL 5.5 中，默认的 sql_mode 的值为空。

值	含义	模式类型	是否严格模式
ONLY_FULL_GROUP_BY	对于 GROUP BY 聚合操作，如果 SELECT 中的列没有在 GROUP BY 中出现，那么将认为这个 SQL 是不合法的，会抛出错误	原子模式	否
NO_ZERO_IN_DATE	启用后，不允许月份和日期为零，和 NO_ZERO_DATE 一起启用，如“1999-01-00”将抛出错误而非警告。若单独启用本项，则会抛出警告（warning），然后插入如“0000-00-00 00:00:00”	原子模式	否
NO_ZERO_DATE	启用后，不允许插入“0000-00-00 00:00:00”形如此类的零日期，这将抛出一个错误，若未启用，则可插入但仅会抛出一个警告	原子模式	否
ERROR_FOR_DIVISION_BY_ZERO	在该模式下，在 INSERT 或 UPDATE 过程中，如果被零除（或 MOD(X，0)），那么会产生错误（否则为警告）。如果未给出该模式，被零除时 MySQL 返回 NULL。如果用到 INSERT IGNORE 或 UPDATE IGNORE 中，MySQL 生成被零除警告，但操作结果为 NULL	原子模式	否
NO_AUTO_CREATE_USER	防止 GRANT 自动创建新用户，除非还指定了密码	原子模式	否
NO_ENGINE_SUBSTITUTION	如果需要的存储引擎被禁用或未编译，那么抛出错误。不设置此值时，用默认的存储引擎替代，并抛出一个异常	原子模式	否
STRICT_TRANS_TABLES	严格模式，进行数据的严格校验，错误数据不能插入，报 error 错误。在该模式下，如果一个值不能插入到一个事务表中，那么就中断当前的操作，对非事务表不做任何限制	原子模式	是
STRICT_ALL_TABLES	该模式对所有引擎的表都启用严格模式；而 STRICT_TRANS_TABLES 只对支持事务的表启用严格模式	原子模式	否
ALLOW_INVALID_DATES	不完全对日期合法性作检查，只检查月份是否在 1～12，日期是否在 1～31 之间；仅对 DATE 和 DATETIME 有效，而对 TIMESTAMP 无效，因为 TIMESTAMP 总要求一个合法的输入	原子模式	否
ANSI_QUOTES	启用后，不能用双引号来引用字符串，因为"（双引号）将被解释为标识符。报错类似为：ERROR 1054 (42S22): Unknown column 'abc' in 'field list'	原子模式	否
HIGH_NOT_PRECEDENCE	启用后，可获得以前旧版本的优先级，例如： NOT col BETWEEN b AND c 这个语句: now: NOT (col BETWEEN b AND c) before: (NOT col) BETWEEN b AND c	原子模式	否
IGNORE_SPACE	启用后，忽略函数名和括号“(”之间空格，要访问保存为关键字的数据库名、表名、列名时，需启用，例如：“SELECT NOW ();”执行会报错	原子模式	否

（续）

值	含义	模式类型	是否严格模式
NO_AUTO_CREATE_USER	禁止 GRANT 创建密码为空的用户	原子模式	否
NO_AUTO_VALUE_ON_ZERO	在自增长的列中插入 0 或 NULL 将不会是下一个自增长值	原子模式	否
NO_BACKSLASH_ESCAPES	反斜杠“\”作为普通字符而非转义字符	原子模式	否
NO_DIR_IN_CREATE	在创建表时忽略所有 index directory 和 data directory 的选项	原子模式	否
NO_ENGINE_SUBSTITUTION	启用后，若需要的存储引擎被禁用或未编译，则抛出错误；未启用时将用默认的存储引擎代替，并抛出一个异常	原子模式	否
NO_UNSIGNED_SUBSTRACTION	启用后，两个 UNSIGNED 类型相减返回 SIGNED 类型	原子模式	否
PAD_CHAR_TO_FULL_LENGTH	启用后，对于 CHAR 类型将不会截断空洞数据	原子模式	否
PIPES_AS_CONCAT	将"||"视为连接操作符而非“或运算符”	原子模式	否
REAL_AS_FLOAT	将 REAL 视为 FLOAT 的同义词而非 DOUBLE 的同义词	原子模式	否
NO_TABLE_OPTIONS	启用后，可以去掉 show create table 中的“engine”子句，获得通用的建表脚本	原子模式	否
ANSI	宽松模式，等同于 REAL_AS_FLOAT、PIPES_AS_CONCAT、ANSI_QUOTES、IGNORE_SPACE、ONLY_FULL_GROUP_BY 和 ANSI 的组合模式。该模式更改语法和行为，使其更符合标准 SQL。对插入数据进行校验，如果不符合定义类型或长度，那么就对数据类型调整或截断保存，报 warning 警告。设置命令为：set @@sql_mode=ANSI;	组合模式	否
TRADITIONAL	严格模式，当向 mysql 数据库插入数据时，进行数据的严格校验，保证错误数据不能插入，报 error 错误，而不仅仅是警告。用于事物时，会进行事物的回滚。注释：一旦发现错误立即放弃 INSERT/UPDATE。如果使用非事务存储引擎，不建议采用这种方式，因为出现错误前进行的数据更改不会“滚动”，结果是更新“只进行了一部分”	组合模式	是
DB2	PIPES_AS_CONCAT、ANSI_QUOTES、IGNORE_SPACE、NO_KEY_OPTIONS、NO_TABLE_OPTIONS、NO_FIELD_OPTIONS	组合模式	否
MAXDB	PIPES_AS_CONCAT、ANSI_QUOTES、IGNORE_SPACE、NO_KEY_OPTIONS、NO_TABLE_OPTIONS、NO_FIELD_OPTIONS、NO_AUTO_CREATE_USER	组合模式	否
MSSQL	PIPES_AS_CONCAT、ANSI_QUOTES、IGNORE_SPACE、NO_KEY_OPTIONS、NO_TABLE_OPTIONS、NO_FIELD_OPTIONS	组合模式	否
MYSQL323	MYSQL323、HIGH_NOT_PRECEDENCE	组合模式	否
ORACLE	PIPES_AS_CONCAT、ANSI_QUOTES、IGNORE_SPACE、NO_KEY_OPTIONS、NO_TABLE_OPTIONS、NO_FIELD_OPTIONS、NO_AUTO_CREATE_USER	组合模式	否
POSTGRESQL	PIPES_AS_CONCAT、ANSI_QUOTES、IGNORE_SPACE、NO_KEY_OPTIONS、NO_TABLE_OPTIONS、NO_FIELD_OPTIONS	组合模式	否

一些常见的 SQL Mode 值的含义如下表所示：

若是将 sql_mode 设置为 TRADITIONAL、STRICT_TRANS_TABLES 或 STRICT_ALL_TABLES 中的至少一种，则称该模式属于严格模式（Strict mode）。其中，STRICT_ALL_TABLES 模式对所有引擎的表都启用严格模式；而 STRICT_TRANS_TABLES 只对支持事务

的表启用严格模式。在严格模式下，一旦任何操作的数据产生问题，都将终止当前的操作，对于启用 STRICT_ALL_TABLES 的非事务引擎而言，这时数据可能停留在一个未知的状态，因此需要非常小心这个选项可能带来的潜在影响。

6.6 什么是 MySQL 的套接字文件？

答案：MySQL 有两种连接方式，常用的是 TCP/IP 方式，如下所示：

```
[root@LHRDB ~]# mysql -h192.168.59.159 -uroot -plhr
mysql: [Warning] Using a password on the command line interface can be insecure.
Welcome to the MySQL monitor.   Commands end with ; or \g.
Your MySQL connection id is 9
Server version: 5.7.19 MySQL Community Server (GPL)

Copyright (c) 2000, 2017, Oracle and/or its affiliates. All rights reserved.

Oracle is a registered trademark of Oracle Corporation and/or its
affiliates. Other names may be trademarks of their respective
owners.

Type 'help;' or '\h' for help. Type '\c' to clear the current input statement.

mysql>
```

还有一种是套接字方式。Unix 系统下本地连接 MySQL 可以采用 Unix 套接字方式，这种方式需要一个套接字（Socket）文件。套接字文件就是当用套接字方式进行连接时需要的文件。套接字方式比用 TCP/IP 的方式更快、更安全，但只适用于 MySQL 和客户端在同一台 PC 上的场景。套接字文件可由参数 socket 控制，一般在/tmp 目录下，名为 mysql.sock，也可以放在其他目录下，如下所示：

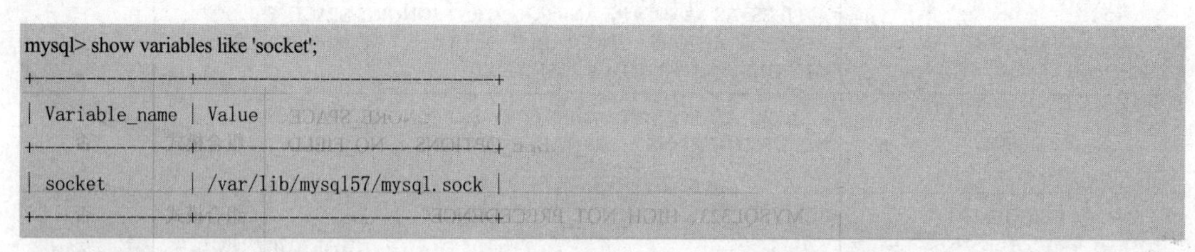

```
mysql> show variables like 'socket';
+---------------+-----------------------------+
| Variable_name | Value                       |
+---------------+-----------------------------+
| socket        | /var/lib/mysql57/mysql.sock |
+---------------+-----------------------------+
```

用套接字连接 MySQL：

```
[root@LHRDB ~]# mysql -S /tmp/mysqld.sock
ERROR 2002 (HY000): Can't connect to local MySQL server through socket '/tmp/mysqld.sock' (2)
[root@LHRDB ~]# mysql -plhr -S /var/lib/mysql57/mysql.sock
mysql: [Warning] Using a password on the command line interface can be insecure.
Welcome to the MySQL monitor.   Commands end with ; or \g.
Your MySQL connection id is 8
Server version: 5.7.19 MySQL Community Server (GPL)

Copyright (c) 2000, 2017, Oracle and/or its affiliates. All rights reserved.
```

```
Oracle is a registered trademark of Oracle Corporation and/or its
affiliates. Other names may be trademarks of their respective
owners.

Type 'help;' or '\h' for help. Type '\c' to clear the current input statement.

mysql>
```

真题 47：什么是 MySQL 的 pid 文件？

答案：pid 文件是 MySQL 实例的进程 ID 文件。当 MySQL 实例启动时，会将自己的进程 ID 写入一个文件中，该文件即为 pid 文件。该文件可由参数 pid_file 控制，默认路径位于数据库目录下，文件名为：主机名.pid，如下所示：

```
mysql> show variables like 'pid_file';
+---------------+-------------------------------------------+
| Variable_name | Value                                     |
+---------------+-------------------------------------------+
| pid_file      | /var/lib/mysql57/mysql5719/data/LHRDB.pid |
+---------------+-------------------------------------------+
```

真题 48：MySQL 有哪几类物理文件？

答案：MySQL 数据库的文件包括：

1）参数文件：my.cnf。

2）日志文件，包括错误日志、查询日志、慢查询日志、二进制日志。

3）MySQL 表文件：用来存放 MySQL 表结构的文件，一般以.frm 为后缀。

4）Socket 文件：当用 Unix 域套接字方式进行连接时需要的文件。

5）pid 文件：MySQL 实例的进程 ID 文件。

6）存储引擎文件：每个存储引擎都有自己的文件夹来保存各种数据，这些存储引擎真正存储了数据和索引等数据。

6.7 如何查看和修改系统参数？

在 MySQL 里，参数也可以叫变量（Variables），一般配置文件为：/etc/my.cnf。当 MySQL 实例启动时，MySQL 会先去读一个配置参数文件，用来寻找数据库的各种文件所在位置以及指定某些初始化参数，这些参数通常定义了某种内存结构有多大等设置。默认情况下，MySQL 实例会按照一定的次序去读取所有参数文件，可以通过命令“mysql --help | grep my.cnf”来查找这些参数文件的位置。

在 Linux 下的次序为：/etc/my.cnf -> /etc/mysql/my.cnf -> /usr/local/mysql/etc/my.cnf -> ～/.my.cnf; 在 Windows 下的次序为：C:\WINDOWS\my.ini -> C:\WINDOWS\my.cnf -> C:\my.ini -> C:\my.cnf -> %MySQL 安装目录%\my.ini -> %MySQL 安装目录%\my.cnf。如果这几个配置文件中都有同一个参数，那么 MySQL 数据库会以读取到的最后一个配置文件中的参数为准。在 Linux 环境下，配置文件一般为/etc/my.cnf。在数据库启动的时候可以加上从指定参数文件，如下所示：

```
mysqld_safe --defaults-file=/etc/my.cnf &
```

MySQL 的变量可以分为系统变量和状态变量。MySQL 没有类似于 Oracle 的隐含参数，也不需要隐含参数来设置。下面分别讲解。

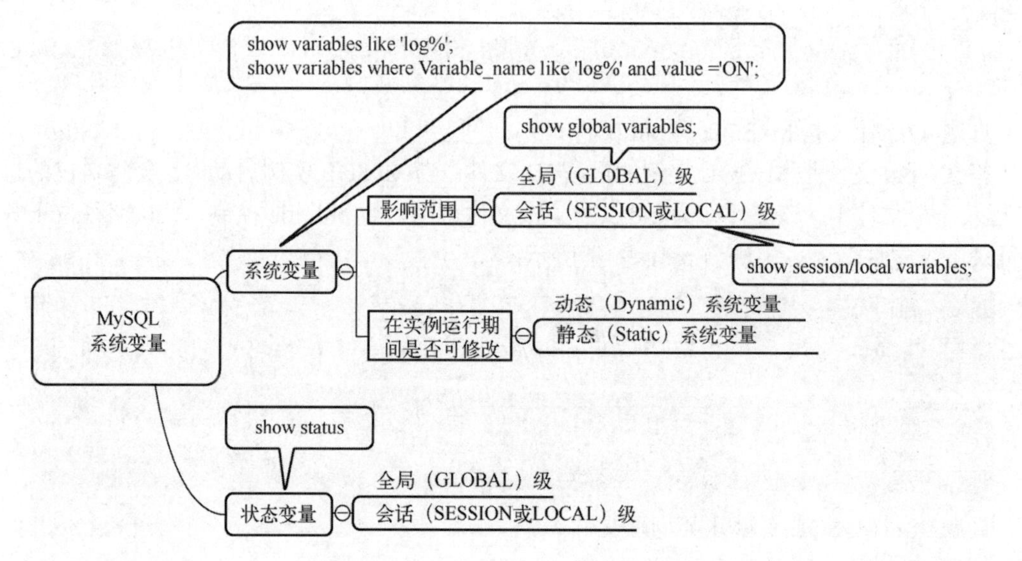

1．系统变量

配置 MySQL 服务器的运行环境。系统变量按其作用域的不同可以分为两种：①全局（GLOBAL）级：对整个 MySQL 服务器有效，但是在本次连接中并不生效，而对于新的连接则生效；②会话（SESSION 或 LOCAL）级：只影响当前会话，只在本次连接中生效。有些变量同时拥有以上两个级别，MySQL 将在建立连接时用全局级变量初始化会话级变量，但一旦连接建立之后，全局级变量的改变不会影响到会话级变量。可以用 show variables 查看系统变量的值，如下所示：

可以通过 show vairables 或 SELECT 语句可以查看系统变量的值：

```
mysql> show variables like 'log%';
mysql> show variables where Variable_name like 'log%' and value='ON';
mysql> select @@var_name;
mysql> select @@global.var_name;
mysql> select @@session.var_name;
```

注意：show variables 优先显示会话级变量的值，若这个值不存在，则显示全局级变量的值，当然也可以加上 GLOBAL 或 SESSION、LOCAL 关键字进行区别：

```
show global variables;
show session/local variables;
```

在写一些存储过程时，可能需要引用系统变量的值，可以使用如下方法：

```
@@GLOBAL.var_name
@@SESSION.var_name
@@LOCAL.var_name
```

如果在变量名前没有级别限定符，那么将优先显示会话级的值。

另外一种查看系统变量值的方法是直接查询表。对于 MySQL 5.6 可以从 information_schema.global_variables 和 information_schema.session_variables 表获得；对于 MySQL 5.7 可以从 performance_schema.global_variables 和 performance_schema.session_variables 表中查询。需要注意的是，若要查询 information_schema.global_variables 或 information_schema.session_variables 表，则需要设置参数 show_compatibility_56 的值为 ON，否则会报错：ERROR 3167 (HY000): The 'INFORMATION_SCHEMA.GLOBAL_STATUS' feature is disabled; see the documentation for 'show_compatibility_56'。

在 MySQL 服务器启动时，可以通过以下两种方法设置系统变量的值：

1）命令行参数，例如：mysqld --max_connections=200。

2）选项文件（my.cnf）。在 MySQL 服务器启动后，如果需要修改系统变量的值，那么可以通过 SET 语句：

```
SET var_name = value;
SET GLOBAL var_name = value;
SET @@GLOBAL.var_name = value;
SET SESSION var_name = value;
SET @@SESSION.var_name = value;
```

如果在变量名前没有级别限定符，那么表示修改会话级变量。

MySQL 的系统变量也可以分为动态（Dynamic）系统变量和静态（Static）系统变量。动态系统变量意味着可以在 MySQL 实例运行中进行更改；静态系统变量说明在整个实例生命周期内都不得进行更改，就好像是只读（Read Only）。

需要注意的是，和启动时不一样的是，在运行时设置的变量不允许使用后缀字母'K'、'M'等，但可以用表达式来达到相同的效果，如：

```
SET GLOBAL read_buffer_size = 2*1024*1024
```

2．状态变量

状态变量用于监控 MySQL 服务器的运行状态，可以用 show status 查看。状态变量和系统变量类似，也分为全局级和会话级，show status 也支持 like 匹配查询，不同之处在于状态变量只能由 MySQL 服务器本身设置和修改，对于用户来说是只读的，不可以通过 SET 语句设置和修改它们。另外，和系统变量类似，也可以查询通过表的方式来查询状态变量的值，MySQL 5.6 查询 information_schema.global_status 和 information_schema.session_status；MySQL 5.7 查询 performance_schema.global_status 和 performance_schema.session_status。

6.8 查看当前使用的配置文件 my.cnf 的方法和步骤有哪些?

MySQL 实例在启动时，会先读取配置参数文件/etc/my.cnf。在安装 MySQL 后，系统中会有多个 my.cnf 文件，有些是用于测试的。使用“locate my.cnf”或“find / -name my.cnf”命令可以列出所有的 my.cnf 文件。

有时候，DBA 会发现虽然尝试修改了配置文件的一些变量，但是并没有生效，这其实是因为修改的文件并非 MySQL 服务器读取的配置文件。在 Linux 环境中，MySQL 服务器读取的配置文件及路径默认为：

```
/etc/my.cnf   /etc/mysql/my.cnf   /usr/etc/my.cnf   ~/.my.cnf
```

如果不清楚 MySQL 当前使用的配置文件路径，那么可以按照如下步骤来查看：

1．查看是否使用了指定目录的 my.cnf 文件

在启动 MySQL 后，可以通过查看 MySQL 的进程，看看是否有设置使用指定目录的 my.cnf 文件，如果有则表示 MySQL 启动时是加载了这个配置文件。

命令：ps -ef|grep mysql|grep 'my.cnf'

如果上面的命令没有输出，那么表示没有设置使用指定目录的 my.cnf，若有输出则表示使用的是输出中的文件。

2．查看 MySQL 默认读取 my.cnf 的目录

如果没有设置使用指定目录的 my.cnf，那么表示 MySQL 启动时会读取安装目录根目录及默认目录下的 my.cnf 文件。

命令：mysql→help|grep 'my.cnf'或 mysqld→verbose→help |grep -A 1 'Default options'

一般情况下，“/etc/my.cnf、/etc/mysql/my.cnf、/usr/local/etc/my.cnf、~/.my.cnf”就是 MySQL 默认会搜寻 my.cnf 的目录，顺序排前的优先。

3．启动时没有使用配置文件

如果没有设置使用指定目录 my.cnf 文件及默认读取目录没有 my.cnf 文件，那么表示 MySQL 启动时并没有加载配置文件，而是使用默认配置。若需要修改配置，则可以在 MySQL 默认读取的目录中，创建一个 my.cnf 文件（例如：/etc/my.cnf），把需要修改的配置内容写入，重启 MySQL 后即可生效。

如果是 Windows 安装版，那么找到相关的 Windows 服务，会看到配置了一个文件地址：

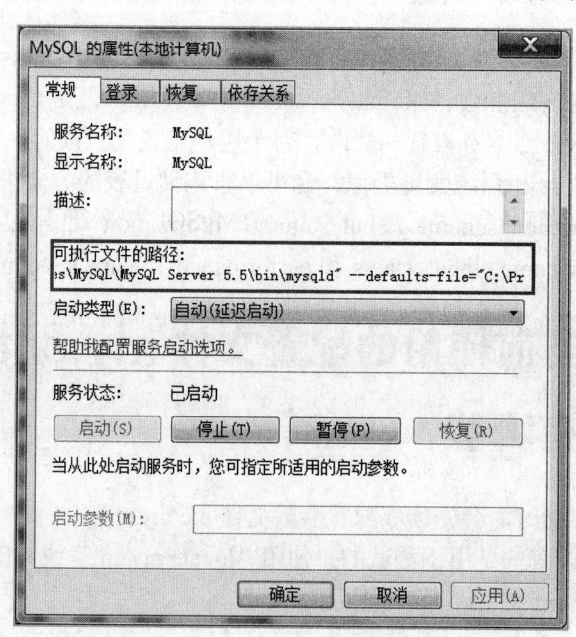

若此处没有看到配置文件地址，则表示使用的是默认目录下的 my.cnf 文件。

6.9 MySQL 有哪几类日志文件？

日志文件记录了影响 MySQL 数据库的各类活动，常见的日志文件有错误日志（Error Log）、二进制日志（Binary Log）、慢查询日志（Slow Query Log）、全查询日志（General Query Log）、中继日志（Relay Log）和事务日志。

下面分别介绍各类日志：

1．错误日志

错误日志记录了 MySQL 在启动、运行和关闭过程中的重要信息。具体来说，错误日志记录的信息包括：

1）服务器启动、关闭过程中的信息。

2）服务器运行过程中的错误信息。

3）事件调试器运行一个事件产生的信息。

4）在从服务器上启动服务器进程时产生的信息。

DBA 在遇到问题的时候，第一时间应该查看错误日志文件，该文件不仅记录了出错信息，而且还记录了一些警告信息以及正确信息，这个 error 日志文件类似于 Oracle 的 alert 告警文件，只不过默认情况下是以 err 结尾。可以通过“show variables like 'log_error';”命令查看错误日志的路径。在默认情况下，错误日志存放在数据目录中，名称为“hostname.err”，当然也可以在 my.cnf 里面设置错误日志文件的路径：

```
log-error=/usr/local/mysql/mysqld.log
```

与错误日志相关的还有 1 个参数是：log_warnings。该参数设定是否将警告信息记录进错误日志。默认设定为 1，表示启用；可以将其设置为 0 来禁用；大于 1 的数值表示将新发起连接时产生的“失败的连接”和“拒绝访问”类的错误信息也记录进错误日志。

MySQL 的错误日志是文本形式的，可以使用各种文本相关命令进行查看。perror 命令可用于查询错误代码的含义，例如：

```
perror 1006
```

可以在 OS 级别直接删除错误日志，也可以在 MySQL 提示符下使用“flush logs”命令清理错误日志。

2．全查询日志（通用查询日志、查询日志）

全查询日志记录了所有对数据库请求的信息，不论这些请求是否得到了正确的执行。默认位置在变量 datadir 下，默认文件名为：主机名.log。在默认情况下，MySQL 的全查询日志是不开启的。当需要进行采样分析时可以使用命令“SET GLOBAL general_log=1;”开启。

与全查询日志相关的变量包括：

- log={YES|NO} 是否启用记录所有语句的日志信息，默认通常为 OFF。MySQL 5.6 已经弃用此选项。

- general_log={ON|OFF} 设定是否启用查询日志，默认值为取决于在启动 mysqld 时是否使用了--general_log 选项。如若启用此项，其输出位置则由--log_output 选项进行定义，如果 log_output 的值设定为 NONE，即使启用查询日志，也不会记录任何日志信息。作用范围为全局，可用于配置文件，属动态变量。
- log_output={TABLE|FILE|NONE} 定义一般查询日志和慢查询日志的保存方式，可以是 TABLE、FILE、NONE，也可以是 TABLE 及 FILE 的组合（用逗号隔开），默认为 TABLE。如果组合中出现了 NONE，那么其他设定都将失效，同时，无论是否启用日志功能，也不会记录任何相关的日志信息。作用范围为全局级别，可用于配置文件，属动态变量。
- sql_log_off={ON|OFF} 用于控制是否禁止将一般查询日志类信息记录进查询日志文件。默认为 OFF，表示不禁止记录功能。用户可以在会话级别修改此变量的值，但其必须具有 SUPER 权限。作用范围为全局和会话级别，属动态变量。
- general_log_file=FILE_NAME 查询日志的日志文件名称，默认为“hostname.log”，默认在数据目录。作用范围为全局，可用于配置文件，属动态变量。

3．慢查询日志

MySQL 的慢查询日志是 MySQL 提供的一种日志记录，他用来记录在 MySQL 中响应时间超过预先设定的阀值的语句，具体指运行时间超过 long_query_time 值的 SQL，则会被记录到慢查询日志中。long_query_time 的默认值为 10，意思是运行 10s 以上的语句。默认情况下，MySQL 数据库并不启动慢查询日志，需要手动来设置这个参数，当然，如果不是调优需要的话，一般不建议启动该参数，因为开启慢查询日志会或多或少带来一定的性能影响。慢查询日志支持将日志记录写入文件，也支持将日志记录写入数据库表。

与慢查询日志相关的变量包括：

- slow_query_log={ON|OFF} 设定是否启用慢查询日志。0 或 OFF 表示禁用，1 或 ON 表示启用。默认情况下 slow_query_log 的值为 OFF，表示慢查询日志是禁用的，可以通过命令“set global slow_query_log=1;”来开启。使用“set global slow_query_log=1”开启了慢查询日志只对当前数据库生效，如果 MySQL 重启后则会失效。如果要永久生效，就必须修改配置文件 my.cnf。日志信息的输出位置取决于 log_output 变量的定义，如果其值为 NONE，那么即便 slow_query_log 为 ON，也不会记录任何慢查询信息。作用范围为全局级别，可用于选项文件，属动态变量。
- log_slow_queries/slow_query_log={YES|NO} 在 MySQL 5.6 以下版本中，MySQL 数据库慢查询日志存储路径。可以不设置该参数，系统则会默认给一个缺省的文件 host_name-slow.log。从 MySQL 5.6 开始，将此参数修改为了 slow_query_log。作用范围为全局级别，可用于配置文件，属动态变量。
- slow_query_log_file=/PATH/TO/SOMEFILE 在 MySQL 5.6 及其以上版本中，MySQL 数据库慢查询日志保存路径及文件名。可以不设置该参数，若不设置则使用默认值。默认存放位置为数据库文件所在目录下，名称为 hostname-slow.log，但可以通过--slow_query_log_file 选项修改。作用范围为全局级别，可用于选项文件，属动态变量。
- long_query_time：慢查询阈值，当查询时间多于设定的阈值时记录日志。
- log_output：日志存储方式。log_output='FILE'表示将日志存入文件，默认值是 FILE。

log_output='TABLE' 表示将日志存入数据库，这样日志信息就会被写入到 mysql.slow_log 表中。MySQL 数据库支持同时两种日志存储方式，配置的时候以逗号隔开即可，如："log_output='FILE,TABLE';"。日志记录到系统的专用日志表中，要比记录到文件耗费更多的系统资源，因此对于需要启用慢查询日志，又需要能够获得更高的系统性能，那么建议优先记录到文件中。

- log_queries_not_using_indexes={ON|OFF} 设定是否将所有没有使用索引的查询操作记录到慢查询日志，默认值为 OFF。如果运行的 SQL 没有使用索引，那么只要超过阈值了也会记录在慢查询日志里面的。作用范围为全局级别，可用于配置文件，属动态变量。
- min_examined_row_limit=1000 记录那些由于查找了多余 1000 次而引发的慢查询。
- log_slow_admin_statements 记录那些慢查询的 OPTIMIZE TABLE、ANALYZE TABLE 和 ALTER TABLE 语句。
- log_slow_slave_statements 记录由 slave 所产生的慢查询。

常见的慢查询分析工具有 mysqldumpslow，默认安装了 MySQL 即有这个命令：

```
mysqldumpslow /var/lib/mysql/rhel6_lhr-slow.log
```

此外，还有 mysqlsla、percona-toolkit 等工具可以用来分析 MySQL 的慢查询日志。

4. 二进制日志

二进制日志记录了对数据库进行变更的所有操作，但是不包括 SELECT 操作以及 SHOW 操作，因为这类操作对数据库本身没有修改。如果想记录 SELECT 和 SHOW，那么就需要开启全查询日志，另外，二进制日志还包括了执行数据库更改操作的时间等信息。

二进制日志的主要作用有如下几种：

1）恢复（recovery）。某些数据的恢复需要二进制日志，在全库文件恢复后，可以在此基础上通过二进制日志进行 point-to-time 的恢复。

2）复制（replication）。其原理和恢复类似，通过复制和执行二进制日志使得一台远程的 Slave 数据库与 Master 数据库进行实时同步。

可以通过命令"set sql_log_bin=1;"来开启二进制日志，使用"--log-bin[=file_name]"选项或在配置文件中指定 log-bin 启动时，mysqld 写入包含所有更新数据的 SQL 命令的日志文件。对于未给出 file_name 值，默认名为-bin 后面所跟的主机名。在未指定绝对路径的情形下，缺省位置保存在数据目录下。在 MySQL 5.7.3 及其以后的版本中，若想开启二进制日志，则必须加上 server_id 参数。

与二进制日志相关的变量包括：

- log_bin={YES|NO} 是否启用二进制日志，如果为 mysqld 设定了--log-bin 选项，那么其值为 ON，否则为 OFF。其仅用于显示是否启用了二进制日志，并不反应 log_bin 的设定值，即不反映出二进制日志文件存放的具体位置，在 my.cnf 中可定义。作用范围为全局级别，属非动态变量。值可与 log_error 值一样为一个路径，不要加后缀。不设置则使用默认值。默认存放位置为数据库文件所在目录下，名称为 hostname-bin.xxxx。
- binlog_cache_size = 32768 表示启动 MySQL 服务器时二进制日志的缓存大小。当使用事务的存储引擎 InnoDB 时，所有未提交的事务会记录到一个缓存中，等待事务提交时，直接将缓冲中的二进制日志写入二进制日志文件，而该缓冲的大小由 binlog_cache_size 决定，默认大小为 32KB，此外，binlog_cache_size 是基于 session 的，也就是，当一个线程开始一个事务时，MySQL 会自动分配一个大小为 binlog_cache_size 的缓存，因此该值的设置需要相当小心，可以通过 show global status 查看 binlog_cache_use、binlog_cache_disk_use 的状态，可以判断当前 binlog_cache_size 的设置是否合适。

- binlog_format={ROW|STATEMENT|MIXED} 用来指定二进制日志的类型。该参数从 MySQL 5.1 版本开始引入，可以设置的值有 STATEMENT、ROW 和 MIXED。默认值为 STATEMENT，在 MySQL NDB Cluster 7.3 中，该值默认为 MIXED，因为 STATEMENT 级别不支持 NDB Cluster。如果设定了二进制日志的格式，却没有启用二进制日志，那么 MySQL 启动时会产生警告日志信息并记录于错误日志中。作用范围为全局或会话，可用于配置文件，且属于动态变量。该参数的 3 个值含义分别介绍如下：

1）STATEMENT 格式表示二进制日志文件记录的是日志的逻辑 SQL 语句。

2）在 ROW 格式下，二进制日志记录的不再是简单的 SQL 语句了，而是记录表中的行更改情况，此时可以将 InnoDB 的事务隔离基本设为 READ COMMITTED，以获得更好的并发性。

3）在 MIXED 格式下，MySQL 默认采用的 STATEMENT 格式进行二进制日志文件的记录，但是在一些情况下会使用 ROW 格式，可能的情况包括：

① 表的存储引擎为 NDB，这时对于表的 DML 操作都会以 ROW 格式记录。

② 使用了 UUID()、USER()、CURRENT_USER()、FOUND_ROWS()、ROW_COUNT() 等不确定函数。

③ 使用了 INSERT DELAY 语句。

④ 使用了用户定义函数。

⑤ 使用了临时表。

- binlog_stmt_cache_size = 32768 基于 statement（语句）格式的缓存大小。
- expire_logs_days={0..99} 用来设定二进制日志的过期天数，超出此天数的二进制日志文件将被自动删除。默认值为 0，表示不启用过期自动删除功能。如果启用此功能，那么自动删除工作通常发生在 MySQL 启动时或 FLUSH 日志时。作用范围为全局，可用于配置文件，属动态变量。
- max_binlog_cache_size{4096 .. 18446744073709547520} 用来配置二进定日志缓存空间大小，在 MySQL 5.5.9 及以后的版本仅应用于事务缓存，其上限由 max_binlog_stmt_cache_size 决定。作用范围为全局级别，可用于配置文件，属动态变量。
- max_binlog_size={4096 .. 1073741824} 用来设置单个二进制日志文件的最大值，单位为字节，最小值为 4K，最大值为 1G，默认为 1G。如果超过该值，则产生新的二进制日志文件，后缀名+1，并记录到.index 文件。某事务所产生的日志信息只能写入一个二进制日志文件，因此，实际上的二进制日志文件可能大于这个指定的上限。作用范围为全局级别，可用于配置文件，属动态变量。

- max_binlog_stmt_cache_size　= 18446744073709547520　用来设置基于 statement 格式的二进制日志文件的最大缓存大小。
- sql_log_bin={ON|OFF} 用于控制二进制日志信息是否记录进日志文件。默认为 ON，表示启用记录功能。用户可以在会话级别修改此变量的值，但其必须具有 SUPER 权限。作用范围为全局和会话级别，属动态变量。
- --binlog-do-db 与--binlog-ignore-db 用来指定二进制日志文件记录哪些数据库操作。默认值为空，则表示将所有库的日志同步到二进制日志。
- sync_binlog=N 表示每 N 秒将缓存中的二进制日志记录写回硬盘。默认为 0，表示不同步。任何正数值都表示对二进制每多少次写操作之后同步一次。当 autocommit 的值为 1 时，每条语句的执行都会引起二进制日志同步，否则，每个事务的提交会引起二进制日志同步。在生产环境下建议不要把二进制日志文件与数据放在同一目录。不过，用户经常会陷入 group commit 函数与 I/O 之间二选一的矛盾。如果在 replicaiton 环境中，由于考虑到耐久性和一致性，则需要设置为 1。同时，还需要设置 innodb_flush_log_at_trx_commit=1 以及 innodb_support_xa=1（默认已开启）。
- log_slave_updates 该参数在搭建 master=>slave=>slave 的架构时，需要配置。

此外，与二进制日志相关的几个重要命令如下：

- 查看生成的二进制日志：

```
show binary logs;
show master logs;
```

- 查看日志记录的事件：

```
show binlog events;
show binlog events in 'rhel6lhr-bin.000003';
```

- 查看二进制日志的内容：mysqlbinlog rhel6lhr-bin.000001。

5. 中继日志

从主服务器的二进制日志文件中复制而来的事件，并保存为二进制的日志文件。中继日志也是二进制日志，用来给 slave 库恢复使用。

与中继日志相关的变量包括：

- log_slave_updates 用于设定复制场景中的从服务器是否将从主服务器收到的更新操作记录进本机的二进制日志中。本参数设定的生效需要在从服务器上启用二进制日志功能。
- relay_log=file_name 设定中继日志的文件名称，默认为 host_name-relay-bin。也可以使用绝对路径，以指定非数据目录来存储中继日志。作用范围为全局级别，可用于选项文件，属非动态变量。
- relay_log_index=file_name 设定中继日志的索引文件名，默认为数据目录中的 host_name-relay-bin.index。作用范围为全局级别，可用于选项文件，属非动态变量。
- relay_log_info_file=file_name 设定中继服务用于记录中继信息的文件，默认为数据目录中的 relay-log.info。作用范围为全局级别，可用于选项文件，属非动态变量。
- relay_log_purge={ON|OFF} 设定对不再需要的中继日志是否自动进行清理。默认值为

ON。作用范围为全局级别，可用于选项文件，属动态变量。

- relay_log_space_limit=# 设定用于存储所有中继日志文件的可用空间大小。默认为 0，表示不限定。最大值取决于系统平台位数。作用范围为全局级别，可用于选项文件，属非动态变量。
- max_relay_log_size={4096..1073741824} 设定从服务器上中继日志的体积上限，到达此限度时其会自动进行中继日志滚动。此参数值为 0 时，mysqld 将使用 max_binlog_size 参数同时为二进制日志和中继日志设定日志文件体积上限。作用范围为全局级别，可用于配置文件，属动态变量。

6. 事务日志

事务日志记录 InnoDB 等支持事务的存储引擎执行事务时产生的日志。事务型存储引擎用于保证原子性、一致性、隔离性和持久性。其变更数据不会立即写到数据文件中，而是写到事务日志中。事务日志文件名为“ib_logfile0”和“ib_logfile1”，默认存放在表空间所在目录。

与事务日志相关变量包括：

- innodb_log_group_home_dir=/PATH/TO/DIR 用来设定 InnoDBRedo 日志文件的存储目录。在缺省使用 InnoDB 日志相关的所有变量时，其默认会在数据目录中创建两个大小为 5MB 的名为 ib_logfile0 和 ib_logfile1 的日志文件。作用范围为全局级别，可用于选项文件，属非动态变量。
- innodb_log_file_size={108576 .. 4294967295} 用来设定日志组中每个日志文件的大小，单位是字节，默认值是 5MB。较为明智的取值范围是从 1MB 到缓存池体积的 1/*n*，其中 *n* 表示日志组中日志文件的个数。日志文件越大，在缓存池中需要执行的检查点刷写操作就越少，这意味着所需的 I/O 操作也就越少，然而这也会导致较慢的故障恢复速度。作用范围为全局级别，可用于选项文件，属非动态变量。
- innodb_log_files_in_group={2 .. 100} 用来设定日志组中日志文件的个数。InnoDB 以循环的方式使用这些日志文件。默认值为 2。作用范围为全局级别，可用于选项文件，属非动态变量。
- innodb_log_buffer_size={262144 .. 4294967295} 用来设定 InnoDB 用于辅助完成日志文件写操作的日志缓冲区大小，单位是字节，默认为 8MB。较大的事务可以借助于更大的日志缓冲区来避免在事务完成之前将日志缓冲区的数据写入日志文件，以减少 I/O 操作进而提升系统性能。因此，在有着较大事务的应用场景中，建议为此变量设定一个更大的值。作用范围为全局级别，可用于选项文件，属非动态变量。
- innodb_flush_log_at_trx_commit = 1 该值为 1 时表示有事务提交后，不会让事务先写进 Buffer，再同步到事务日志文件，而是一旦有事务提交就立刻写进事务日志，并且还每隔 1 秒钟也会把 Buffer 里的数据同步到文件，这样 I/O 消耗大，默认值是 1，可修改为 2，表示每事务同步，但不执行磁盘 flush 操作；修改为 0 表示每秒同步，并执行磁盘 flush 操作。
- innodb_locks_unsafe_for_binlog 这个变量建议保持 OFF 状态。
- innodb_mirrored_log_groups = 1 事务日志组保存的镜像数。

下面把这几类重要的日志用表格的形式做比对：

日志名称	简介	文件格式	默认位置及名称	默认是否开启	会话级别开启	位置及名称修改参数	如何清理	永久生效
错误日志	记录了MySQL的启动、运行和关闭过程中的重要信息	文本	datadir 变量/hostname.err	Y		log_error	1．OS 直接删除 2．在 MySQL 提示符下使用 flush logs 命令 3．在系统提示符下使用 mysqladmin flush-logs 命令	可以通过 my.cnf 文件进行配置： [mysqld_safe] log-error=/var/log/mysqld.log
全查询日志	全查询日志记录了所有对数据库请求的信息，不论这些请求是否得到了正确的执行	文本	datadir 变量/hostname.log	N	SET GLOBAL general_log=1;	general_log_file		[mysqld] log[=path/[filename]]
慢查询日志	记录在MySQL中执行时间超过long_query_time值的 SQL 的语句，该参数值默认为 10s	文本	datadir 变量/hostname-slow.log	N	set global slow_query_log=ON; SET @@global.slow_query_log=1;	slow_query_log_file		slow_query_log=1 slow_query_log_file=/var/lib/mysql/rhel6lhr-slow.log
二进制日志	二进制日志记录了对数据库进行变更的所有操作，但是不包括 SELECT 操作以及 SHOW 操作，因为这类操作对数据库本身没有修改	二进制	datadir 变量/hostname-bin.xxxxxx	Y	set sql_log_bin=1;	log_bin_basename	1．OS 直接删除 2．RESET MASTER; 3. PURGE {MASTER|BINARY} LOGS TO 'log_name'; PURGE {MASTER|BINARY} LOGS BEFORE 'date';	在 my.cnf 文件中加入 log-bin，永久开启二进制日志，如下： [mysqld] log-bin [=path/[filename]] 注：在 MySQL 5.7.3 及其以后的版本中，若想开启二进制日志，则除了 log-bin 参数外还必须加上 server_id 参数

6.10 MySQL支持事务吗?

在默认模式下，MySQL 是 AUTOCOMMIT 模式的，所有的数据库更新操作都会即时提交。这就表示除非显式地开始一个事务，否则每个查询都被当作一个单独的事务自动执行。但是，如果 MySQL 的表类型使用的是 InnoDB Tables（或其他支持事务的存储引擎）的话，那么 MySQL 就可以使用事务处理，使用 SET AUTOCOMMIT=0 就可以使 MySQL 运行在非 AUTOCOMMIT 模式下。在非 AUTOCOMMIT 模式下，必须使用 COMMIT 来提交更改，或者使用 ROLLBACK 来回滚更改。需要注意的是，在 MySQL 5.5 以前，默认的存储引擎是 MyISAM（从 MySQL 5.5 开始，默认存储引擎是 InnoDB），而 MyISAM 存储引擎不支持事务处理，若改变 AUTOCOMMIT 的值对数据库没有什么作用，且不会报错。所以，如果要使用事务处理，那么一定要确定所操作的表是支持事务处理的，如 InnoDB。如果不知道表的存储引擎，那么可以通过查看创建表语句来确定表的存储引擎。

真题 49：InnoDB 存储引擎支持哪些事务类型？

答案：对于 InnoDB 存储引擎来说，其支持扁平事务、带有保存点的扁平事务、链事务和分布式事务。对于嵌套事务，InnoDB 不支持。因此对有并发事务需求的用户来说，MySQL 数据库或 InnoDB 存储引擎就显得无能为力，然而用户仍可以通过带保存点的事务来模拟串行的嵌套事务。

真题 50：InnoDB 存储引擎支持 XA 事务吗？

答案：XA 事务即分布式事务，目前在 MySQL 的存储引擎中，只有 InnoDB 存储引擎才支持 XA 事务。需要注意的是，在使用分布式事务时，InnoDB 存储引擎的隔离级别必须设置为 SERIALIZABLE。通过参数 innodb_support_xa 可以查看是否启用了 XA 事务的支持（默认为 ON，表示启用）：

```
mysql> show variables like '%innodb_support_xa%';
+-------------------+-------+
| Variable_name     | Value |
+-------------------+-------+
| innodb_support_xa | ON    |
+-------------------+-------+
```

真题 51：MySQL 中的 XA 事务分为哪几类？

答案：MySQL 从 5.0.3 版本开始支持 XA 事务，即分布式事务。在 MySQL 中，XA 事务有两种，内部 XA 事务和外部 XA 事务。下面分别介绍：

（1）内部 XA 事务

MySQL 本身的插件式架构导致在其内部需要使用 XA 事务，此时 MySQL 即是协调者，也是参与者。内部 XA 事务发生在存储引擎与插件之间或者存储引擎与存储引擎之间。例如，不同的存储引擎之间是完全独立的，因此当一个事务涉及两个不同的存储引擎时，就必须使用内部 XA 事务。由于只在单机上工作，所以被称为内部 XA。

最为常见的内部 XA 事务存在于二进制日志（Binlog）和 InnoDB 存储引擎之间。由于复制的需要，因此，目前绝大多数的数据库都开启了 Binlog 功能。在事务提交时，先写二进制日志，再写 InnoDB 存储引擎的重做日志。对上述两个操作的要求也是原子的，即二进制日志和重做日志必须同时写入。若二进制日志先写了，而在写入 InnoDB 存储引擎时发生了宕机，那么 Slave 可能会接收到 Master 传过去的二进制日志并执行，最终导致了主从不一致的情况发生。为了解决这个问题，MySQL 数据库在 Binlog 与 InnoDB 存储引擎之间采用 XA 事务。当事务提交时，InnoDB 存储引擎会先做一个 PREPARE 操作，将事务的 Xid 写入，接着进行 Binlog 的写入。如果在 Binlog 存储引擎提交前，MYSQL 数据库宕机了，那么 MySQL 数据库在重启后会先检查准备的 UXID 事务是否已经提交，若没有，则在存储引擎层再进行一次提交操作。

（2）外部 XA 事务

外部 XA 事务就是一般谈论的分布式事务了。MySQL 支持 XA START/END/PREPARE/COMMIT 这些 SQL 语句，通过使用这些命令可以完成分布式事务的状态转移。MySQL 在执行分布式事务（外部 XA）的时候，MySQL 服务器相当于 XA 事务资源管理器，与 MySQL 链接的客户端相当于事务管理器。

内部 XA 事务用于同一实例下跨多引擎事务，而外部 XA 事务用于跨多 MySQL 实例的分布式事务，需要应用层作为协调者。应用层负责决定提交还是回滚。MySQL 数据库外部 XA 事务可以用在分布式数据库代理层，实现对 MySQL 数据库的分布式事务支持，例如开源的代理工具：网易的 DDB、淘宝的 TDDL 等。

6.11 如何提高 MySQL 的安全性？

可以通过如下的方法来提高 MySQL 的安全性：

1）如果 MySQL 客户端和服务器端的连接需要跨越并通过不可信任的网络，那么需要使用 SSH 隧道来加密该连接的通信。

2）使用 set password 语句来修改用户的密码，首先使用“mysql -u root”登陆数据库系统，然后使用“UPDATE mysql.user set password=password('newpwd')”来修改密码，最后执行“flush privileges”就可以修改用户的密码了。

3）MySQL 需要提防的攻击有偷听、篡改、回放、拒绝服务等，不涉及可用性和容错方面。对所有的连接、查询、其他操作使用基于 ACL（Access Control List，访问控制列表）的安全措施来完成。

4）设置除了 ROOT 用户外的其他任何用户不允许访问 MySQL 主数据库中的 USER 表。如果存储在 USER 表中的用户名与密码一旦泄露，那么其他人可以随意使用该用户名和密码登录相应的数据库。因此，可以通过对 USER 表中用户名和密码进行加密的方式来降低用户名和密码泄露带来的风险。

5）使用 GRANT 和 REVOKE 语句来执行用户访问控制的工作。

6）不要使用明文密码，而是使用 MD5 单向的 HASH 函数来设置密码。

7）不要选用字典中的字来做密码。

8）采用防火墙可以去掉 50%的外部危险，让数据库系统躲在防火墙后面工作。

9）用 telnet server_host 3306 的方法测试，不允许从非信任网络中访问数据库服务器的 3306 号 TCP 端口，需要在防火墙或路由器上做设定。

10）为了防止被恶意传入非法参数，例如 WHERE ID=234，当输入 WHERE ID=234 OR 1=1 导致全部显示，所以，在 WEB 的表单中禁止使用“或”来拼接字符串，在动态 URL 中加入%22 代表双引号、%23 代表井号、%27 代表单引号，传递未检查过的值给 MySQL 数据库是非常危险的。

11）在传递数据给 MySQL 时，检查一下数据的大小。

12）应用程序在连接到数据库时应该使用一般的用户账号，开放少数必要的权限给该用户。

13）在各编程接口（例如 C/C++/PHP/Perl/Java/JDBC 等）中使用特定“逃脱字符”函数，在网络上使用 MySQL 数据库时，一定少用传输明文的数据，而用 SSL 和 SSH 的加密方式数据来传输。

14）学会使用 tcpdump 和 strings 工具来查看传输数据的安全性，例如 tcpdump -l -i eth0 -w -src or dst port 3306 strings。

15）确信在 MySQL 目录中只有启动数据库服务的用户才可以对文件有读和写的权限。

16）不许将 SUPER 权限授权给非管理用户，SUPER 权限可用于切断客户端连接、改变服务器运行参数状态、控制复制数据库的服务器。

17）文件权限不能授权给管理员以外的用户，防止普通用户使用命令 load data'/etc/passwd' 将 OS 密码文件加载到数据库中并使用 SELECT 查询出来。

18）如果不相信 DNS 服务公司的服务，那么可以在主机名称允许表中只设置 IP 数字地址。

19）使用 max_user_connections 变量来使 mysqld 服务进程对一个指定账户限定连接数。

20）启动 mysqld 服务进程的安全选项开关，-local-infile=0 或 1，若是 0，则客户端程序就无法使用 local load data 了，授权的一个例子：GRANT INSERT(user) on mysql.user to 'user_name'@'host_name'，若使用-skip-grant-tables，则系统将对任何用户的访问不做任何访问控制，但可以用 mysqladmin flush-privileges 或 mysqladmin reload 来开启访问控制。默认情况是 SHOW DATABASES 语句对所有用户开放，可以用-skip-show-databases 来关闭掉。

真题 52：下列 SQL 语句中，哪个选项可为用户 ZHANGSAN 分配数据库 USERDB 中数据表 USERINFO 的查询和插入数据权限？（　　）

A．GRANT SELECT,INSERT ON USERDB.USERINFO TO 'ZHANGSAN'@'LOCALHOST';

B．GRANT 'ZHANGSAN'@'LOCALHOST' TO SELECT,INSERT FOR USERDB.USERINFO;

C．GRANT SELECT,INSERT ON USERDB.USERINFO FOR 'ZHANGSAN'@'LOCALHOST';

D．GRANT 'ZHANGSAN'@'LOCALHOST'TO USERDB.USERINFO ON SELECT,INSERT;

答案：A。

赋予权限的 SQL 语句：GRANT [权限] ON [TABLE] TO 'USERNAME'@'LOCALHOST';。

本题中，对于选项 A，语法正确。所以，选项 A 正确。

对于选项 B，权限应该在 GRANT 之后。所以，选项 B 错误。

对于选项 C，最后的关键词是 TO 而不是 FOR。所以，选项 C 错误。

对于选项 D，最后的关键词是 TO 而不是 ON。所以，选项 D 错误。

所以，本题的答案为 A。

真题 53：SQL 语句应该考虑哪些安全性？

答案：可以从以下几方面考虑：

1）防止 SQL 注入，对特殊字符进行转义，过滤或者使用预编译的 SQL 语句绑定变量。

2）最小权限原则，特别是不要用 root 账户，为不同的类型的动作或者组建使用不同的账户。

3）当 SQL 运行出错时，不要把数据库返回的错误信息全部显示给用户，以防止泄漏服务器和数据库相关信息。

6.12 什么是 MySQL 的复制（Replication）？

MySQL 内建的复制功能是构建大型、高性能应用程序的基础。将 MySQL 的数据分布到多个系统上去，这种分布的机制，是通过将 MySQL 的某一台主机的数据复制到其他主机（Slaves）上，并重新执行一遍来实现的。复制过程中一个服务器充当主服务器，而一个或多个其他服务器充当从服务器。主服务器将更新写入二进制日志文件，并维护文件的一个索引以跟踪日志循环。这些日志可以记录发送到从服务器的更新。当一个从服务器连接主服务器时，它通知主服务器从服务器在日志中读取的最后一次成功更新的位置。从服务器接收从那时起发生的任何更新，然后封锁并等待主服务器通知新的更新。

当进行复制时，所有对复制中的表的更新必须在主服务器上进行，以避免用户对主服务器上的表进行的更新与对从服务器上的表所进行的更新之间的冲突。

MySQL 支持的复制类型有如下几种：

（1）基于语句的复制（逻辑复制）：在主服务器上执行的 SQL 语句，在从服务器上执行同样的语句。MySQL 默认采用基于语句的复制，效率比较高。一旦发现没法精确复制时，会自动选择基于行的复制。

（2）基于行的复制：把改变的内容复制过去，而不是把命令再从服务器上执行一遍。从 MySQL 5.0 开始支持。

（3）混合类型的复制：默认采用基于语句的复制，一旦发现基于语句无法精确复制时，就会采用基于行的复制。

复制主要有 3 个步骤：

1）在主库上把数据更改记录到二进制日志（Binary Log）中。

2）备库将主库上的日志复制到自己的中继日志（Relay Log）中。

3）备库读取中继日志中的事件，并将其重放到备库之上。

通过 SHOW MASTER STATUS 可以用来查看主服务器中二进制日志的状态，通过 SHOW SLAVE STATUS 命令可以观察当前复制的运行状态。

真题 54：在 MySQL 主从结构的主数据库中，不可能出现（　　）

A．错误日志　　B．事务日志　　C．中继日志　　D．Redo Log

答案：C。

对于选项 A，错误日志在 MySQL 数据库中很重要，它记录着 mysqld（mysqld 是用来启动 MySQL 数据库的命令）启动和停止，以及服务器在运行过程中发生的任何错误的相关信息。所以，选项 A 错误。

对于选项 B，事务日志是一个与数据库文件分开的文件。它存储着对数据库进行的所有更改操作过程，并全部记录插入、更新、删除、提交、回退和数据库模式变化。事务日志还被称为前滚日志，是备份和恢复的重要组件，也是使用 SQL Remote 或复制数据所必需的。所以，选项 B 错误。

对于选项 C，MySQL 在从节点上使用了一组编了号的文件，这组文件被称为中继日志。当从服务器想要和主服务器进行数据同步时，从服务器将主服务器的二进制日志文件拷贝到自己的主机，并放在中继日志中，然后调用 SQL 线程，按照复制中继日志文件中的二进制日志文件执行以便达到数据同步的目的。中继日志文件是按照编码顺序排列的，从 000001 开始，包含所有当前可用的中继文件的名称。中继日志的格式和 MySQL 二进制日志的格式一样，从而更容易被 mysqlbinlog 客户端应用程序读取。所以，中继日志只有在从服务器中存在。选项 C 正确。

对于选项 D，Redo Log 中文名为 Redo 日志，包含联机 Redo 日志（Online Redo Log）和归档日志（Archive Log）。其中，联机 Redo 日志主要用于以下情形：数据库所在服务器突然掉电、突然重启或者执行 shutdown、abort 等命令使得在服务器重新启动之后，数据库没有办法正常地启动实例。归档日志主要用于硬件级别的错误：磁盘损坏导致无法读写、写入的失败、磁盘受损导致数据库数据丢失。所以，选项 D 错误。

所以，本题的答案为 C。

真题 55：MySQL 的复制原理以及流程是什么样的？

答案：MySQL 的复制原理：Master 上面事务提交时会将该事务的 Binlog Events 写入 Binlog 文件，然后 Master 将 Binlog Events 传到 Slave 上面，Slave 应用该 Binlog Events 实现逻辑复制。

MySQL 的复制是基于如下 3 个线程的交互（多线程复制里面应该是 4 类线程）：

1）Master 上面的 Binlog Dump 线程，该线程负责将 Master 的 Binlog Events 传到 Slave；

2）Slave 上面的 I/O 线程，该线程负责接收 Master 传过来的二进制日志（Binlog），并写入中继日志（Relay Log）；

3）Slave 上面的 SQL 线程，该线程负责读取中继日志（Relay Log）并执行；

4）如果是多线程复制，那么无论是 MySQL 5.6 库级别的假多线程还是 MariaDB 或者 MySQL 5.7 的真正的多线程复制，SQL 线程只进行 Coordinator 操作，只负责把中继日志（Relay Log）中的二进制日志（Binlog）读出来然后交给 Worker 线程，Woker 线程负责具体 Binlog Events 的执行。

6.13 Oracle 和 MySQL 中的分组（GROUP BY）问题

1．Oracle 和 MySQL 中的分组（GROUP BY）有什么区别？

Oracle 对于分组（GROUP BY）是严格的，所有要 SELECT 出来的字段必须在 GROUP BY 后边出现，否则会报错："ORA-00979: not a GROUP BY expression"。而 MySQL 则不同，如果 SELECT 出来的字段在 GROUP BY 后面没有出现，那么会随机取出一个值，而这样查询出来的数据不准确，语义也不明确。所以，作者建议在写 SQL 语句时，应该给数据库一个非常明确的指令，而不是让数据库去猜测，这也是写 SQL 语句的一个非常良好的习惯。

下面给出一个示例。有一张 T_MAX_LHR 表，数据如下表所示，有 3 个字段 ARTICLE、AUTHOR 和 PRICE。请选出每个 AUTHOR 的 PRICE 最高值的记录（要包含所有字段）。

ARTICLE	AUTHOR	PRICE
0001	B	3.99
0002	A	10.99
0003	C	1.69
0004	B	19.95
0005	A	6.96

首先给出建表语句：

```
CREATE TABLE T_MAX_LHR (ARTICLE VARCHAR2(30),AUTHOR VARCHAR2(30),PRICE NUMBER); --Oracle
--CREATE TABLE T_MAX_LHR (ARTICLE VARCHAR(30),AUTHOR VARCHAR(30),PRICE FLOAT); --MySQL oracle 通用
INSERT INTO T_MAX_LHR VALUES ('0001','B',3.99);
INSERT INTO T_MAX_LHR VALUES ('0002','A',10.99);
INSERT INTO T_MAX_LHR VALUES ('0003','C',1.69);
INSERT INTO T_MAX_LHR VALUES ('0004','B',19.95);
INSERT INTO T_MAX_LHR VALUES ('0005','A',6.96);
COMMIT;
```

```
SELECT * FROM T_MAX_LHR;
```

在 Oracle 中的数据：

```
LHR@orclasm > SELECT * FROM T_MAX_LHR;
ARTICLE  AUTHOR        PRICE
-------- -------- ----------
0001     B              3.99
0002     A             10.99
0003     C              1.69
0004     B             19.95
0005     A              6.96
```

在 MySQL 中的数据：

```
mysql> SELECT * FROM T_MAX_LHR;
+---------+--------+-------+
| ARTICLE | AUTHOR | PRICE |
+---------+--------+-------+
| 0001    | B      |  3.99 |
| 0002    | A      | 10.99 |
| 0003    | C      |  1.69 |
| 0004    | B      | 19.95 |
| 0005    | A      |  6.96 |
+---------+--------+-------+
5 rows in set (0.00 sec)
```

分析数据后，正确答案应该是：

ARTICLE	AUTHOR	PRICE
0002	A	10.99
0003	C	1.69
0004	B	19.95

对于这个例子，很容易想到的 SQL 语句如下所示：

```
SELECT T.ARTICLE,T.AUTHOR,MAX(T.PRICE) FROM T_MAX_LHR T GROUP BY T.AUTHOR;
SELECT * FROM T_MAX_LHR T GROUP BY T.AUTHOR;
```

在 Oracle 中执行上面的 SQL 语句会产生报错：

```
LHR@orclasm > SELECT T.ARTICLE,T.AUTHOR,MAX(T.PRICE) FROM T_MAX_LHR T GROUP BY T.AUTHOR;
SELECT T.ARTICLE,T.AUTHOR,MAX(T.PRICE) FROM T_MAX_LHR T GROUP BY T.AUTHOR
       *
ERROR at line 1:
ORA-00979: not a GROUP BY expression


LHR@orclasm > SELECT * FROM T_MAX_LHR T GROUP BY T.AUTHOR;
SELECT * FROM T_MAX_LHR T GROUP BY T.AUTHOR
       *
ERROR at line 1:
ORA-00979: not a GROUP BY expression
```

在 MySQL 中执行同样的 SQL 语句则不会报错：

```
mysql> select version();
+-----------------------------------------+
| version()                               |
+-----------------------------------------+
| 5.6.21-enterprise-commercial-advanced-log |
+-----------------------------------------+

mysql> select @@sql_mode;
+--------------------------------------------+
| @@sql_mode                                 |
+--------------------------------------------+
| STRICT_TRANS_TABLES,NO_ENGINE_SUBSTITUTION |
+--------------------------------------------+
1 row in set (0.00 sec)

mysql> SELECT T.ARTICLE,T.AUTHOR,MAX(T.PRICE) FROM T_MAX_LHR T GROUP BY T.AUTHOR;
+---------+--------+--------------+
| ARTICLE | AUTHOR | MAX(T.PRICE) |
+---------+--------+--------------+
| 0002    | A      |        10.99 |
| 0001    | B      |        19.95 |
| 0003    | C      |         1.69 |
+---------+--------+--------------+
3 rows in set (0.00 sec)

mysql> SELECT * FROM T_MAX_LHR T GROUP BY T.AUTHOR;
+---------+--------+-------+
| ARTICLE | AUTHOR | PRICE |
+---------+--------+-------+
| 0002    | A      | 10.99 |
| 0001    | B      |  3.99 |
| 0003    | C      |  1.69 |
+---------+--------+-------+
3 rows in set (0.00 sec)

mysql> set sql_mode='STRICT_TRANS_TABLES,NO_ENGINE_SUBSTITUTION,ONLY_FULL_GROUP_BY';
Query OK, 0 rows affected (0.00 sec)

mysql> select @@sql_mode;
+---------------------------------------------------------------+
| @@sql_mode                                                    |
+---------------------------------------------------------------+
| ONLY_FULL_GROUP_BY,STRICT_TRANS_TABLES,NO_ENGINE_SUBSTITUTION |
+---------------------------------------------------------------+
1 row in set (0.00 sec)

mysql> SELECT T.ARTICLE,T.AUTHOR,MAX(T.PRICE) FROM T_MAX_LHR T GROUP BY T.AUTHOR;
ERROR 1055 (42000): 'lhrdb.T.ARTICLE' isn't in GROUP BY
```

```
mysql>  SELECT * FROM T_MAX_LHR T GROUP BY T.AUTHOR;
ERROR 1055 (42000): 'lhrdb.T.ARTICLE' isn't in GROUP BY
```

可以看出，在 MySQL 5.6 中，虽然执行不报错，可以查询出数据，但是从结果来看数据并不是最终想要的结果，甚至数据是错乱的。需要注意的是，在 MySQL 5.7 中，执行 SQL 语句“SELECT T.ARTICLE,T.AUTHOR,MAX(T.PRICE) FROM T_MAX_LHR T GROUP BY T.AUTHOR;”会报错，因为在 MySQL 5.7 中，sql_mode 的值中包含了 ONLY_FULL_GROUP_BY，含义为对于 GROUP BY 聚合操作，如果在 SELECT 中的列没有在 GROUP BY 中出现，那么将认为这个 SQL 是不合法的，会抛出错误。下面给出几种正确的写法（在 Oracle 和 MySQL 中均可执行）：

（1）使用相关子查询

```
SELECT *
  FROM T_MAX_LHR T
 WHERE (T.AUTHOR, T.PRICE) IN (SELECT NT.AUTHOR, MAX(NT.PRICE) PRICE
                                 FROM T_MAX_LHR NT
                                GROUP BY NT.AUTHOR)
 ORDER BY T.ARTICLE;

SELECT *
  FROM T_MAX_LHR T
 WHERE T.PRICE = (SELECT MAX(NT.PRICE) PRICE
                    FROM T_MAX_LHR NT
                   WHERE T.AUTHOR = NT.AUTHOR)
 ORDER BY T.ARTICLE;
```

（2）使用非相关子查询

```
SELECT T.*
  FROM T_MAX_LHR T
  JOIN (SELECT NT.AUTHOR, MAX(NT.PRICE) PRICE
          FROM T_MAX_LHR NT
         GROUP BY NT.AUTHOR) T1
    ON T.AUTHOR = T1.AUTHOR
   AND T.PRICE = T1.PRICE
 ORDER BY T.ARTICLE;
```

（3）使用 LEFT JOIN 语句

```
SELECT T.*
  FROM T_MAX_LHR T
  LEFT OUTER JOIN T_MAX_LHR T1
    ON T.AUTHOR = T1.AUTHOR
   AND T.PRICE < T1.PRICE
 WHERE T1.ARTICLE IS NULL
 ORDER BY T.ARTICLE;
```

在 Oracle 中的执行结果：

```
LHR@orclasm > SELECT T.*
  2    FROM T_MAX_LHR T
  3    LEFT OUTER JOIN T_MAX_LHR T1
  4      ON T.AUTHOR = T1.AUTHOR
  5     AND T.PRICE < T1.PRICE
  6   WHERE T1.ARTICLE IS NULL
  7   ORDER BY T.ARTICLE;

ARTICLE  AUTHOR         PRICE
-------- -------- ----------
0002     A             10.99
0003     C              1.69
0004     B             19.95
```

在 MySQL 中的执行结果：

```
mysql> SELECT T.*
    ->   FROM T_MAX_LHR T
    ->   LEFT OUTER JOIN T_MAX_LHR T1
    ->     ON T.AUTHOR = T1.AUTHOR
    ->    AND T.PRICE < T1.PRICE
    ->  WHERE T1.ARTICLE IS NULL
    ->  ORDER BY T.ARTICLE;
+---------+--------+-------+
| ARTICLE | AUTHOR | PRICE |
+---------+--------+-------+
| 0002    | A      | 10.99 |
| 0003    | C      |  1.69 |
| 0004    | B      | 19.95 |
+---------+--------+-------+
3 rows in set (0.00 sec)
```

2．Oracle 和 MySQL 中分组（GROUP BY）后的聚合函数分别是什么？

在 Oracle 中，可以用 WM_CONCAT 函数或 LISTAGG 分析函数；在 MySQL 中可以使用 GROUP_CONCAT 函数。示例如下：

首先给出创建表的语句：

```
CREATE TABLE T_MAX_LHR (ARTICLE VARCHAR2(30),AUTHOR VARCHAR2(30),PRICE NUMBER); --Oracle
--CREATE TABLE T_MAX_LHR (ARTICLE VARCHAR(30),AUTHOR VARCHAR(30),PRICE FLOAT); --MySQL oracle 通用
INSERT INTO T_MAX_LHR VALUES ('0001','B',3.99);
INSERT INTO T_MAX_LHR VALUES ('0002','A',10.99);
INSERT INTO T_MAX_LHR VALUES ('0003','C',1.69);
INSERT INTO T_MAX_LHR VALUES ('0004','B',19.95);
INSERT INTO T_MAX_LHR VALUES ('0005','A',6.96);
COMMIT;
SELECT * FROM T_MAX_LHR;
```

在 MySQL 中：

```
mysql> SELECT T.AUTHOR, GROUP_CONCAT(T.ARTICLE), GROUP_CONCAT(T.PRICE)
    ->   FROM T_MAX_LHR T
```

```
    -> GROUP BY T.AUTHOR;
+--------+--------------------------+------------------------+
| AUTHOR | GROUP_CONCAT(T.ARTICLE)  | GROUP_CONCAT(T.PRICE)  |
+--------+--------------------------+------------------------+
| A      | 0002,0005                | 10.99,6.96             |
| B      | 0001,0004                | 3.99,19.95             |
| C      | 0003                     | 1.69                   |
+--------+--------------------------+------------------------+
3 rows in set (0.00 sec)
```

在 Oracle 中：

```
LHR@orclasm > SELECT T.AUTHOR, WM_CONCAT(T.ARTICLE) ARTICLE, WM_CONCAT(T.PRICE)  PRICE
  2    FROM T_MAX_LHR T
  3   GROUP BY T.AUTHOR;

AUTHOR   ARTICLE          PRICE
-------- ---------------- ----------------
A        0002,0005        10.99,6.96
B        0001,0004        3.99,19.95
C        0003             1.69

LHR@orclasm > SELECT T.AUTHOR,
  2          LISTAGG(T.ARTICLE, ',') WITHIN GROUP(ORDER BY T.PRICE) ARTICLE,
  3          LISTAGG(T.PRICE, ',') WITHIN GROUP(ORDER BY T.PRICE) PRICE
  4     FROM T_MAX_LHR T
  5    GROUP BY T.AUTHOR;

AUTHOR   ARTICLE          PRICE
-------- ---------------- ----------------
A        0005,0002        6.96,10.99
B        0001,0004        3.99,19.95
C        0003             1.69
```

6.14 MySQL 的分区表

表分区是指根据一定的规则，将数据库中的一张表分解成多个更小的，容易管理的部分。从逻辑上看，只有一张表，但是底层却是由多个物理分区组成，每个分区都是一个独立的对象。分区有利于管理大表，体现了“分而治之”的理念。一个表最多支持 1024 个分区。

在 MySQL 5.6.1 之前可以通过命令“show variables like '%have_partitioning%'”来查看 MySQL 是否支持分区。若 have_partintioning 的值为 YES，则表示支持分区。从 MySQL 5.6.1 开始，该参数已经被去掉了，而是用 SHOW PLUGINS 来代替。若有 partition 行且 STATUS 列的值为 ACTIVE，则表示支持分区，如下所示：

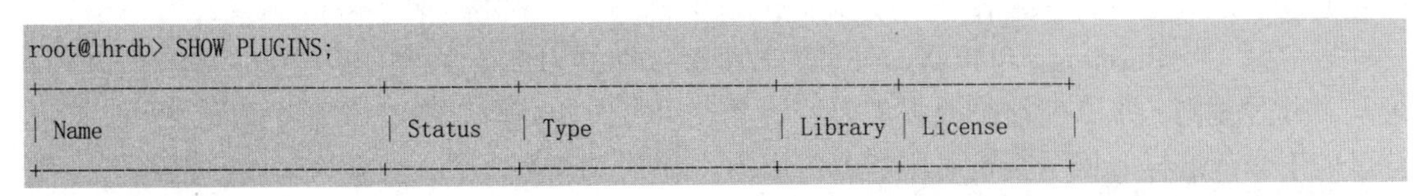

```
root@lhrdb> SHOW PLUGINS;
+-------------------------------+----------+--------------------+---------+---------+
| Name                          | Status   | Type               | Library | License |
+-------------------------------+----------+--------------------+---------+---------+
```

```
| partition                  | ACTIVE   | STORAGE ENGINE     | NULL     | PROPRIETARY |
+----------------------------+----------+--------------------+----------+-------------+
```

此外，也可以使用表 information_schema.plugins 来查询，如下所示：

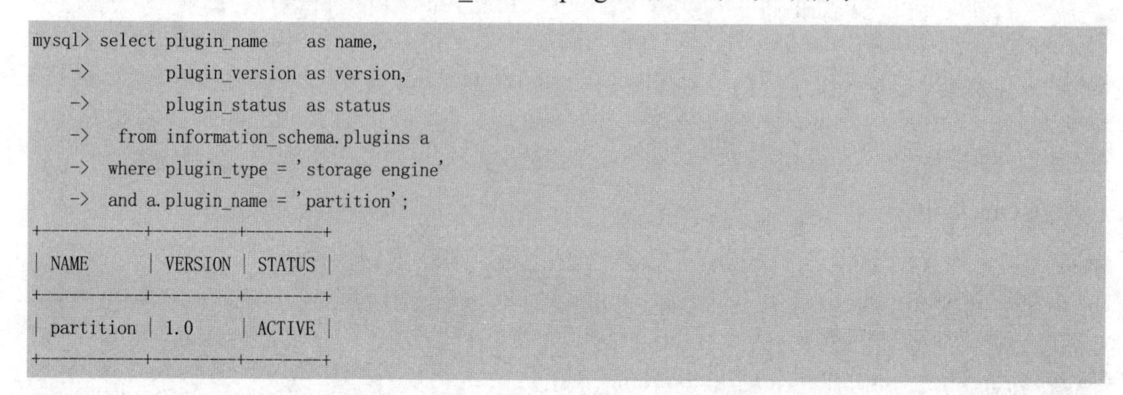

```
mysql> select plugin_name    as name,
    ->        plugin_version as version,
    ->        plugin_status  as status
    ->   from information_schema.plugins a
    ->  where plugin_type = 'storage engine'
    ->  and a.plugin_name = 'partition';
+-----------+---------+--------+
| NAME      | VERSION | STATUS |
+-----------+---------+--------+
| partition | 1.0     | ACTIVE |
+-----------+---------+--------+
```

MySQL 支持的分区类型主要包括 RANGE 分区、LIST 分区、HASH 分区和 KEY 分区。分区表中对每个分区再次分割就是子分区（Subpartitioning），又称为复合分区。在 MySQL 5.5 中引入了 COLUMNS 分区，细分为 RANGE COLUMNS 和 LIST COLUMNS 分区。引入 COLUMNS 分区解决了 MySQL 5.5 版本之前 RANGE 分区和 LIST 分区只支持整数分区，从而避免了需要额外的函数计算得到整数或者通过额外的转换表来转换为整数再分区的问题。

KEY 分区类似 HASH 分区，HASH 分区允许使用用户自定义的表达式，但 KEY 分区不允许使用用户自定义的表达式。HASH 仅支持整数分区，而 KEY 分区支持除了 BLOB 和 TEXT 的其他类型的列作为分区键。KEY 分区语法为：

```
PARTITION BY KEY(EXP) PARTITIONS 4; //EXP 是零个或多个字段名的列表
```

在进行 KEY 分区的时候，EXP 可以为空，如果为空，那么默认使用主键作为分区键。若没有主键则会选择非空唯一键作为分区键。

MySQL 允许分区键值为 NULL，分区键可能是一个字段或者一个用户定义的表达式。一般情况下，MySQL 在分区的时候会把 NULL 值当作零值或者一个最小值进行处理。需要注意以下几点：

- RANGE 分区：NULL 值被当作最小值来处理。
- LIST 分区：NULL 值必须出现在列表中，否则不被接受。
- HASH/KEY 分区：NULL 值会被当作零值来处理。

通过 ALTER TABLE 命令可以对分区进行添加、删除、重定义、合并和拆分等操作；通过 information_schema.partitions 可以查询分区数、行数等信息；通过 EXPLAIN PARTITIONS 可以查看分区表的执行计划。

真题 56：MySQL 的分库分表和表分区（Partitioning）有什么区别？

答案：分库分表是指把数据库中的数据物理地拆分到多个实例或多台机器上去。分表指的是通过一定规则，将一张表分解成多张不同的表。

表分区（Partitioning）可以将一张表的数据分别存储为多个文件。如果在写 SQL 的时候，遵从了分区规则，那么就能把原本需要遍历全表的工作转变为只需要遍历表里某一个或某些分区的工作。这样降低了查询对服务器的压力，提升了查询效率。如果分区表使用得当，那么也可以大规模地提升 MySQL 的服务能力。但是这种分区方式，一方面，在使用的时候必须遵从分区规则写 SQL 语句，如果不符合分区规则，性能反而会非常低下；另一方面，Partitioning 的结果受到 MySQL 限制，或者说 MySQL 单实例的数据文件无法隔离/摆脱分布式存储的限制，不管怎么分区，所有的数据还是都在一个服务器上，没办法通过水平扩展物理服务的方法把压力分摊出去。

分表与分区的区别在于：分区从逻辑上来讲只有一张表，而分表则是将一张表分解成多张表。

6.15 MySQL 有几种存储引擎（表类型）？各自有什么区别？

MySQL 中的数据用各种不同的技术存储在文件（或者内存）中。这些技术中的每一种都使用不同的存储机制、索引技巧、锁定水平并且最终提供不同的功能。通过选择不同的技术，能够获得额外的速度或者功能，从而改善应用的整体功能。例如，研究大量的临时数据，也许需要使用内存存储引擎。内存存储引擎能够在内存中存储所有的表格数据。

这些不同的技术以及配套的相关功能在 MySQL 中被称作存储引擎（Storage Engines，也称作表类型）。MySQL 默认配置了许多不同的存储引擎，可以预先设置或者在 MySQL 服务器中启用。

能够灵活选择如何存储和检索数据是 MySQL 为什么如此受欢迎的主要原因之一。其他数据库系统（包括大多数商业选择）仅支持一种类型的数据存储。遗憾的是，其他类型的数据库解决方案采取的“一个尺码满足一切需求”的方式意味着要么就牺牲一些性能，要么就用几个小时甚至几天的时间来详细调整数据库。使用 MySQL，仅需要修改使用的存储引擎就可以了。

MySQL 官方有多种存储引擎：MyISAM、InnoDB、MERGE、MEMORY（HEAP）、BDB（BerkeleyDB）、EXAMPLE、FEDERATED、ARCHIVE、CSV、BLACKHOLE。第三方存储引擎中比较有名的有：TokuDB、Infobright、InnfiniDB、XtraDB（InnoDB 增强版本）。其中，最常见的两种存储引擎是 MyISAM 和 InnoDB。MyISAM 是 MySQL 关系型数据库管理系统的默认存储引擎（MySQL 5.5 以前）。这种 MySQL 表存储结构从旧 ISAM 代码扩展出许多有用的功能。从 MySQL 5.5 开始，InnoDB 引擎由于其对事务参照完整性，以及更高的并发性等优点开始逐步地取代 MyISAM，作为 MySQL 数据库的默认存储引擎。

很多人刚接触 MySQL 的时候，可能会有些惊讶，它竟然有不支持事务的存储引擎，学过关系型数据库理论的人都知道，事务是关系型数据库的核心。但是在现实应用中（特别是互联网），为了提高性能，在某些场景下可以摒弃事务。下面逐一介绍各种存储引擎：

1．MyISAM

MyISAM 存储引擎管理非事务表，提供高速存储和检索，以及全文搜索能力。该引擎插入数据快，空间和内存使用比较低。

（1）存储组成

每个 MyISAM 在磁盘上存储成三个文件。每一个文件的名字就是表的名字，文件名都和表名相同，扩展名指出了文件类型。这里特别要注意的是，MyISAM 不缓存数据文件，只缓存索引文件。

1）表定义的扩展名为.frm（frame，存储表定义）。

2）数据文件的扩展名为.MYD（MYData，存储数据）。

3）索引文件的扩展名是.MYI（MYIndex，存储索引）。

数据文件和索引文件可以放置在不同的目录，平均分布 I/O，获得更快的速度，而且其索引是压缩的，能加载更多索引，这样内存使用率就对应提高了不少，压缩后的索引也能节约一些磁盘空间。

（2）MyISAM 具有的特点

1）不支持事务，不支持外键约束，但支持全文索引，这可以极大地优化 LIKE 查询的效率。

2）表级锁定（更新时锁定整个表）：其锁定机制是表级索引，这虽然可以让锁定的实现成本很小但是也同时大大降低了其并发性能。MyISAM 不支持行级锁，只支持并发插入的表锁，主要用于高负载的查询。

3）读写互相阻塞：不仅会在写入的时候阻塞读取，MyISAM 还会在读取的时候阻塞写入，但读取本身并不会阻塞另外的读取。

4）不缓存数据，只缓存索引：MyISAM 可以通过 key_buffer 缓存以大大提高访问性能、减少磁盘 I/O，但是这个缓存区只会缓存索引，而不会缓存数据。

```
[root@mysql]# grep key_buffer my.cnf
key_buffer_size = 16M
```

5）读取速度较快，占用资源相对少。

6）MyISAM 引擎是 MySQL 5.5 之前版本默认的存储引擎。

7）并发量较小，不适合大量 UPDATE。

（3）MyISAM 引擎适用的生产业务场景

如果表主要用于插入新记录和读出新记录，那么选择 MyISAM 存储引擎能实现处理的高效率。如果应用的完整性和并发性要求很低，那么也可以选择 MyISAM 存储引擎。它是在 Web、数据仓储和其他应用环境下最常使用的存储引擎之一。具体来说，适用于以下场景：

1）不需要事务支持的业务，一般为读数据比较多的网站应用。

2）并发相对较低的业务（纯读纯写高并发也可以）。

3）数据修改相对较少的业务。

4）以读为主的业务，例如：WWW、BLOG、图片信息数据库、用户数据库、商品数据库等业务。

5）对数据一致性要求不是非常高的业务。

6）中小型网站的部分业务。

小结：单一对数据库的操作都可以使用 MyISAM，所谓单一就是尽量纯读或纯写（INSERT、UPDATE、DELETE）等。生产建议：没有特别需求时，一律用 InnoDB。

（4）MyISAM 引擎调优精要

1）尽量使用索引，优先使用 MySQL 缓存机制。

2）调整读写优先级，根据实际需要确保重要操作更优先。

3）启用延迟插入改善大批量写入性能（降低写入频率，尽可能多条数据一次性写入）。

4）尽量顺序操作让 INSERT 数据都写入到尾部，减少阻塞。

5）分解大的操作，降低单个操作的阻塞时间。

6）降低并发数，某些高并发场景通过应用进行排队机制。

7）对于相对静态的数据，充分利用 Query Cache 可以极大地提高访问效率。

```
[root@mysql 3307]# grep query my.cnf
query_cache_size = 2M
query_cache_limit = 1M
query_cache_min_res_unit = 2k
```

这几个参数都是 MySQL 自身缓存设置。

8）MyISAM 的 COUNT 只有在全表扫描的时候特别高效，带有其他条件的 COUNT 都需要进行实际的数据访问。

9）把主从同步的主库使用 InnoDB，从库使用 MyISAM 引擎。

MyISAM 类型的表支持三种不同的存储结构：静态型、动态型、压缩型。

① 静态型：就是定义的表列大小是固定的（即不含有 XBLOB、XTEXT、VARCHAR 等长度可变的数据类型），这样 MySQL 就会自动使用静态 MyISAM 格式。使用静态格式的表的性能比较高，因为在维护和访问的时候以预定格式存储数据时需要的开销很低。但是，高性能是由空间作为代价换来的，因为在定义的时候是固定的，所以，不管列中的值有多大，都会以最大值为准，占据了整个空间。

② 动态型：如果列（即使只有一列）定义为动态的（XBLOB，XTEXT，VARCHAR 等数据类型），那么这时 MyISAM 就自动使用动态型，虽然动态型的表占用了比静态型表较少的空间，但性能降低，因为如果某个字段的内容发生改变那么其位置很可能需要移动，这样就会导致碎片的产生。随着数据变化的增多，碎片就会增加，数据访问性能就会相应地降低。对于因为碎片的原因而降低数据访问性，有两种解决办法：

- 尽可能使用静态数据类型。
- 经常使用 OPTIMIZE TABLE 语句，它会整理表的碎片，恢复由于表的更新和删除导致的空间丢失。

③ 压缩型：如果在这个数据库中创建的是在整个生命周期内只读的表，那么这种情况就是用 MyISAM 的压缩型表来减少空间的占用。

2. InnoDB

InnoDB 用于事务处理应用程序，主要面向 OLTP 方面的应用。该引擎由 InnoDB 公司开发，其特点是行锁设置，并支持类似于 Oracle 的非锁定读，即默认情况下读不产生锁。InnoDB 将数据放在一个逻辑表空间中。InnoDB 通过多版本并发控制来获得高并发性，实现了 ANSI 标准的 4 种隔离级别，默认为 Repeatable，使用一种被称为 next-key locking 的策略避免幻读。对于表中数据的存储，InnoDB 采用类似 Oracle 索引组织表 Clustered 的方式进行存储。如果对事务的完整性要求比较高，要求实现并发控制，那么选择 InnoDB 引擎有很大的优势。需要频繁地进行更新，删除操作的数据库，也可以选择 InnoDB 存储引擎。因为，InnoDB 存储引擎提供了具有提交（COMMIT）、回滚（ROLLBACK）和崩溃恢复能力的事务安全。

InnoDB 类型的表只有 ibd 文件，分为数据区和索引区，有较好的读写并发能力。物理文件有日志文件、数据文件和索引文件。其中，索引文件和数据文件放在一个目录下，可以设置共享文件，独享文件两种格式。

（1）InnoDB 引擎特点

1）支持事务：包括 ACID 事务支持，支持 4 个事务隔离级别，支持多版本读取。

2）行级锁定（更新时一般是锁定当前行）：通过索引实现，全表扫描仍然会是表锁，注意间隙锁的影响。

3）支持崩溃修复能力和 MVCC。

4）读写阻塞与事务隔离级别相关。

5）具有非常高效的缓存特性：能缓存索引，也能缓存数据。

6）整个表和主键以 CLUSTER 方式存储，组成一棵平衡树。

7）所有 SECONDARY INDEX 都会保存主键信息。

8）支持分区、表空间，类似 Oracle 数据库。

9）支持外键约束（Foreign Key），外键所在的表称为子表，而所依赖的表称为父表。

10）InnoDB 支持自增长列（AUTO_INCREMENT），自增长列的值不能为空。

11）InnoDB 的索引和数据是紧密捆绑的，没有使用压缩从而使 InnoDB 比 MyISAM 体积大不少。

（2）优点

支持事务，用于事务处理应用程序，具有众多特性，包括 ACID 事务支持，支持外键，同时支持崩溃修复能力和并发控制。并发量较大，适合大量 UPDATE。

（3）缺点

对比 MyISAM 的存储引擎，InnoDB 写的处理效率差一些并且会占用更多的磁盘空间以保留数据和索引。相比 MyISAM 引擎，InnoDB 引擎更消耗资源，速度没有 MyISAM 引擎快。

（4）InnoDB 引擎适用的生产业务场景

如果对事务的完整性要求比较高，要求实现并发控制，那么选择 InnoDB 引擎有很大的优势。需要频繁地进行更新，删除操作的数据库时，也可以选择 InnoDB 存储引擎。具体分类如下：

1）需要事务支持（具有较好的事务特性）。

2）行级锁定对高并发有很好的适应能力，但需要确保查询是通过索引完成。

3）数据更新较为频繁的场景，例如：电子公告牌系统（Bulletin Board System，BBS）、社交网（Social Network Site，SNS）等。

4）数据一致性要求较高的业务。例如：充值、银行转账等。

5）硬件设备内存较大，可以利用 InnoDB 较好的缓存能力来提高内存利用率，尽可能减少磁盘 I/O。

```
[root@mysql 3307]# grep -i innodb my.cnf
#default_table_type = InnoDB
innodb_additional_mem_pool_size = 4M
innodb_buffer_pool_size = 32M
innodb_data_file_path = ibdata1:128M:autoextend
innodb_file_io_threads = 4
```

```
innodb_thread_concurrency = 8
innodb_flush_log_at_trx_commit = 2
innodb_log_buffer_size = 2M
innodb_log_file_size = 4M
innodb_log_files_in_group = 3
innodb_max_dirty_pages_pct = 90
innodb_lock_wait_timeout = 120
innodb_file_per_table = 0
物理数据文件：
[root@mysql 3307]# ll data/ibdata1
-rw-rw---- 1 mysql mysql 134217728 May 15 08:31 data/ibdata1
```

6）相比 MyISAM 引擎，innodb 引擎更消耗资源，速度没有 MyISAM 引擎快。

（5）InnoDB 引擎调优精要

1）主键尽可能小，避免给 SECONDARY INDEX 带来过大的空间负担。

2）避免全表扫描，因为会使用表锁。

3）尽可能缓存所有的索引和数据，提高响应速度，减少磁盘 I/O 消耗。

4）在执行大量插入操作的时候，尽量自己控制事务而不要使用 AUTOCOMMIT 自动提交。有开关可以控制提交方式。

5）合理设置 innodb_flush_log_at_trx_commit 参数值，不要过度追求安全性。

6）避免主键更新，因为这会带来大量的数据移动。

3．MEMORY（HEAP）

MEMORY 存储引擎（之前称为 Heap）提供"内存中"的表。如果需要很快的读写速度，对数据的安全性要求较低，那么可选择 MEMORY 存储引擎。MEMORY 存储引擎对表大小有要求，不能建太大的表。所以，这类数据库只适用相对较小的数据库表。如果 mysqld 进程发生异常，那么数据库就会重启或崩溃，数据就会丢失，因此，MEMORY 存储引擎中的表的生命周期很短，一般只使用一次，非常适合存储临时数据。

（1）MEMORY 的特点

1）MEMORY 存储引擎将所有数据保存在内存（RAM）中，在需要快速查找引用和其他类似数据的环境下，可提供极快的访问速度。

2）每个基于 MEMORY 存储引擎的表实际对应一个磁盘文件，该文件的文件名和表名是相同的，类型为.frm。该文件只存储表的结构，而其数据文件，都是存储在内存中，这样有利于对数据的快速处理，提高整个表的处理能力。

3）MEMORY 存储引擎默认使用哈希（HASH）索引，其速度比使用 B-Tree 型要快，但安全性不高。如果读者希望使用 B-Tree 型，那么在创建的时候可以引用。

（2）MEMORY 的适用场景

如果需要很快的读写速度，那么在需要快速查找引用和其他类似数据的环境下，对数据的安全性要求较低，可选择 MEMORY 存储引擎。

（3）MEMORY 的优点

将所有数据保存在内存（RAM）中，默认使用 HASH 索引，数据的处理速度快。

（4）MEMORY 的缺点

不支持事务，安全性不高；MEMORY 存储引擎对表大小有要求，不能建太大的表。

4．MERGE

MERGE 存储引擎允许将一组使用 MyISAM 存储引擎的并且表结构相同（即每张表的字段顺序、字段名称、字段类型、索引定义的顺序及其定义的方式必须相同）的数据表合并为一个表，方便了数据的查询。需要注意的是，使用 MERGE“合并”起来的表结构相同的表最好不要有主键，否则会出现这种情况：一共有两个成员表，其主键在两个表中存在相同情况，但是写了一条按相同主键值查询的 SQL 语句，这时只能查到 UNION 列表中第一个表中的数据。MERGE 存储引擎允许集合将被处理同样的 MyISAM 表作为一个单独的表。

适用场景：MERGE 存储引擎允许 MySQL DBA 或开发人员将一系列等同的 MyISAM 表以逻辑方式组合在一起，并作为 1 个对象引用它们。对于诸如数据仓库等，VLDB（Very Large DataBase，超大型数据库）环境十分适合。

优点：便于同时引用多个数据表而无须发出多条查询。

缺点：不支持事务。

5．BDB（BerkeleyDB）

BDB 是事务型存储引擎，支持 COMMIT、ROLLBACK 和其他事务特性，它由 Sleepycat 软件公司（http://www.sleepycat.com）开发。BDB 是一个高性能的嵌入式数据库编程库（引擎），它可以用来保存任意类型的键/值对（Key/Value Pair），而且可以为一个键保存多个数据。BDB 可以支持数千的并发线程同时操作数据库，支持最大 256TB 的数据。BDB 存储引擎处理事务安全的表，并以哈希为基础的存储系统。

适用场景：BDB 存储引擎适合快速的读写某些数据，特别是不同 KEY 的数据。

优点：支持事务。

缺点：在没有索引的列上操作速度很慢。

6．EXAMPLE

EXAMPLE 存储引擎是一个“存根”引擎，可以用这个引擎创建表，但数据不能存储在该引擎中。EXAMPLE 存储引擎可为快速创建定制的插件式存储引擎提供帮助。

7．NDB

NDB 该存储引擎是一个集群存储引擎，是被 MySQL Cluster 用来实现分割到多台计算机上的表的存储引擎，类似于 Oracle 的 RAC，但它是 Share Nothing 的架构，因此，能提供更高级别的高可用性和可扩展性。NDB 的特点是数据全部放在内存中，因此，通过主键查找非常快。它在 MySQL-Max 5.1 二进制分发版里提供。

（1）NDB 特性

1）分布式：分布式存储引擎，可以由多个 NDBCluster 存储引擎组成集群分别存放整体数据的一部分。

2）支持事务：和 InnoDB 一样，支持事务。

3）可与 mysqld 不在一台主机：可以和 mysqld 分开存在于独立的主机上，然后通过网络和 mysqld 通信交互。

4）内存需求量巨大：新版本索引以及被索引的数据必须存放在内存中，老版本所有数据和索引必须存在于内存中。

（2）NDB 适用场景

1）具有非常高的并发需求。

2）对单个请求的响应并不是非常的严格。

3）查询简单，过滤条件较为固定，每次请求数据量较少。

4）具有高性能查找要求的应用程序，这类查找需求还要求具有最高的正常工作时间和可用性。

（3）NDB 优点

1）分布式：分布式存储引擎，可以由多个 NDBCluster 存储引擎组成集群分别存放整体数据的一部分。

2）支持事务：和 InnoDB 一样，支持事务。

3）可与 mysqld 不在一台主机：可以和 mysqld 分开存在于独立的主机上，然后通过网络和 mysqld 交互通信。

（4）NDB 缺点

内存需求量巨大：新版本索引以及被索引的数据必须存放在内存中，老版本所有数据和索引必须存在于内存中。它的连接操作是在 MySQL 数据库层完成，不是在存储引擎层完成，这意味着，复杂的连接操作需要巨大的网络开销，查询速度会很慢。

8．ARCHIVE

ARCHIVE 存储引擎只支持 INSERT 和 SELECT 操作，其设计的主要目的是提供高速的插入和压缩功能。

适用场景：ARCHIVE 非常适合存储归档数据，如日志信息。

优点：ARCHIVE 存储引擎被用来无索引地，非常小地覆盖存储的大量数据。为大量很少引用的历史、归档或安全审计信息的存储和检索提供了完美的解决方案。

缺点：不支持事务，只支持 INSERT 和 SELECT 操作。

9．CSV

CSV 存储引擎把数据以逗号分隔的格式存储在文本文件中。

10．BLACKHOLE

BLACKHOLE 存储引擎接收但不存储数据，并且检索总是返回一个空集。用于临时禁止对数据库的应用程序输入。该存储引擎支持事务，而且支持 MVCC 的行级锁，主要用于日志记录或同步归档。

11．FEDERATED

FEDERATED 存储引擎不存放数据，它至少指向一台远程 MySQL 数据库服务器上的表，该存储引擎把数据存在远程数据库中，非常类似于 Oracle 的透明网关。在 MySQL 5.1 中，它只和 MySQL 一起工作，使用 MySQL C Client API。在未来的分发版中，想要让它使用其他驱动器或客户端连接方法连接到另外的数据源。该存储引擎能够将多个分离的 MySQL 服务器链接起来，从多个物理服务器创建一个逻辑数据库，十分适合于分布式环境或数据集市环境。

12．ISAM

最原始的存储引擎就是 ISAM，它管理着非事务性表，后来它就被 MyISAM 代替了，而且 MyISAM 是向后兼容的，因此，可以忘记这个 ISAM 存储引擎。

可以在 MySQL 中使用显示引擎的命令得到一个可用引擎的列表，如下所示：

```
mysql> show engines;
+--------------------+---------+----------------------------------------------------------------+--------------+------+------------+
| Engine             | Support | Comment                                                        | Transactions | XA   | Savepoints |
+--------------------+---------+----------------------------------------------------------------+--------------+------+------------+
| MyISAM             | YES     | MyISAM storage engine                                          | NO           | NO   | NO         |
| MRG_MYISAM         | YES     | Collection of identical MyISAM tables                          | NO           | NO   | NO         |
| FEDERATED          | NO      | Federated MySQL storage engine                                 | NULL         | NULL | NULL       |
| BLACKHOLE          | YES     | /dev/null storage engine (anything you write to it disappears) | NO           | NO   | NO         |
| MEMORY             | YES     | Hash based, stored in memory, useful for temporary tables      | NO           | NO   | NO         |
| CSV                | YES     | CSV storage engine                                             | NO           | NO   | NO         |
| ARCHIVE            | YES     | Archive storage engine                                         | NO           | NO   | NO         |
| InnoDB             | DEFAULT | Supports transactions, row-level locking, and foreign keys     | YES          | YES  | YES        |
| PERFORMANCE_SCHEMA | YES     | Performance Schema                                             | NO           | NO   | NO         |
+--------------------+---------+----------------------------------------------------------------+--------------+------+------------+
9 rows in set (0.00 sec)

mysql> show engines\G;
*************************** 1. row ***************************
      Engine: MyISAM
     Support: YES
     Comment: MyISAM storage engine
Transactions: NO
          XA: NO
  Savepoints: NO
*************************** 2. row ***************************
      Engine: MRG_MYISAM
     Support: YES
     Comment: Collection of identical MyISAM tables
Transactions: NO
          XA: NO
  Savepoints: NO
*************************** 3. row ***************************
      Engine: FEDERATED
     Support: NO
     Comment: Federated MySQL storage engine
Transactions: NULL
          XA: NULL
  Savepoints: NULL
*************************** 4. row ***************************
      Engine: BLACKHOLE
     Support: YES
     Comment: /dev/null storage engine (anything you write to it disappears)
Transactions: NO
          XA: NO
  Savepoints: NO
*************************** 5. row ***************************
      Engine: MEMORY
     Support: YES
     Comment: Hash based, stored in memory, useful for temporary tables
Transactions: NO
```

```
          XA: NO
   Savepoints: NO
*************************** 6. row ***************************
        Engine: CSV
       Support: YES
       Comment: CSV storage engine
Transactions: NO
          XA: NO
   Savepoints: NO
*************************** 7. row ***************************
        Engine: ARCHIVE
       Support: YES
       Comment: Archive storage engine
Transactions: NO
          XA: NO
   Savepoints: NO
*************************** 8. row ***************************
        Engine: InnoDB
       Support: DEFAULT
       Comment: Supports transactions, row-level locking, and foreign keys
Transactions: YES
          XA: YES
   Savepoints: YES
*************************** 9. row ***************************
        Engine: PERFORMANCE_SCHEMA
       Support: YES
       Comment: Performance Schema
Transactions: NO
          XA: NO
   Savepoints: NO
9 rows in set (0.00 sec)
```

上面这个查询结果显示了可用的数据库引擎的全部名单以及在当前的数据库服务器中是否支持这些引擎。

下表列出了一些常见的比较重要的存储引擎：

特点	MyISAM	InnoDB	MEMORY（HEAP）	ARCHIVE	NDB	BDB（Berkeley DB）	MERGE
是否默认存储引擎	是（5.5.8 以前）	是（从 5.5.8 开始）	否	否	否	否	否
存储限制（Storage limits）	256TB	64TB	RAM	没有	没有	没有	没有
事务安全（Transactions）		支持				支持	
锁机制（Locking granularity）	表锁（Table）	行锁（Row）	表锁（Table）	行锁（Row）	行锁（Row）	页锁（Page）	行锁(Row)
多版本并发控制（MVCC）		支持					
空间数据类型支持（Geospatial data type support）	支持	支持		支持	支持	支持	
空间索引支持（Geospatial indexing support）	支持	支持（从 5.7.5 开始）					
B 树索引（B-Tree indexes）	支持	支持	支持			支持	支持

（续）

特点	MyISAM	InnoDB	MEMORY（HEAP）	ARCHIVE	NDB	BDB（Berkeley DB）	MERGE
T 树索引（T-Tree indexes）					支持		
哈希索引（Hash indexes）			支持		支持		
全文索引（Full-text search indexes）	支持	支持（从 5.6.4 开始）					
集群索引（Clustered indexes）		支持					
数据缓存（Data caches）		支持	支持				
索引缓存（Index caches）	支持	支持	支持		支持		
数据可压缩（Compressed data）	支持	支持		支持			
数据可加密（Encrypted data）	支持	支持	支持	支持	支持		
复制支持（Replication support）	支持	支持	支持	支持	支持	支持	支持
查询缓存（Query cache support）	支持	支持	支持	支持	支持	支持	支持
备份/实时恢复（Backup / point-in-time recovery）	支持	支持	支持	支持	支持	支持	支持
集群支持（Cluster database support）					支持		
更新数据字典统计信息（Update statistics for data dictionary）	支持	支持	支持	支持	支持	支持	支持
支持外键（Foreign key support）		支持					
空间使用	低	高	N/A	非常低		低	低
内存使用	低	高	中等	低		低	低
批量插入的速度	高	低	高	非常高	高	高	低

可以通过修改设置脚本中的选项来设置在 MySQL 安装软件中可用的引擎。如果在使用一个预先包装好的 MySQL 二进制发布版软件，那么这个软件就包含了常用的引擎。然而，需要指出的是，如果想要使用某些不常用的引擎，特别是 CSV、ARCHIVE（存档）和 BLACKHOLE（黑洞）引擎，那么就需要手工重新编译 MySQL 源码。

可以使用多种方法指定一个要使用的存储引擎。如果想用一种能满足大多数数据库需求的存储引擎，那么可以在 MySQL 的配置文件（my.cnf）中设置一个默认的引擎类型（在[mysqld]组下，使用 default-storage-engine=InnoDB），或者在启动数据库服务器时，在命令行后面加上“--default-storage-engine”选项。

最直接的使用存储引擎的方式是在创建表时指定存储引擎的类型，例如：

```
CREATE TABLE mytable (id int, title char(20)) ENGINE = INNODB
```

还可以改变现有的表使用的存储引擎，用以下语句：

```
ALTER TABLE mytable ENGINE = MyISAM;
```

然而，使用这种方式修改表类型的时候需要非常仔细，因为对不支持同样的索引、字段类型或者表大小的一个类型进行修改可能导致数据丢失。

结合个人博客的特点，推荐个人博客系统使用 MyISAM，因为在博客里执行的主要操作是读取和写入，很少有链式操作。所以，选择 MyISAM 引擎存储的博客打开页面的效率要高于使用 InnoDB 引擎的博客，当然只是个人的建议，大多数博客还是需要根据实际情况谨慎选择。

真题 57：MyISAM 和 InnoDB 各有哪些特性？分别适用在怎样的场景下？

答案：MyISAM 支持表锁，不支持事务，表损坏率较高，主要面向 OLAP 的应用。MyISAM 读写并发不如 InnoDB，适用于以 SELECT 和 INSERT 为主的场景，且支持直接复制文件，用以备份数据。只缓存索引文件，不缓存数据文件。InnoDB 支持行锁、支持事务，CRASH 后具有 RECOVER 机制，其设计目标主要面向 OLTP 的应用。

它们之间其他的区别可以参考下表：

	MyISAM	InnoDB
构成上的区别	每个存储引擎类型为 MyISAM 的表在磁盘上存储成 3 个文件：文件扩展名为.frm（frame）的文件存储了表定义；文件扩展名为.MYD（MYData）的文件存储了表数据；文件扩展名为.MYI（MYIndex）的文件存储了索引。数据文件和索引文件可以放置在不同的目录下，平均分布 I/O，获得更快的速度	每个存储引擎类型为 InnoDB 的表在磁盘上存储成 2 个文件：.frm 和 ibd 文件。.frm 文件存储了表定义。ibd 文件分为数据区和索引区，有较好的读写并发能力
事务处理	MyISAM 类型的表强调的是性能，其执行速度比 InnoDB 类型更快，但是不提供事务支持	InnoDB 提供事务支持、外键等高级数据库功能。InnoDB 存储引擎提供了具有提交、回滚和崩溃恢复能力的事务安全。但是对比 MyISAM 的存储引擎，InnoDB 写的处理效率差一些，并且会占用更多的磁盘空间以保留数据和索引
适用场景	如果执行大量的 SELECT，那么 MyISAM 是更好的选择	1. 如果执行大量的 INSERT 或 UPDATE，那么出于性能方面的考虑，应该使用 InnoDB 表 2. 当执行 DELETE FROM table 时，InnoDB 不会重建表，而是一行一行地删除 3. LOAD TABLE FROM MASTER 操作对 InnoDB 是不起作用的，解决方法是首先把 InnoDB 表改成 MyISAM 表，导入数据后再改成 InnoDB 表，但是对于使用额外的 InnoDB 特性（例如外键）的表不适用
清空表	MyISAM 会重建表	InnoDB 是一行一行地删除，效率非常慢
对 AUTO_INCREMENT 列的操作	1. MyISAM 为 INSERT 和 UPDATE 操作自动更新这一列。AUTO_INCREMENT 值可用 ALTER TABLE 来重置 2. 对于 AUTO_INCREMENT 类型的字段，InnoDB 中必须包含只有该字段的索引，但是在 MyISAM 表中，可以和其他字段一起建立联合索引	如果为一个表指定 AUTO_INCREMENT 列，那么在数据字典里的 InnoDB 表句柄包含一个名为自动增长计数器的计数器，它被用在为该列赋新值，自动增长计数器仅被存储在主内存中，而不是存在磁盘上。InnoDB 中必须包含只有该字段的索引
表的行数	当执行 SQL 语句“SELECT COUNT(*) FROM TABLE”时，MyISAM 只是简单地读出保存好的行数，需要注意的是，当 COUNT(*)语句包含 WHERE 条件时，MyISAM 和 InnoDB 的操作是一样的	InnoDB 中不保存表的具体行数，也就是说，当执行 SELECT COUNT(*) FROM TABLE 时，InnoDB 要扫描一遍整个表来计算行数，所以，InnoDB 在做 COUNT 运算时相当消耗 CPU
锁	表级锁定（更新时锁定整个表）：其锁定机制是表级索引，这虽然可以让锁定的实现成本很小，但是也同时大大降低了其并发性能。不支持行级锁，只支持并发插入的表锁，主要用于高负载的 SELECT	提供行锁（locking on row level），提供与 Oracle 类型一致的不加锁读取（non-locking read），另外，InnoDB 表的行锁也不是绝对的，如果在执行一个 SQL 语句时 MySQL 不能确定要扫描的范围，那么 InnoDB 表同样会锁全表，例如 UPDATE TABLE T_TEST_LHR SET NUM=1 WHERE NAME LIKE "%LHR%"
开发公司	MySQL 公司	InnoDB 公司
是否默认存储引擎	是（5.5.8 以前）	是（5.5.8 及其以后）

真题 58：如何控制 HEAP 表的最大尺寸？

答案：Heap 表即 MEMORY 存储引擎提供的“内存中”的表。HEAP 表的大小可通过参数 max_heap_table_size 来控制。

6.16 如何批量更改 MySQL 引擎？

有如下 5 种办法可以修改表的存储引擎：

1．MySQL 命令语句修改：alter table

```
alter table tablename engine=InnoDB/MyISAM/Memory
```

优点：简单，而且适合所有的引擎。

缺点：1）这种转化方式需要大量的时间和 I/O，由于 MySQL 要执行从旧表到新表的一行一行的复制，所以效率比较低。

2）在转化期间源表加了读锁。

3）从一种引擎到另一种引擎做表转化，所有属于原始引擎的专用特性都会丢失，例如从 InnoDB 到 MyISAM，则 InnoDB 的索引会丢失。

2．使用 dump（转储），然后 import（导入）

优点：使用 mysqldump 这个工具将修改的数据导出后会以.sql 的文件形式保存，可以对这个文件进行操作，所以有更多的控制，例如修改表名，修改存储引擎等。

3．CREATE SELECT

以上方式中，第一种方式简便，第二种方式安全，第三种方式是前两种方式的折中，过程如下所示：

1）CREATE TABLE NEWTABLE LIKE OLDTABLE。

2）ALTER TABLE NEWTABLE ENGINE=innodb/myisam/memory。

3）INSERT INTO NEWTABLE SELECT * FROM OLDTABLE。

如果数据量不大的话，那么第 3 种方式还是挺好的。

4．使用 sed 对备份内容进行引擎转换

```
nohup sed –e 's/MyISAM/InnoDB/g' newlhr.sql >newlhr_1.sql &
```

5．mysql_convert_table_format 命令修改

```
#!/bin/sh
cd /usr/local/mysql/bin
echo 'Enter Host Name:'
read HOSTNAME
echo 'Enter User Name:'
read USERNAME
echo 'Enter Password:'
read PASSWD
echo 'Enter Socket Path:'
read SOCKETPATH
echo 'Enter Database Name:'
read DBNAME
echo 'Enter Table Name:'
read TBNAME
```

```
echo 'Enter Table Engine:'
read TBTYPE
./mysql_convert_table_format --host=$HOSTNAME --user=$USERNAME --password=$PASSWD --socket=$SOCKETPATH --type=
$TBTYPE $DBNAME $TBNAME
```

6.17 MySQL InnoDB 引擎类型的表有哪两类表空间模式？它们各有什么优缺点？

InnoDB 存储表和索引有以下两种方式：

1）使用共享表空间存储，这种方式创建的表结构保存在.frm 文件中。Innodb 的所有数据和索引保存在一个单独的表空间（由参数 innodb_data_home_dir 和 innodb_data_file_path 定义，若 innodb_data_home_dir 为空，则默认存放在 datadir 下，初始化大小为 10M）里，而这个表空间可以由很多个文件组成，一个表可以跨多个文件存在，所以其大小限制不再是文件大小的限制，而是其自身的限制。

2）使用独立表空间（多表空间）存储，这种方式创建的表结构仍然保存在.frm 文件中，但是每个表的数据和索引单独保存在.ibd 中。如果是个分区表，那么每个分区对应单独的.ibd 文件，文件名是"表名+分区名"，可以在创建分区的时候指定每个分区数据文件的位置，以此来将表的 I/O 均匀分布在多个磁盘上。

如果要使用独立表空间的存储方式，那么需要设置参数 innodb_file_per_table 为 ON，并且重新启动服务后才可以生效。修改 innodb_file_per_table 的参数值即可修改数据库的默认表空间管理方式，但是修改不会影响之前已经使用过的共享表空间和独立表空间。

ON 代表独立表空间管理，OFF 代表共享表空间管理。若要查看单表的表空间管理方式，则需要查看每个表是否有单独的数据文件。该参数从 MySQL 5.6.6 开始默认为 ON（之前的版本均为 OFF），表示默认为独立表空间管理。

独立表空间的数据文件没有大小限制，不需要设置初始大小，也不需要设置文件的最大限制、扩展大小等参数对于使用多表空间特性的表，可以比较方便地进行单表备份和恢复操作，但是直接复制.ibd 文件是不行的，因为没有共享表空间的数据字典信息，直接复制的.ibd 文件和.frm 文件恢复时是不能被正确识别的，但可以通过命令："ALTER TABLE tb_name DISCARD TABLESPACE;"和"ALTER TABLE tb_name IMPORT TABLESPACE;"将备份恢复到数据库中，但是这样的单表备份，只能恢复到表原来所在的数据库中，而不能恢复到其他的数据库中。如果要将单表恢复到目标数据库，那么需要通过 mysqldump 和 mysqlimport 来实现。

需要注意的是，即便在独立表空间的存储方式下，共享表空间仍然是必需的。InnoDB 会把内部数据字典、在线重做日志、Undo 信息、插入缓冲索引页、二次写缓冲（Double write buffer）等内容放在这个文件中。

共享表空间和独立表空间的优缺点如下所示：

	共享表空间（Shared Tablespaces）	独立表空间（File-Per-Table Tablespaces）
优点	1. 表空间可以分成多个文件存放到各个磁盘，所以表也就可以分成多个文件存放在磁盘上，表的大小不受磁盘大小的限制 2. 数据和文件放在一起方便管理	1. 当 truncate 或者 drop 一个表时可以释放磁盘空间。如果不是独立表空间，truncate 或 drop 一个表只是在 ibdata 文件内部释放，实际 ibdata 文件并不会缩小，释放出来的空间也只能让其他 InnoDB 引擎的表使用 2. 独立表空间下，truncate table 操作会更快 3. 独立表空间下，可以自定义表的存储位置，通过 CREATE TABLE ... DATA DIRECTORY =absolute_path_to_directory 命令实现（有时将部分热表放在不同的磁盘可有效地提升 I/O 性能） 4. 独立表空间下，可以回收表空间碎片（比如一个非常大的 DELETE 操作之后释放的空间） 5. 可以移动单独的 InnoDB 表，而不是整个数据库 6. 可以 copy 单独的 InnoDB 表从一个实例到另外一个实例（也就是 transportable tablespace 特色） 7. 独立表空间模式下，可以使用 Barracuda 的文件格式，这个文件格式有压缩和动态行模式的特色。这个当表中有 blob 或者 text 字段的话，动态行模式（dynamic row format）可以发挥出更高效的存储 8. 独立表空间模式下，可以更好的改善故障恢复，比如更加节约时间或者增加崩溃后正常恢复的机率 9. 单独备份和恢复某张表的话会更快 10. 可以使得从一个备份中单独分离出表，比如一个 lvm 的快照备份 11. 可以在不访问 MySQL 的情况下方便地得知一个表的大小，即在文件系统的角度上查看 12. 在大部分的 linux 文件系统中，如果 InnoDB_flush_method 为 O_DIRECT，通常是不允许针对同一个文件做并发写操作的。这时如果为独立表空间模式的话，应该会有较大的性能提升 13. 如果没有使用独立表空间模式，那么所有的表都在共享表空间，最大 64TB，如果使用 innodb_file_per_table，那么每个表可以 64TB 14. 运行 OPTIMEIZE TABLE，压缩或者重建创建表空间。运行 OPTIMIZE TABLE InnoDB 会创建一个新的 ibd 文件。当完成时，旧的表空间会被新的代替
缺点	1. 所有的数据和索引存放到一个文件，虽然可以把一个大文件分成多个小文件，但是多个表及索引在表空间中混合存储，当数据量非常大的时候，表做了大量删除操作后表空间中将会有大量的空隙，特别是对于统计分析，对于经常删除操作的这类应用最不适合用共享表空间 2. 共享表空间分配后不能回缩：当临时建索引或创建一个临时表后，表空间在被扩大后，就是删除相关的表也没办法回缩那部分空间了 3. 进行数据库的设备很慢	1. 独立表空间模式下，每个表或许会有很多没用到的磁盘空间。如果没做好管理，可能会造成较大的空间浪费。表空间中的空间只能被当前表使用 2. fsync 操作必须运行在每一个单一的文件上，独立表空间模式下，多个表的写操作就无法合并为一个单一的 I/O，这样就添加许多额外的 fsync 操作 3. mysqld 必须保证每个表都有一个 open file，独立表空间模式下，这样就需要很多打开文件数，可能会影响性能 4. 当 drop 一个表空间时，buffer pool 会被扫描，如果 buffer pool 有几十 GB 那么大，或许要花费几秒钟时间。这个扫描操作还会产生一个内部锁，可能会延迟其他操作，共享表空间模式下不会有这个问题 5. 如果许多表都增长迅速，那么可能会产生更多的分裂操作（应该指的是表空间大小的扩充），这个操作会损害 drop table 和 table scan 的性能 6. InnoDB_autoextend_increment 参数对独立表空间无效，这个参数指的是当系统表空间满了以后，它再次预先申请的磁盘空间大小，单位为 MB 7. 单表增加过大，当单表占用空间过大时，存储空间不足，只能从操作系统层面思考解决方法

6.18 MySQL 有哪几个默认数据库？

在 MySQL 中，数据库也可以称为 Schema。在安装 MySQL 后，默认有 information_schema、mysql、performance_schema 和 sys 这几个数据库。如下所示：

```
mysql> select @@version;
+-----------+
| @@version |
+-----------+
| 5.7.19    |
```

```
+-----------+
mysql> show databases;
+--------------------+
| Database           |
+--------------------+
| information_schema |
| mysql              |
| performance_schema |
| sys                |
+--------------------+
```

1．数据库 information_schema

information_schema 是信息数据库，是 MySQL 5.0 新增的一个数据库，其中保存着关于 MySQL 服务器所维护的所有其他数据库的信息。information_schema 提供了访问数据库元数据的方式。元数据是关于数据的数据，例如数据库名或表名，列的数据类型，访问权限等。information_schema 是一个虚拟数据库，有数个只读表，它们实际上是系统视图（SYSTEM VIEW），而不是基本表，因此，在 OS 上无法看到与之相关的任何文件。所以，也只有该数据库名在使用时，可以不区分大小写，而剩下的 mysql、performance_schema 和 sys 数据库在使用时都需要区分大小写（都应该小写）。

2．数据库 mysql

这个是 MySQL 的核心数据库，主要存储着数据库的用户、权限设置、MySQL 自己需要使用的控制和管理信息。它不可以被删除，如果对 MySQL 不是很了解，那么也不要轻易修改这个数据库里面的表信息。

3．数据库 performance_schema

这是从 MySQL 5.5 版本开始新增的一个数据库，主要用于收集数据库服务器性能数据。该库中所有表的存储引擎均为 PERFORMANCE_SCHEMA，而用户是不能创建存储引擎为 PERFORMANCE_ SCHEMA 的表。这个功能从 MySQL 5.6.6 开始，默认是开启的（在 MySQL 5.6.6 版本以下默认是关闭的），其值为 1 或 ON 表示启用，为 0 或 OFF 表示关闭。需要注意的是，该参数是静态参数，只能写在 my.cnf 中，不能动态修改，如下所示：

```
[mysqld]
performance_schema=ON
```

4．数据库 sys

MySQL 5.7 提供了 sys 系统数据库。sys 数据库结合了 information_schema 和 performance_schema 的相关数据，里面包含了一系列的存储过程、自定义函数以及视图来帮助 DBA 快速了解系统的元数据信息，为 DBA 解决性能瓶颈提供了巨大帮助。sys 数据库目前只包含一个表，表名为 sys_config。

另外需要注意的一点是，在 MySQL 5.7 以前还存在一个默认的 test 库，用于测试，而在 MySQL 5.7 及其之后的版本中去掉了该库。

真题 59：在 MySQL 默认的数据库中哪个库在物理上不存在相关的目录和文件？

答案：information_schema。

6.19 MySQL 区分大小写吗？

在 MySQL 中，一个数据库会对应一个文件夹，数据库里的表会以文件的方式存放在文件夹内，所以，操作系统对大小写的敏感性决定了数据库和表的大小写敏感性。其实，在 MySQL 中，有一个只读的系统变量“lower_case_file_system”，其值反映的正是当前文件系统是否区分大小写。所以，MySQL 在 Windows 下是不区分大小写的，而在 Linux 下数据库名、表名、列名、别名大小写规则是这样的：

1）数据库名与表名是严格区分大小写的，但是，可以在/etc/my.cnf 中添加 lower_case_table_names=1，然后重启 MySQL 服务，这样就不区分表名的大小写了。当 lower_case_table_names 为 0 时表示区分大小写，为 1 时表示不区分大小写。需要注意的是，系统库 information_schema 及其之下的表名是不区分大小写的。

```
mysql> show variables like 'lower_case_%';
+------------------------+-------+
| Variable_name          | Value |
+------------------------+-------+
| lower_case_file_system | OFF   |
| lower_case_table_names | 0     |
+------------------------+-------+
```

2）表的别名是严格区分大小写的。

3）列名与列的别名在所有的情况下均是忽略大小写的。

4）变量名也是严格区分大小写的。

索引、关键字、函数名、存储过程和事件的名字不区分字母的大小写，但是触发器的名字要区分字母的大小写。例如，abs、bin、now、version、floor 等函数和 SELECT、WHERE、ORDER、GROUP BY 等关键字不区分大小写。

另外需要说明的一点是，MySQL 在查询字符串时是大小写不敏感的。如果想在查询时区分字段值的大小写，那么字段值需要设置 BINARY 属性。

6.20 MySQL 中的字符集

1．MySQL 支持的字符集和校对规则

MySQL 服务器可以支持多种字符集，并且可以在服务器、数据库、表和列级别分别设置不同的字符集。相比 Oracle 而言，在同一个数据库只能使用相同的字符集，MySQL 有更大的灵活性。

使用“show character set;”或查询表 information_schema.character_sets 可以查看 MySQL 支持的所有字符集：

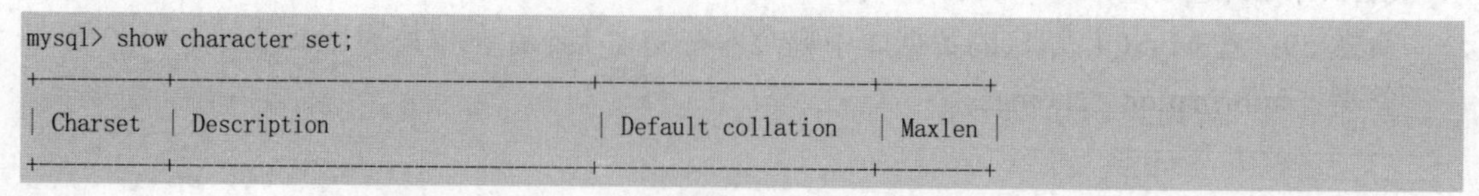

```
mysql> show character set;
+---------+-----------------------------+---------------------+--------+
| Charset | Description                 | Default collation   | Maxlen |
+---------+-----------------------------+---------------------+--------+
```

```
| big5     | Big5 Traditional Chinese        | big5_chinese_ci     |      2 |
| dec8     | DEC West European               | dec8_swedish_ci     |      1 |
| cp850    | DOS West European               | cp850_general_ci    |      1 |
| hp8      | HP West European                | hp8_english_ci      |      1 |
| koi8r    | KOI8-R Relcom Russian           | koi8r_general_ci    |      1 |
| latin1   | cp1252 West European            | latin1_swedish_ci   |      1 |
| latin2   | ISO 8859-2 Central European     | latin2_general_ci   |      1 |
| swe7     | 7bit Swedish                    | swe7_swedish_ci     |      1 |
| ascii    | US ASCII                        | ascii_general_ci    |      1 |
| ujis     | EUC-JP Japanese                 | ujis_japanese_ci    |      3 |
| sjis     | Shift-JIS Japanese              | sjis_japanese_ci    |      2 |
| hebrew   | ISO 8859-8 Hebrew               | hebrew_general_ci   |      1 |
| tis620   | TIS620 Thai                     | tis620_thai_ci      |      1 |
| euckr    | EUC-KR Korean                   | euckr_korean_ci     |      2 |
| koi8u    | KOI8-U Ukrainian                | koi8u_general_ci    |      1 |
| gb2312   | GB2312 Simplified Chinese       | gb2312_chinese_ci   |      2 |
| greek    | ISO 8859-7 Greek                | greek_general_ci    |      1 |
| cp1250   | Windows Central European        | cp1250_general_ci   |      1 |
| gbk      | GBK Simplified Chinese          | gbk_chinese_ci      |      2 |
| latin5   | ISO 8859-9 Turkish              | latin5_turkish_ci   |      1 |
| armscii8 | ARMSCII-8 Armenian              | armscii8_general_ci |      1 |
| utf8     | UTF-8 Unicode                   | utf8_general_ci     |      3 |
| ucs2     | UCS-2 Unicode                   | ucs2_general_ci     |      2 |
| cp866    | DOS Russian                     | cp866_general_ci    |      1 |
| keybcs2  | DOS Kamenicky Czech-Slovak      | keybcs2_general_ci  |      1 |
| macce    | Mac Central European            | macce_general_ci    |      1 |
| macroman | Mac West European               | macroman_general_ci |      1 |
| cp852    | DOS Central European            | cp852_general_ci    |      1 |
| latin7   | ISO 8859-13 Baltic              | latin7_general_ci   |      1 |
| utf8mb4  | UTF-8 Unicode                   | utf8mb4_general_ci  |      4 |
| cp1251   | Windows Cyrillic                | cp1251_general_ci   |      1 |
| utf16    | UTF-16 Unicode                  | utf16_general_ci    |      4 |
| utf16le  | UTF-16LE Unicode                | utf16le_general_ci  |      4 |
| cp1256   | Windows Arabic                  | cp1256_general_ci   |      1 |
| cp1257   | Windows Baltic                  | cp1257_general_ci   |      1 |
| utf32    | UTF-32 Unicode                  | utf32_general_ci    |      4 |
| binary   | Binary pseudo charset           | binary              |      1 |
| geostd8  | GEOSTD8 Georgian                | geostd8_general_ci  |      1 |
| cp932    | SJIS for Windows Japanese       | cp932_japanese_ci   |      2 |
| eucjpms  | UJIS for Windows Japanese       | eucjpms_japanese_ci |      3 |
| gb18030  | China National Standard GB18030 | gb18030_chinese_ci  |      4 |
+----------+---------------------------------+---------------------+--------+
41 rows in set (0.00 sec)
```

MySQL 的字符集包括字符集（Character）和校对规则（Collation）两个概念。其中字符集用来定义 MySQL 存储字符串的方式，是一套符号和编码，而校对规则用来定义比较字符串的方式，是在字符集内用于字符比较和排序的一套规则，例如有的规则区分大小写，有的则无视。字符集和校对规则是一对多的关系，每个字符集都有一个默认校对规则。MySQL 5.7 支持 40 多种字符集的 200 多种校对规则。每种字符集至少对应一个校对规则。

可以用“SHOW COLLATION LIKE 'gbk%';”命令或者通过系统表 information_schema.collations 来查看相关字符集的校对规则。使用“show collation;”可以查看 MySQL 数据库支持的所有校对规则。

校对规则的命名约定为：以其相关的字符集名开始，通常包括一个语言名，并且以 ci（Case Insensitive，大小写不敏感）、cs（Case Sensitive，大小写敏感）或 bin（Binary，二元校对规则，即比较是基于字符编码的值而与 language 无关）结束。

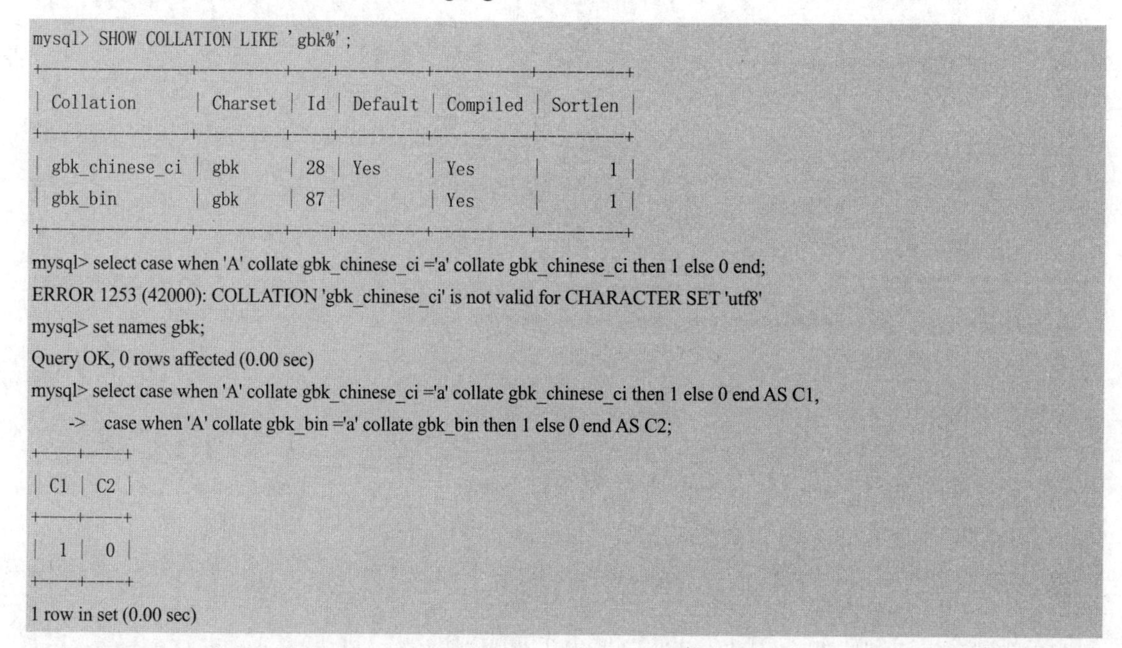

```
mysql> SHOW COLLATION LIKE 'gbk%';
+----------------+---------+----+---------+----------+---------+
| Collation      | Charset | Id | Default | Compiled | Sortlen |
+----------------+---------+----+---------+----------+---------+
| gbk_chinese_ci | gbk     | 28 | Yes     | Yes      |       1 |
| gbk_bin        | gbk     | 87 |         | Yes      |       1 |
+----------------+---------+----+---------+----------+---------+
mysql> select case when 'A' collate gbk_chinese_ci ='a' collate gbk_chinese_ci then 1 else 0 end;
ERROR 1253 (42000): COLLATION 'gbk_chinese_ci' is not valid for CHARACTER SET 'utf8'
mysql> set names gbk;
Query OK, 0 rows affected (0.00 sec)
mysql> select case when 'A' collate gbk_chinese_ci ='a' collate gbk_chinese_ci then 1 else 0 end AS C1,
    ->   case when 'A' collate gbk_bin ='a' collate gbk_bin then 1 else 0 end AS C2;
+----+----+
| C1 | C2 |
+----+----+
|  1 |  0 |
+----+----+
1 row in set (0.00 sec)
```

上面例子是 GBK 的校对规则，其中 gbk_chinese_ci 是默认的校对规则，对大小写不敏感；而 gbk_bin 是按照编码的值进行比较，对大小写是敏感的。

2．MySQL 字符集的设置

MySQL 的字符集和校对规则有 4 个级别的默认设置：服务器级、数据库级、表级和字段级，它们分别在不同的地方设置，作用也不相同，它们涉及的参数如下所示：

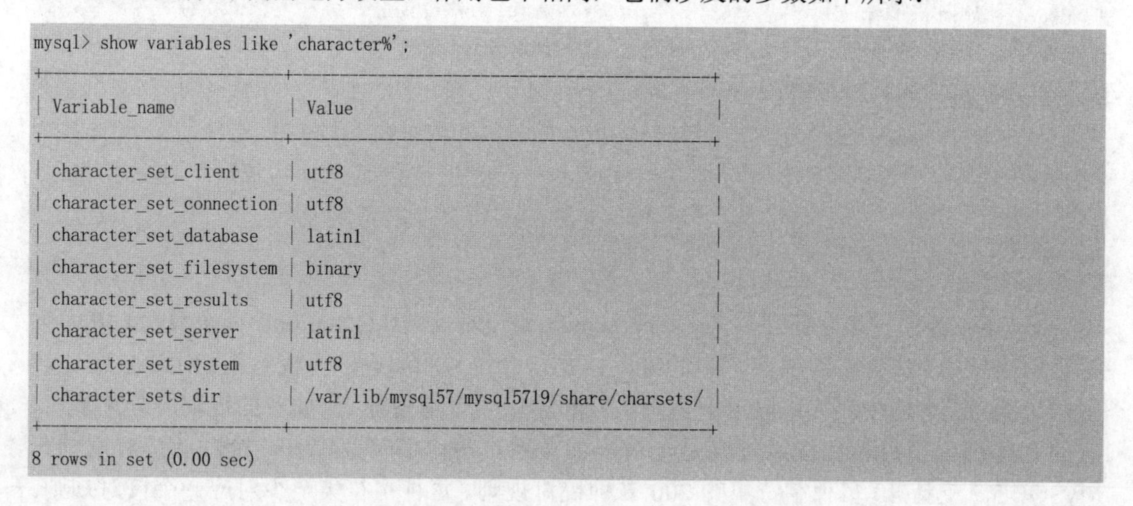

```
mysql> show variables like 'character%';
+--------------------------+-------------------------------------------+
| Variable_name            | Value                                     |
+--------------------------+-------------------------------------------+
| character_set_client     | utf8                                      |
| character_set_connection | utf8                                      |
| character_set_database   | latin1                                    |
| character_set_filesystem | binary                                    |
| character_set_results    | utf8                                      |
| character_set_server     | latin1                                    |
| character_set_system     | utf8                                      |
| character_sets_dir       | /var/lib/mysql57/mysql5719/share/charsets/ |
+--------------------------+-------------------------------------------+
8 rows in set (0.00 sec)
```

关于每种字符集的设置如下表所示：

	服务器	数据库	表	列	连接字符集
简介	MySQL 服务器的字符集，指默认内部操作字符集	在创建数据库或创建后再修改字符集	在创建表时或创建表后通过 alter table 修改字符集，可以通过 show create table 查询表的字符集和校对规则	主要针对相同表的不同字段需要使用不同的字符集	服务器、数据库、表和列都是针对数据保存的字符集和校对规则，还存在客户端和服务器直接交互的字符集和校对规则的设置
参数	1. character_set_server 2. collation_server	1. character_set_database 2. collation_database			1. character_set_client、character_set_connection、character_set_results 2. collation_connection
默认字符集和校对规则	1. latin1 2. latin1_swedish_ci	1. latin1 2. latin1_swedish_ci	默认取数据库的字符集和校对规则	默认取表的字符集和校对规则	1. utf8 2. utf8_general_ci
设置时机	1. 在 my.cnf 里设置 [mysqld] character_set_server=utf8 2. 在启动时指定 mysqld --character-set-server=utf8 3. 在编译时指定 cmake . -DDEFAULT_CHARSET=utf8	1. 建库 create database db_name character set gbk; 2. 修改 alter database db_name character set gbk	1. 建表 create table a(id int) charset=gbk; 2. 修改 alter table a charset=utf8	1. 建表 create table b(c1 text CHARACTER SET gbk,c2 longtext CHARACTER SET utf8); 2. 修改 alter table b change c1 c1 longtext CHARACTER SET utf8;或 alter table b modify c1 longtext CHARACTER SET utf8	1. 总体设置 set names utf8; 2. 分别设置参数character_set_client、character_set_connection、character_set_results 3. 在 my.cnf 里设置： [mysql] default-character-set=utf8

关于字符集和校对规则需要注意以下几点内容：

1）若只指定了字符集，而没有指定校对规则，则数据库会使用该字符集默认的校对规则。

2）修改字符集不会对原有数据造成影响，只有新数据才会按照新字符集进行存放，但是，语句“alter table table_name convert to character set xxx;”可以同时修改表字符集和已有列字符集，并将已有数据进行字符集编码转换。

3）如果指定了字符集和校对规则，那么使用指定的字符集和校对规则。

4）如果指定了字符集没有指定校对规则，那么使用指定字符集的默认校对规则。

5）如果指定了校对规则但未指定字符集，那么字符集使用与该校对规则关联的字符集。

6）如果没有指定字符集和校对规则，那么使用“列>表>数据库>服务器”字符集和校对规则作为字符集和校对规则。

7）推荐在创建表和数据库的时候显式指定字符集和校对规则。

8）字符串常量的字符集由参数 character_set_connection 控制，也可以通过“_charset_name '字符串' [COLLATE collation_name]”命令强制字符串的字符集和校对规则，如下所示：

```
mysql> select _utf8 '小麦苗', _gbk '小麦苗';
+-----------+---------------+
| 小麦苗    | 灏忛害鑻      |
+-----------+---------------+
| 小麦苗    | 灏忛害鑻      |
+-----------+---------------+
1 row in set, 1 warning (0.00 sec)
```

6.21 如何解决 MySQL 中文乱码问题？

如下的方法可以用来避免中文乱码的问题：

1）在数据库安装的时候指定字符集，在安装完以后，可以更改 MySQL 的配置文件，设置 default-character-set=gbk。

2）建立数据库时指定字符集类型，示例如下：

```
CREATE DATABASE dblhrmysql
CHARACTER SET 'gbk'
COLLATE 'gbk_chinese_ci';
```

3）建表时指定字符集，示例如下：

```
CREATE TABLE student (
    ID varchar(40) NOT NULL,
    UserID varchar(40) NOT NULL
) ENGINE=InnoDB DEFAULT CHARSET=gbk;
```

6.22 MySQL 原生支持的备份方式及种类有哪些？

MySQL 原生支持的备份方式有如下几种方式：

1）直接复制数据文件，必须是 MyISAM 表，且使用 flush tables with read lock 语句，优点是简单方便，缺点是必须要锁表，且只能在同版本的 MySQL 上恢复使用。

2）mysqldump，由于导出的是 SQL 语句，所以，可以跨版本恢复，但是需要导入数据和重建索引，恢复用时会较长，如果是 MyISAM 表，那么同样需要锁表，如果是 InnoDB 表，那么可以使用--single-transaction 参数避免参数锁表。

MySQL 支持的备份类型如下图所示：

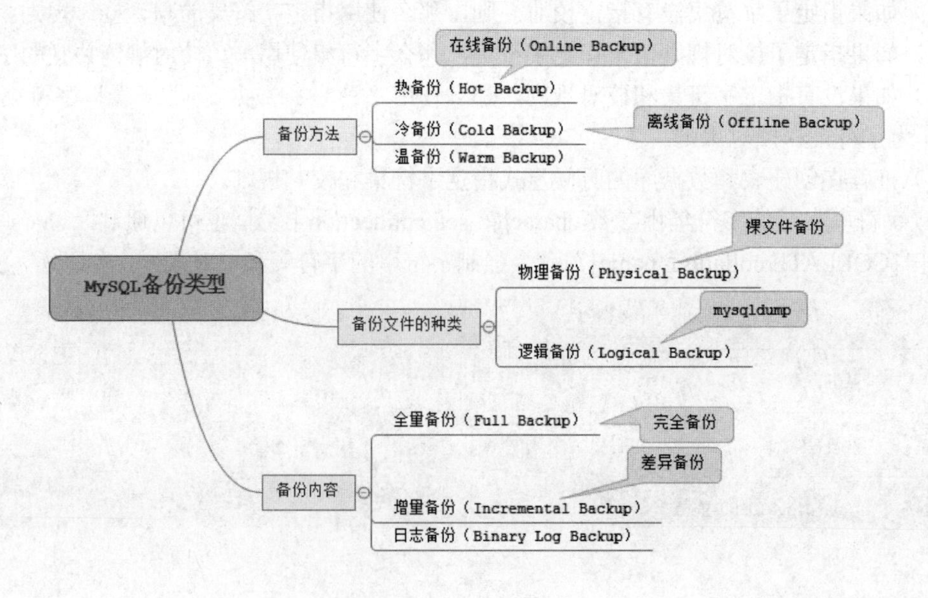

根据备份方法，备份可以分为如下 3 种：

1）热备份（Hot Backup）：热备份也称为在线备份（Online Backup），是指在数据库运行的过程中进行备份，对生产环境中的数据库运行没有任何影响。常见的热备方案是利用 mysqldump、XtraBackup 等工具进行备份。

2）冷备份（Cold Backup）：冷备份也称为离线备份（Offline Backup），是指在数据库关闭的情况下进行备份，这种备份非常简单，只需要关闭数据库，复制相关的物理文件即可。目前，线上数据库一般很少能够接受关闭数据库，所以该备份方式很少使用。

3）温备份（Warm Backup）：温备份也是在数据库运行的过程中进行备份，但是备份会对数据库操作有所影响。该备份利用锁表的原理备份数据库，由于影响了数据库的操作，故该备份方式也很少使用。

根据备份文件的种类，备份可以分为如下 2 种：

1）物理备份（Physical Backup）：物理备份也称为裸文件备份（Raw Backup），是指复制数据库的物理文件。物理备份即可以在数据库运行的情况下进行备份（常见备份工具：MySQL Enterprise Backup（商业）、XtraBackup 等），也可以在数据库关闭的情况下进行备份。该备份方式不仅备份速度快，而且恢复速度也快，但是由于无法查看备份后的内容，所以只能等到恢复之后，才能检验备份出来的数据是否是正确的。

2）逻辑备份（Logical Backup）：逻辑备份是指备份文件的内容是可读的，该文本一般都是由一条条 SQL 语句或者表的实际数据组成。常见的逻辑备份方式有 mysqldump、SELECT ... INTO OUTFILE 等方法。这类备份方法的好处是可以观察备份后的文件内容，缺点是恢复时间往往都会很长。逻辑备份的最大优点是对于各种存储引擎都可以用同样的方法来备份；而物理备份则不同，不同的存储引擎有着不同的备份方法。因此，对于不同存储引擎混合的数据库，用逻辑备份会更简单一些。

根据备份内容，备份可以划分为如下 3 种：

1）全量备份（Full Backup）：全量备份（完全备份）是指对数据库进行一次完整的备份，备份所有的数据，包含用户表、系统表、索引、视图和存储过程等所有数据库对象。这是一般常见的备份方式，可以使用该备份快速恢复数据库，或者搭建从库。恢复速度也是最快的，但是每次备份会消耗较多的磁盘空间，并且备份时间较长。所以，一般推荐一周做一次全量备份。

2）增量备份（Incremental Backup）：增量备份也叫差异备份，是指基于上次完整备份或增量备份，对数据库新增的修改进行备份。这种备份方式有利于减少备份时使用的磁盘空间，加快备份速度。但是恢复的时候速度较慢，并且操作相对复杂。推荐每天做一次增量备份。

3）日志备份（Binary Log Backup）：日志备份是指对数据库二进制日志的备份。二进制日志是一个单独的文件，它记录数据库的改变，备份的时候只需要复制自上次备份以来对数据库所做的改变，所以只需要很少的时间。该备份方式一般与上面的全量备份或增量备份结合使用，可以使数据库恢复到任意位置。所以，推荐每小时甚至更频繁地备份二进制日志。

在生产环境上，一般都会选择以物理备份为主，逻辑备份为辅，加上日志备份，来满足线上使用数据库的需求。

真题 60：如何从 mysqldump 工具中备份的全库备份文件中恢复某个库和某张表？

答案：恢复某个库可以使用--one-database（简写-o）参数，如下所示：

全库备份：

```
[root@rhel6lhr ~]# mysqldump -uroot -p --single-transaction -A --master-data=2 >dump.sql
```

只还原 erp 库的内容：

```
[root@rhel6lhr ~]# mysql -uroot -pMANAGER erp --one-database <dump.sql
```

那么如何从全库备份中抽取某张表呢，可以用全库恢复，再恢复某张表即可。但是，对于小库还可以，大库就很麻烦了，所以，此时可以利用正则表达式来进行快速抽取，具体实现方法如下：

从全库备份中抽取出 t 表的表结构：

```
[root@HE1 ~]# sed -e'/./{H;$!d;}' -e 'x;/CREATE TABLE `t`/!d;q' dump.sql
DROP TABLE IF EXISTS`t`;
/*!40101 SET@saved_cs_client         =@@character_set_client */;
/*!40101 SETcharacter_set_client = utf8 */;
CREATE TABLE `t` (
  `id` int(10) NOT NULL AUTO_INCREMENT,
  `age` tinyint(4) NOT NULL DEFAULT '0',
  `name` varchar(30) NOT NULL DEFAULT '',
  PRIMARY KEY (`id`)
) ENGINE=InnoDBAUTO_INCREMENT=4 DEFAULT CHARSET=utf8;
/*!40101 SETcharacter_set_client = @saved_cs_client */;
```

再从全库备份中抽取出 t 表的内容：

```
[root@HE1 ~]# grep'INSERT INTO `t`' dump.sql
INSERT INTO `t`VALUES (0,0,''),(1,0,'aa'),(2,0,'bbb'),(3,25,'helei');
```

真题 61：MySQL 数据表在什么情况下容易损坏？

答案：服务器突然断电导致数据文件损坏；强制关机，没有先关闭 mysqld 服务等。

真题 62：数据表损坏后的主要现象是什么？

答案：从表中选择数据之时，得到如下错误：

```
Incorrect key file for table: '...'. Try to repair it
```

查询不能在表中找到行或返回不完全的数据。

```
Error: Table 'p' is marked as crashed and should be repaired
```

打开表失败：

```
Can't open file: '×××.MYI' (errno: 145)
```

真题 63：数据表损坏的修复方式有哪些？

答案：可以使用 myisamchk 来修复，具体步骤：

1）修复前将 mysqld 服务停止。

2）打开命令行方式，然后进入到 mysql 的/bin 目录。

3）执行 myisamchk –recover 数据库所在路径/*.MYI。

使用 repair table 或者 OPTIMIZE table 命令来修复，REPAIR TABLE table_name 修复表

OPTIMIZE TABLE table_name 优化表 REPAIR TABLE 用于修复被破坏的表。

OPTIMIZE TABLE 用于回收闲置的数据库空间，当表上的数据行被删除时，所占据的磁盘空间并没有立即被回收，使用了 OPTIMIZE TABLE 命令后这些空间将被回收，并且对磁盘上的数据行进行重排（注意：是磁盘上，而非数据库）。

6.23 真题

真题 64：如果 MySQL 密码丢了，那么如何找回密码？

答案：步骤如下：

1）关闭 MySQL，/data/3306/mysql stop 或 pkill mysqld。

2）mysqld_safe --defaults-file=/data/3306/my.cnf --skip-grant-table &。

3）mysql -uroot -p -S /data/3306/mysql.sock，按〈ENTER〉键进入。

4）修改密码，UPDATE mysql.user SET password=PASSWORD("oldlhr123") WHERE user='root' and host='localhost';。

真题 65：mysqldump 备份 mysqllhr 库及 MySQL 库的命令是什么？

答案：mysqldump -uroot -plhr123 -S /data/3306/mysql.sock -B --events -x MySQL mysqllhr > /opt/$(date +%F).sql。

真题 66：如何不进入 MySQL 客户端，执行一条 SQL 命令，账号 User，密码 Passwd，库名 DBName，SQL 为 SELECT sysdate();。

答案：采用-e 选项，命令为：mysql -uUser -pPasswd -D DBName -e "SELECT sysdate();"。

真题 67：一个给定数据库中，有办法查询所有的存储过程和存储函数吗？

答案：有。比如给定的数据库名为 lhrdb，可以对 information_schema.routines 表上进行查询。对于存储例程内包体的查询，可通过 SHOW CREATE FUNCTION（对于存储函数）和 SHOW CREATE PROCEDURE（对于存储例程）语句来查询。如下所示：

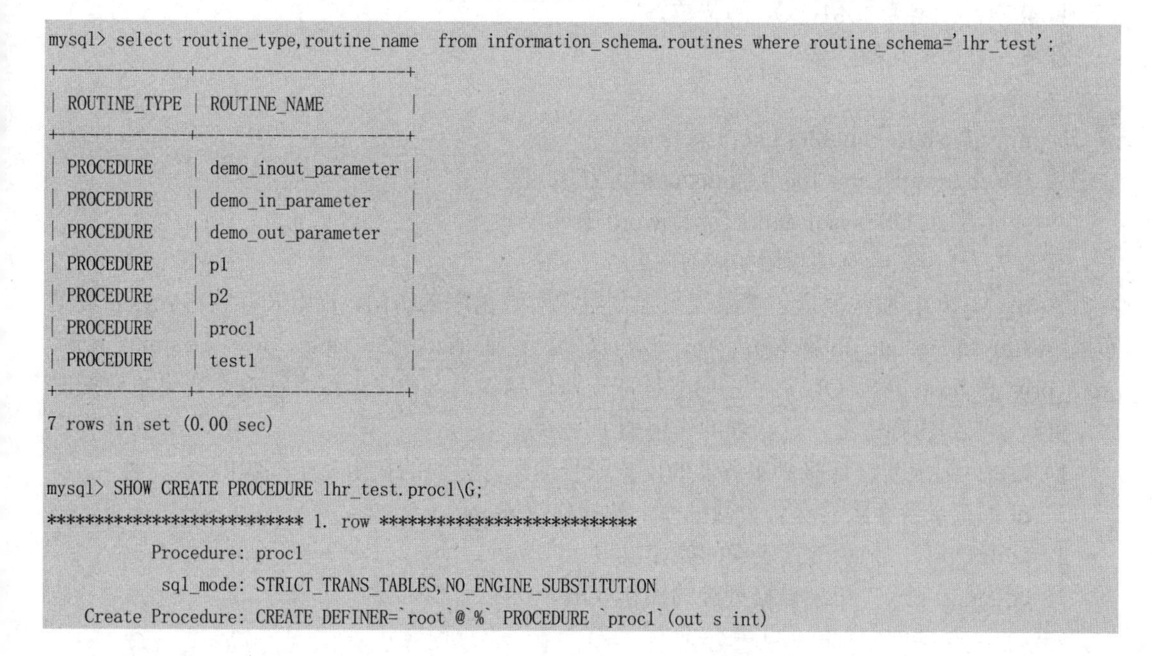

```
mysql> select routine_type,routine_name  from information_schema.routines where routine_schema='lhr_test';
+--------------+-----------------------+
| ROUTINE_TYPE | ROUTINE_NAME          |
+--------------+-----------------------+
| PROCEDURE    | demo_inout_parameter |
| PROCEDURE    | demo_in_parameter     |
| PROCEDURE    | demo_out_parameter    |
| PROCEDURE    | p1                    |
| PROCEDURE    | p2                    |
| PROCEDURE    | proc1                 |
| PROCEDURE    | test1                 |
+--------------+-----------------------+
7 rows in set (0.00 sec)

mysql> SHOW CREATE PROCEDURE lhr_test.proc1\G;
*************************** 1. row ***************************
           Procedure: proc1
            sql_mode: STRICT_TRANS_TABLES,NO_ENGINE_SUBSTITUTION
    Create Procedure: CREATE DEFINER=`root`@`%` PROCEDURE `proc1`(out s int)
```

```
begin
select count(*) into s from mysql.user;
end
character_set_client: utf8
collation_connection: utf8_general_ci
  Database Collation: latin1_swedish_ci
1 row in set (0.00 sec)
```

真题 68：MySQL 5.7 支持语句级或行级的触发器吗？

答案：在 MySQL 5.7 中，触发器是针对行级的。即触发器在对插入、更新、删除的行级操作时被触发。但是，MySQL 5.7 不支持 FOR EACH STATEMENT。

真题 69：MySQL 的注释符号有哪些？

答案：MySQL 注释符有三种：

1）#...

2）"-- ..."（注意--后面有一个空格）

3）/*...*/

真题 70：如何查看 MySQL 数据库的大小？

答案：查询所有数据的大小：

```
select concat(round(sum(data_length/1024/1024/1024),2),'GB') as data from information_schema.tables;
```

查看指定数据库的大小，例如查看数据库 lhrdb 的大小：

```
select concat(round(sum(data_length/1024/1024/1024),2),'GB') as data from information_schema.tables where table_schema='lhrdb';
```

查看指定数据库的某个表的大小，例如查看数据库 lhrdb 中 t_lhr 表的大小：

```
select concat(round(sum(data_length/1024/1024),2),'MB') as data from information_schema.tables where table_schema='lhrdb' and table_name='t_lhr';
```

真题 71：如何查看 MySQL 的位数？

答案：有如下几种办法：

1）mysql -V。

2）mysql> show variables like '%version_%';。

3）which mysql |xargs file （linux/unix 系统）。

4）echo STATUS|mysql -uroot -ppassword |grep Ver。

真题 72：MySQL 有关权限的表有哪几个？

答案：MySQL 服务器通过权限表来控制用户对数据库的访问，权限表存放在 mysql 数据库里，由 mysql_install_db 脚本初始化。这些权限表包括 user、db、tables_priv、columns_priv、procs_priv 和 host。MySQL 启动的时候读取这些信息到内存中去，或者在权限变更生效的时候，重新读取到内存中去。这些表的作用如下所示：

1）user：记录允许连接到服务器的用户账号信息，里面的权限是全局级的。

2）db：记录各个账号在各个数据库上的操作权限。

3）tables_priv：记录数据表级的操作权限。

4）columns_priv：记录数据列级的操作权限。

5）host：配合 db 权限表对给定主机上数据库级操作权限作更细致的控制。这个权限表不受 GRANT 和 REVOKE 语句的影响。

6）procs_priv：规定谁可以执行哪个存储过程。

真题 73：如果 MySQL 数据库的服务器 CPU 非常高，那么该如何处理？

答案：当服务器 CPU 很高时，可以先用操作系统命令 top 命令观察是不是 mysqld 占用导致的，如果不是，那么找出占用高的进程，并进行相关处理。如果是 mysqld 造成的，那么可以使用 show processlist 命令查看里面数据库的会话情况，是不是有非常消耗资源的 SQL 在运行。找出消耗高的 SQL，看看执行计划是否准确，INDEX 是否缺失，或者确实是数据量太大造成。一般来说，肯定要 kill 掉这些线程（同时观察 CPU 使用率是否下降），等进行相应的调整（例如，加索引、改写 SQL、改内存参数）之后，再重新运行这些 SQL。也有可能是每个 SQL 消耗资源并不多，但是突然之间，有大量的会话连接数据库导致 CPU 飙升，这种情况就需要跟应用一起来分析为何连接数会激增，再做出相应的调整，例如，限制连接数等。

真题 74：如何查询某个表属于哪个库？

答案：可以通过 information_schema 库来查询，例如，若想查询表 T_MAX_LHR 是属于哪个库的，则可以执行：

```
mysql> select table_name,table_schema from information_schema.tables where table_name='T_MAX_LHR';
+------------+--------------+
| TABLE_NAME | TABLE_SCHEMA |
+------------+--------------+
| T_MAX_LHR  | db1          |
+------------+--------------+
1 row in set (0.37 sec)
```

以上结果说明，T_MAX_LHR 表属于 db1 库。

真题 75：一张表里面有 ID 自增主键，当 INSERT 了 17 条记录之后，删除了第 15、16、17 条记录，再把 MySQL 重启，再 INSERT 一条记录，这条记录的 ID 是 18 还是 15？

答案：根据表的类型不同而不同：

1）如果表的类型是 MyISAM，那么是 18。因为 MyISAM 表会把自增主键的最大 ID 记录到数据文件里，重启 MySQL 自增主键的最大 ID 也不会丢失。

2）如果表的类型是 InnoDB，那么是 15。InnoDB 表只是把自增主键的最大 ID 记录到内存中，所以重启数据库或者是对表进行 OPTIMIZE 操作，都会导致最大 ID 丢失。

实验过程如下所示：

```
mysql> drop table lhrai_innodb;
Query OK, 0 rows affected (0.10 sec)

mysql> create table lhrai_innodb(id smallint not null auto_increment primary key,id2 smallint) ENGINE=InnoDB ;
Query OK, 0 rows affected (0.01 sec)

mysql> insert into lhrai_innodb(id2) values(1),(2),(3),(4),(5),(6),(7),(8),(9),(10),(11),(12),(13),(14),(15),(16),(17);
Query OK, 17 rows affected (0.01 sec)
Records: 17  Duplicates: 0  Warnings: 0
```

```
mysql>
mysql>
mysql>
mysql>  select * from lhrai_innodb;
+----+------+
| id | id2  |
+----+------+
|  1 |    1 |
|  2 |    2 |
.............
| 16 |   16 |
| 17 |   17 |
+----+------+
17 rows in set (0.00 sec)

mysql> delete from lhrai_innodb where id>=15;
Query OK, 3 rows affected (0.00 sec)

mysql>
mysql>  select * from lhrai_innodb;
+----+------+
| id | id2  |
+----+------+
|  1 |    1 |
|  2 |    2 |
.............
| 13 |   13 |
| 14 |   14 |
+----+------+
14 rows in set (0.00 sec)

mysql>
mysql> drop table lhrai_myisam;
Query OK, 0 rows affected (0.00 sec)

mysql> create table lhrai_myisam(id smallint not null auto_increment primary key,id2 smallint) ENGINE=MyISAM ;
Query OK, 0 rows affected (0.01 sec)

mysql>
mysql> insert into lhrai_myisam(id2) values(1),(2),(3),(4),(5),(6),(7),(8),(9),(10),(11),(12),(13),(14),(15),(16),(17);
Query OK, 17 rows affected (0.00 sec)
Records: 17  Duplicates: 0  Warnings: 0

mysql>
mysql> select * from lhrai_myisam;
+----+------+
| id | id2  |
+----+------+
|  1 |    1 |
|  2 |    2 |
```

```
.............
| 16 |   16 |
| 17 |   17 |
+----+------+
17 rows in set (0.00 sec)

mysql> delete from lhrai_myisam where id>=15;
Query OK, 3 rows affected (0.00 sec)

mysql>
mysql> commit;
Query OK, 0 rows affected (0.00 sec)

mysql> exit
Bye
[root@LHRDB ~]# mysqld_multi stop
[root@LHRDB ~]#
[root@LHRDB ~]# mysqld_multi start
[root@LHRDB ~]# mysql -S/var/lib/mysql57/mysql5719/mysql.sock
Welcome to the MySQL monitor.  Commands end with ; or \g.
Your MySQL connection id is 3
Server version: 5.7.19 MySQL Community Server (GPL)

Copyright (c) 2000, 2017, Oracle and/or its affiliates. All rights reserved.

Oracle is a registered trademark of Oracle Corporation and/or its
affiliates. Other names may be trademarks of their respective
owners.

Type 'help;' or '\h' for help. Type '\c' to clear the current input statement.

mysql>
mysql> use lhrdb;
Reading table information for completion of table and column names
You can turn off this feature to get a quicker startup with -A

Database changed
mysql>
mysql> insert into lhrai_innodb(id2) values(18);

Query OK, 1 row affected (0.10 sec)

mysql>
mysql> insert into lhrai_myisam(id2) values(18);
Query OK, 1 row affected (0.00 sec)

mysql>
mysql> select * from lhrai_innodb;
+----+------+
| id | id2  |
```

```
+----+------+
|  1 |    1 |
|  2 |    2 |
.............
| 15 |   18 |
+----+------+
15 rows in set (0.00 sec)

mysql> select * from lhrai_myisam;
+----+------+
| id | id2  |
+----+------+
|  1 |    1 |
|  2 |    2 |
.............
| 18 |   18 |
+----+------+
15 rows in set (0.00 sec)
```

真题 76：MySQL 中的 mysql_fetch_row()和 mysql_fetch_array()函数的区别是什么？

答案：这两个函数返回的都是一个数组，区别就是第一个函数返回的数组是只包含值，只能 row[0]、row[1]这样以数组下标来读取数据，而 mysql_fetch_array()返回的数组既包含第一种，也包含键值对的形式，可以这样读取数据，假如，数据库的字段是 username、passwd，则可以 row['username']，row['passwd']。

真题 77：什么是 MySQL 的 GTID？

答案：GTID（Global Transaction ID，全局事务 ID）是全局事务标识符，是一个已提交事务的编号，并且是一个全局唯一的编号。GTID 是从 MySQL 5.6 版本开始在主从复制方面推出的重量级特性。GTID 实际上是由 UUID+TID 组成的。其中 UUID 是一个 MySQL 实例的唯一标识。TID 代表了该实例上已经提交的事务数量，并且随着事务提交单调递增。下面是一个 GTID 的具体形式：

```
3E11FA47-71CA-11E1-9E33-C80AA9429562:23
```

GTID 有如下几点作用：

1）根据 GTID 可以知道事务最初是在哪个实例上提交的。

2）GTID 的存在方便了 Replication 的 Failover。因为不用像传统模式复制那样去找 master_log_file 和 master_log_pos。

3）基于 GTID 搭建主从复制更加简单，确保每个事务只会被执行一次。

真题 78：在 MySQL 中如何有效的删除一个大表？

答案：在 Oracle 中对于大表的删除可以通过先 TRUNCATE + REUSE STORAGE 参数，再使用 DEALLOCATE 逐步缩小，最后 DROP 掉表。在 MySQL 中，对于大表的删除，可以通过建立硬链接（Hard Link）的方式来删除。建立硬链接的方式如下所示：

```
ln big_table.ibd big_table.ibd.hdlk
```

建立硬链接之后就可以使用 DROP TABLE 删除表了，最后在 OS 级别删除硬链接的文件即可。

为什么通过这种方式可以快速删除呢？当多个文件名同时指向同一个 INODE 时，此时这个 INODE 的引用数 N>1，删除其中任何一个文件都会很快。因为其直接的物理文件块没有被删除，只是删除了一个指针而已。当 INODE 的引用数 N=1 时，删除文件时需要把与这个文件相关的所有数据块清除，所以会比较耗时。

真题 79：MySQL 中可用的驱动程序有哪些？

答案：包括 PHP 驱动程序、JDBC 驱动程序、ODBC 驱动程序、Python 驱动程序等。

真题 80：忘记 MySQL 的 root 密码后如何登录数据库？

答案：在 MySQL 中，密码丢失无法找回，只能通过特殊方式来修改密码。这种特殊方式就是，在启动 MySQL 数据库时使用“--skip-grant-tables”选项，表示启动 MySQL 服务时跳过权限表认证。这样启动后连接到 MySQL 的 root 将不需要密码。

若密码输入错误，则会返回以下信息：

```
[root@LHRDB ~]#   mysql -uroot -p
Enter password:
ERROR 1045 (28000): Access denied for user 'root'@'localhost' (using password: YES)
```

具体修改密码的步骤如下所示：

1）登录 MySQL 数据库所在的服务器，手工 kill 掉 MySQL 进程。可以使用“ps -ef|grep mysql”来查找 MySQL 服务的进程号。

2）使用--skip-grant-tables 选项重启 MySQL 服务：

```
/var/lib/mysql57/mysql5719/bin/mysqld_safe --skip-grant-tables &
```

3）使用空密码的 root 用户连接到 MySQL，并且修改 root 密码：

```
[root@LHRDB ~]# mysql -uroot
Welcome to the MySQL monitor.   Commands end with ; or \g.
Your MySQL connection id is 4
Server version: 5.7.19 MySQL Community Server (GPL)

Copyright (c) 2000, 2017, Oracle and/or its affiliates. All rights reserved.

Oracle is a registered trademark of Oracle Corporation and/or its
affiliates. Other names may be trademarks of their respective
owners.

Type 'help;' or '\h' for help. Type '\c' to clear the current input statement.
mysql> set password=password('lhr');
ERROR 1290 (HY000): The MySQL server is running with the --skip-grant-tables option so it cannot execute this statement


mysql> update mysql.user set authentication_string=password('lhr') where user='root';
Query OK, 0 rows affected, 1 warning (0.00 sec)
Rows matched: 2   Changed: 0   Warnings: 1
```

由于使用了--skip-grant-tables 选项启动，所以不能使用“set password”来更新密码，只能更新 mysql.user 表的密码字段。需要注意的是，在 MySQL 5.6 中修改密码时，需要更新

mysql.user 表的 Password 列，尽管有 authentication_string 列，但是密码保存在 Password 列；而在 MySQL 5.7 中需要修改 mysql.user 表的 authentication_string 列，去掉了 Password 列。所以，在 MySQL 5.7 以下版本修改密码应该使用如下 SQL：

```
update mysql.user set password=password('lhr') where user='root';
```

4）刷新权限表，使得权限认证重新生效。刷新权限表的语句必须执行。

```
mysql> flush privileges;
Query OK, 0 rows affected (0.01 sec)
```

最后可以退出，然后重新使用新密码来登录 MySQL。使用新密码成功登录后，再将 MySQL 服务器去掉“--skip-grant-tables”选项重启。

真题 81：在登录 MySQL 时遇到“ERROR 1040 (00000): Too many connections”错误，如何解决？

答案：该错误表示连接数过多，不能正常登录数据库。主要原因是 max_connections 参数设置过小，该参数表示允许客户端并发连接的最大数量，默认值是 151，最小值为 1，最大值为 100000。需要注意的是，其实 MySQL 允许的最大连接数为：max_connections+1，因为超出的一个用户是作为超级管理员来使用的。所以，若 max_connections 的值设置为 1，则第 3 个客户端登录才会报“Too many connections”的错误。

示例如下所示：

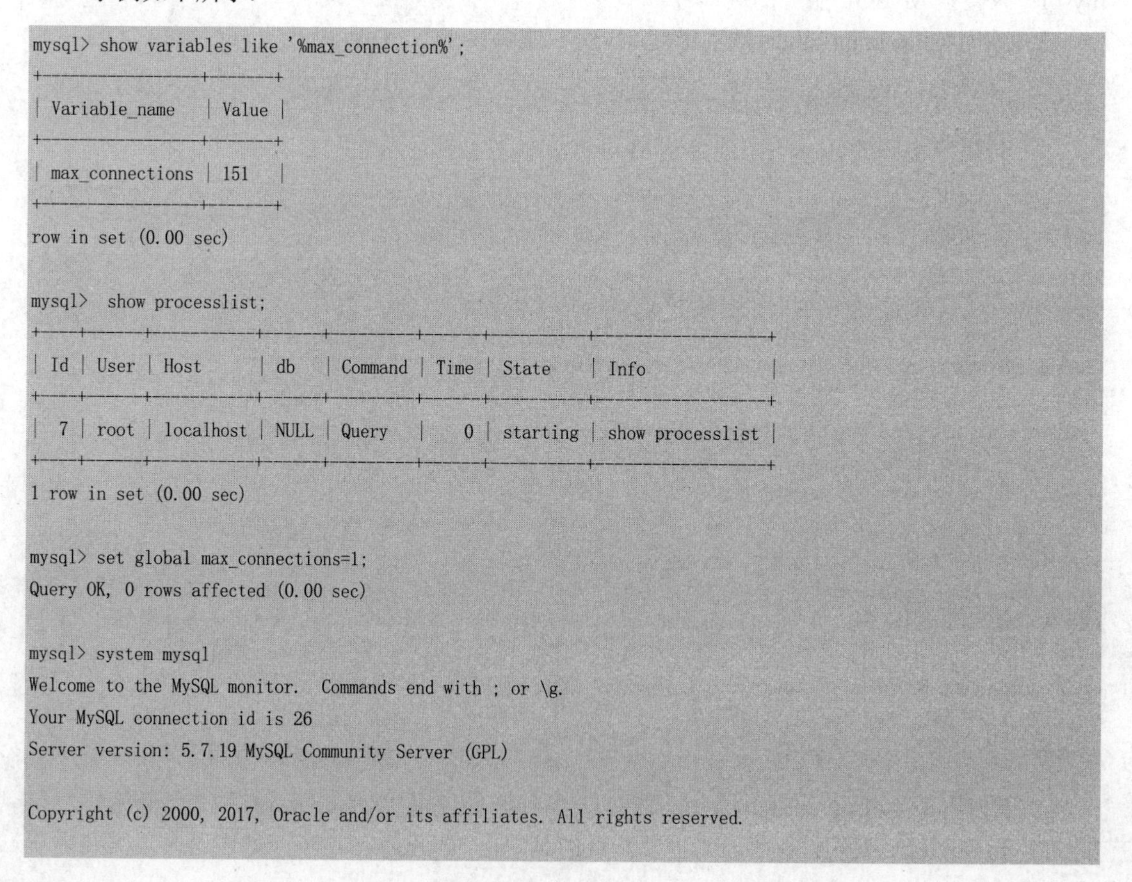

```
mysql> show variables like '%max_connection%';
+-----------------+-------+
| Variable_name   | Value |
+-----------------+-------+
| max_connections | 151   |
+-----------------+-------+
row in set (0.00 sec)

mysql>  show processlist;
+----+------+-----------+------+---------+------+----------+------------------+
| Id | User | Host      | db   | Command | Time | State    | Info             |
+----+------+-----------+------+---------+------+----------+------------------+
|  7 | root | localhost | NULL | Query   |    0 | starting | show processlist |
+----+------+-----------+------+---------+------+----------+------------------+
1 row in set (0.00 sec)

mysql> set global max_connections=1;
Query OK, 0 rows affected (0.00 sec)

mysql> system mysql
Welcome to the MySQL monitor.  Commands end with ; or \g.
Your MySQL connection id is 26
Server version: 5.7.19 MySQL Community Server (GPL)

Copyright (c) 2000, 2017, Oracle and/or its affiliates. All rights reserved.
```

```
Oracle is a registered trademark of Oracle Corporation and/or its
affiliates. Other names may be trademarks of their respective
owners.

Type 'help;' or '\h' for help. Type '\c' to clear the current input statement.

mysql>  show processlist;
+----+------+-----------+------+---------+------+----------+------------------+
| Id | User | Host      | db   | Command | Time | State    | Info             |
+----+------+-----------+------+---------+------+----------+------------------+
|  7 | root | localhost | NULL | Sleep   |   34 |          | NULL             |
| 26 | root | localhost | NULL | Query   |    0 | starting | show processlist |
+----+------+-----------+------+---------+------+----------+------------------+
rows in set (0.00 sec)

mysql> system mysql
ERROR 1040 (HY000): Too many connections

mysql> system mysql -h 192.168.59.159 -uroot -plhr
mysql: [Warning] Using a password on the command line interface can be insecure.
ERROR 1040 (HY000): Too many connections

mysql> set global max_connections=151;
Query OK, 0 rows affected (0.00 sec)

mysql>  system mysql
Welcome to the MySQL monitor.  Commands end with ; or \g.
Your MySQL connection id is 27
Server version: 5.7.19 MySQL Community Server (GPL)

Copyright (c) 2000, 2017, Oracle and/or its affiliates. All rights reserved.

Oracle is a registered trademark of Oracle Corporation and/or its
affiliates. Other names may be trademarks of their respective
owners.

Type 'help;' or '\h' for help. Type '\c' to clear the current input statement.

mysql> system mysql -h 192.168.59.159 -uroot -plhr
mysql: [Warning] Using a password on the command line interface can be insecure.
Welcome to the MySQL monitor.  Commands end with ; or \g.
Your MySQL connection id is 29
Server version: 5.7.19 MySQL Community Server (GPL)

Copyright (c) 2000, 2017, Oracle and/or its affiliates. All rights reserved.

Oracle is a registered trademark of Oracle Corporation and/or its
affiliates. Other names may be trademarks of their respective
owners.
```

```
Type 'help;' or '\h' for help. Type '\c' to clear the current input statement.

mysql>  show processlist;
+----+------+-------------+------+---------+------+----------+------------------+
| Id | User | Host        | db   | Command | Time | State    | Info             |
+----+------+-------------+------+---------+------+----------+------------------+
|  7 | root | localhost   | NULL | Sleep   |  334 |          | NULL             |
| 26 | root | localhost   | NULL | Sleep   |  274 |          | NULL             |
| 27 | root | localhost   | NULL | Sleep   |  267 |          | NULL             |
| 28 | root | LHRDB:47236 | NULL | Query   |    0 | starting | show processlist |
+----+------+-------------+------+---------+------+----------+------------------+
rows in set (0.00 sec)
```

真题 82：如何解决“ERROR 1203 (42000): User root already has more than 'max_user_connections' active connections”？

答案：与错误“ERROR 1040 (00000): Too many connections”类似的还有“ERROR 1203 (42000): User root already has more than 'max_user_connections' active connections”。该错误表示，某个用户的连接数超过了 max_user_connections 的值。参数 max_user_connections 表示每个用户的最大连接数，默认为 0，表示没有限制。需要注意的是，此处的用户是以“用户名+主机名”为单位进行区分，如下所示：

```
mysql> show variables like 'max_user_connections';
+----------------------+-------+
| Variable_name        | Value |
+----------------------+-------+
| max_user_connections | 0     |
+----------------------+-------+
1 row in set (0.00 sec)

mysql> set global max_user_connections=1;
Query OK, 0 rows affected (0.00 sec)

mysql> show processlist;
+----+------+-----------+------+---------+------+----------+------------------+
| Id | User | Host      | db   | Command | Time | State    | Info             |
+----+------+-----------+------+---------+------+----------+------------------+
|  7 | root | localhost | NULL | Query   |    0 | starting | show processlist |
+----+------+-----------+------+---------+------+----------+------------------+
1 row in set (0.00 sec)

mysql> system mysql
Welcome to the MySQL monitor.  Commands end with ; or \g.
Your MySQL connection id is 21
Server version: 5.7.19 MySQL Community Server (GPL)

Copyright (c) 2000, 2017, Oracle and/or its affiliates. All rights reserved.

Oracle is a registered trademark of Oracle Corporation and/or its
affiliates. Other names may be trademarks of their respective
```

```
owners.

Type 'help;' or '\h' for help. Type '\c' to clear the current input statement.

mysql> show processlist;
+----+------+-----------+------+---------+------+----------+------------------+
| Id | User | Host      | db   | Command | Time | State    | Info             |
+----+------+-----------+------+---------+------+----------+------------------+
|  7 | root | localhost | NULL | Sleep   |   16 |          | NULL             |
| 21 | root | localhost | NULL | Query   |    0 | starting | show processlist |
+----+------+-----------+------+---------+------+----------+------------------+
2 rows in set (0.00 sec)

mysql>  system mysql
ERROR 1203 (42000): User root already has more than 'max_user_connections' active connections
mysql>
mysql> system mysql -h 192.168.59.159 -uroot -plhr
mysql: [Warning] Using a password on the command line interface can be insecure.
Welcome to the MySQL monitor.  Commands end with ; or \g.
Your MySQL connection id is 23
Server version: 5.7.19 MySQL Community Server (GPL)

Copyright (c) 2000, 2017, Oracle and/or its affiliates. All rights reserved.

Oracle is a registered trademark of Oracle Corporation and/or its
affiliates. Other names may be trademarks of their respective
owners.

Type 'help;' or '\h' for help. Type '\c' to clear the current input statement.

mysql>  show processlist;
+----+------+-------------+------+---------+------+----------+------------------+
| Id | User | Host        | db   | Command | Time | State    | Info             |
+----+------+-------------+------+---------+------+----------+------------------+
|  7 | root | localhost   | NULL | Sleep   |   52 |          | NULL             |
| 21 | root | localhost   | NULL | Sleep   |   36 |          | NULL             |
| 23 | root | LHRDB:47232 | NULL | Query   |    0 | starting | show processlist |
+----+------+-------------+------+---------+------+----------+------------------+
3 rows in set (0.00 sec)

mysql> system mysql -h 192.168.59.159 -uroot -plhr
mysql: [Warning] Using a password on the command line interface can be insecure.
ERROR 1203 (42000): User root already has more than 'max_user_connections' active connections
```

真题 83：max_connect_errors 参数的作用是什么？

答案：max_connect_errors 参数表示如果 MySQL 服务器连续接收到了来自于同一个主机的请求，且这些连续的请求全部都没有成功的建立连接就被断开了，当这些连续的请求的累计值大于 max_connect_errors 的设定值时，MySQL 服务器就会阻止这台主机后续的所有请求。相关的登录错误信息会记录到 performance_schema.host_cache 表中。遇到这种情况，可以通过清空 host cache 来解决，具体的清空方法是执行 flush hosts 或者在 MySQL 服务器的 shell 里执行 mysqladmin flush-hosts 操作，其实就是清空 performance_schema.host_cache 表中的记录。参数 max_connect_errors 从 MySQL 5.6.6 开始默认值为 100，小于该版本时默认值为 10。当这一客户端成功连接一次 MySQL 服务器后，针对此客户端的 max_connect_errors 会清零。

若 max_connect_errors 的设置过小，则网页可能提示无法连接数据库服务器；而通过 SSH 的 mysql 命令连接数据库，则会返回类似于下面的错误：

```
ERROR 1129 (00000): Host 'gateway' is blocked because of many connection errors; unblock with 'mysqladmin flush-hosts'
```

一般来说建议数据库服务器不要监听来自网络的连接，而是仅仅使用 sock 连接，这样可以防止绝大多数针对 MySQL 的攻击；如果必须要开启 MySQL 的网络连接，则最好设置此值，以防止穷举密码的攻击手段。

真题 84：状态变量 Max_used_connections 的作用是什么？

答案：系统状态变量 Max_used_connections 是指从这次 MySQL 服务启动到现在，同一时刻并行连接数的最大值。它不是指当前的连接情况，而是一个比较值。如果在过去某一个时刻，MySQL 服务同时有 1000 个请求连接过来，而之后再也没有出现这么大的并发请求时，那么 Max_used_connections=1000。

真题 85：参数 wait_timeout 和 interactive_timeout 的作用和区别是什么？

答案：interactive_timeout 表示 MySQL 服务器关闭交互式连接前等待活动的秒数；wait_timeout 表示 MySQL 服务器关闭非交互连接之前等待活动的秒数。这 2 个参数的默认值都是 28800，单位秒，即 8 个小时。需要注意的是，这 2 个参数需要同时设置才会生效。

参数 interactive_timeout 针对交互式连接，wait_timeout 针对非交互式连接。所谓的交互式连接，即在 mysql_real_connect()函数中使用了 CLIENT_INTERACTIVE 选项。说得直白一点就是，通过 MySQL 客户端连接数据库是交互式连接，通过 jdbc 连接数据库是非交互式连接。其实，针对 Client，真正生效的是会话级别的 wait_timeout，空闲连接（交互和非交互）超过其会话级别的 wait_timeout 时间就会被回收掉。在客户端连接启动的时候，根据连接的类型，来确认会话变量 wait_timeout 的值是继承于全局变量 wait_timeout，还是 interactive_timeout。对于非交互式连接，类似于 jdbc 连接，wait_timeout 的值继承自服务器端全局变量 wait_timeout。对于交互式连接，类似于 MySQL 客户单连接，wait_timeout 的值继承自服务器端全局变量 interactive_timeout。

可通过查看 show processlist 输出中 Sleep 状态的时间来判断一个连接的空闲时间。若超过 wait_timeout 的值，则会报类似于如下的错误：

```
mysql> set session WAIT_TIMEOUT=3;
Query OK, 0 rows affected (0.00 sec)


mysql> show processlist;
ERROR 2013 (HY000): Lost connection to MySQL server during query
mysql>
mysql> show processlist;
ERROR 2006 (HY000): MySQL server has gone away
No connection. Trying to reconnect...
Connection id:    50
```

```
Current database: lhrdb

+----+------+-------------+-------+---------+------+----------+------------------+
| Id | User | Host        | db    | Command | Time | State    | Info             |
+----+------+-------------+-------+---------+------+----------+------------------+
|  7 | root | localhost   | NULL  | Sleep   | 7131 |          | NULL             |
| 26 | root | localhost   | NULL  | Sleep   | 7071 |          | NULL             |
| 27 | root | localhost   | NULL  | Sleep   | 7064 |          | NULL             |
| 28 | root | LHRDB:47234 | NULL  | Sleep   | 6803 |          | NULL             |
| 50 | root | LHRDB:47238 | lhrdb | Query   |    0 | starting | show processlist |
+----+------+-------------+-------+---------+------+----------+------------------+
5 rows in set (0.02 sec)
```

第7章 索　　引

索引（Index）是数据库优化中最常用也是最重要的手段之一，通过索引通常可以帮助用户解决大多数的 SQL 性能问题。索引（Index）是帮助 MySQL 高效获取数据的数据结构，它用于快速找出在某个列中含有某一特定值的行。如果不使用索引，那么 MySQL 必须从第 1 条记录开始然后读完整个表直到找出相关的行。表越大、花费的时间越多。如果表中查询的列有一个索引，那么 MySQL 就能快速到达一个位置去搜寻数据文件，没有必要看所有数据。

索引在 MySQL 中也称为“键（key）”，是存储引擎用于快速找到记录的一种数据结构。总体来说，索引有如下几个优点：

1）索引大大减少了服务器需要扫描的数据量。

2）索引可以帮助服务器避免排序和临时表。

3）索引可以将随机 I/O 变为顺序 I/O。

7.1 MySQL 中的索引有哪些分类？

MySQL 的所有列类型都可以被索引。MyISASM 和 InnoDB 类型的表默认创建的都是 BTREE 索引；MEMORY 类型的表默认使用 HASH 索引，但是也支持 BTREE 索引；空间列类型的索引使用 RTREE（空间索引）。

MySQL 中的索引是在存储引擎层中实现的，而不是在服务器层实现的。所以每种存储引擎的索引都不一定完全相同，也不是所有的存储引擎都支持所有的索引类型。MySQL 目前提供了以下几种索引。

1）BTREE 索引：最常见的索引类型，大部分引擎都支持 BTREE 索引，例如 MyISASM、InnoDB、MEMORY 等。

2）HASH 索引：只有 MEMORY 和 NDB 引擎支持，适用于简单场景。

3）RTREE 索引（空间索引）：空间索引是 MylSAM 的一个特殊索引类型，主要用于地理空间数据类型，通常使用较少。

4）FULLTEXT（全文索引）：全文索引也是 MylSAM 的一个特殊索引类型，主要用于全文索引，InnoDB 从 MySQL 5.6 版本开始提供对全文索引的支持。

MySQL 目前还不支持函数索引，但是支持前缀索引，即对索引字段的前 N 个字符创建索引，这个特性可以大大缩小索引文件的大小，从而提高性能。但是，前缀索引在排序 ORDER BY 和分组 GROUP BY 操作的时候无法使用，也无法使用前缀索引做覆盖扫描。用户在设计表结构的时候也可以对文本列根据此特性进行灵活设计。

7.2 MySQL 中索引的使用原则有哪些？

索引的设计可以遵循一些已有的原则，创建索引的时候请尽量考虑符合这些原则，便于提高索引的使用效率，更高效地使用索引。

1）最适合索引的列是出现在 WHERE 子句中的列，或连接子句中指定的列，而不是出现在 SELECT 关键字后的选择列表中的列。

2）使用唯一索引。考虑某列中值的分布。索引的列的基数越大，索引的效果越好。唯一性索引的值是唯一的，可以更快速的通过该索引来确定某条记录。例如，学生表中的学号是具有唯一性的字段。为该字段建立唯一性索引可以很快的确定某个学生的信息。如果使用姓名的话，可能存在同名现象，从而降低查询速度。

3）使用短索引。如果对字符串列进行索引，那么应该指定一个前缀长度。例如，有一个 CHAR(200)列，如果在前 10 个字符内，大多数值是唯一的，那么就不要对整个列使用索引。对前 10 个字符进行索引能够节省大量索引空间，也会使查询更快，因为较小的索引涉及的磁盘 I/O 较少，较短的值比较起来更快。更为重要的是，对于较短的键值，索引高速缓存中的块能容纳更多的键值，因此，MySQL 也可以在内存中容纳更多的值。

4）利用最左前缀。在创建一个 n 列的索引时，实际是创建了 MySQL 可利用的 n 个索引。多列索引可以起到多个索引的作用，因为可利用索引中最左边的列集来匹配行。这样的列集被称为最左前缀（Leftmost Prefixing）。

5）不要过度索引。不要以为索引“越多越好”，什么东西都用索引是错误的。因为每个索引都要占用额外的磁盘空间，并降低写操作的性能，增加维护成本。在修改表的内容时，索引必须进行更新，有时也可能需要重构，因此，索引越多，维护索引所花的时间也就越长。如果有一个索引很少利用或从不使用，那么会不必要地减缓表的修改速度。此外，MySQL 在生成一个执行计划时，要考虑各个索引，这也要花费时间。创建多余的索引给查询优化带来了更多的工作。索引太多，也可能会使 MySQL 选择不到所要使用的最好索引。只保持所需的索引有利于查询优化。

6）对于 InnoDB 存储引擎的表，记录默认按照一定的顺序保存，如果有明确定义的主键，那么按照主键顺序保存。如果没有主键，但是有唯一索引，那么就是按照唯一索引的顺序保存。如果既没有主键又没有唯一索引，那么表中会自动生成一个内部列，按照这个列的顺序保存。按照主键或者内部列进行的访问是最快的，所以 InnoDB 表尽量自己指定主键，当表中同时有几个列都是唯一的，都可以作为主键的时候，要选择最常作为访问条件的列作为主键，提高查询的效率。另外，还需要注意，InnoDB 表的普通索引都会保存主键的键值，所以主键要尽可能选择较短的数据类型，可以有效地减少索引的磁盘占用，提高索引的缓存效果。

7）为经常需要排序、分组和联合操作的字段建立索引。经常需要 ORDER BY、GROUP BY、DISTINCT 和 UNION 等操作的字段，排序操作会浪费很多时间。如果为其建立索引，可以有效地避免排序操作。

8）尽量使用数据量少的索引。如果索引的值很长，那么查询的速度会受到影响。例如，对一个 CHAR(100)类型的字段进行全文检索需要的时间肯定要比对 CHAR(10)类型的字段进行检索需要的时间要多。

9）尽量使用前缀来索引。如果索引字段的值很长，最好使用值的前缀来索引。例如，TEXT 和 BLOG 类型的字段，进行全文检索会很浪费时间。如果只检索字段的前面的若干个字符，这样可以提高检索速度。

10）删除不再使用或者很少使用的索引。表中的数据被大量更新，或者数据的使用方式被改变后，原有的一些索引可能不再需要。数据库管理员应当定期找出这些索引，将它们删除，从而减少索引对更新操作的影响。

需要注意的是：选择索引的最终目的是为了使查询的速度变快。上面给出的原则是最基本的准则，但不能拘泥于上面的准则。读者要在以后的学习和工作中进行不断的实践。根据应用的实际情况进行分析和判断，选择最合适的索引方式。

7.3 什么是覆盖索引?

如果一个索引包含（或者说覆盖了）所有满足查询所需要的数据，那么就称这类索引为覆盖索引（Covering Index）。索引覆盖查询不需要回表操作。在 MySQL 中，可以通过使用 explain 命令输出的 Extra 列来判断是否使用了索引覆盖查询。若使用了索引覆盖查询，则 Extra 列包含“Using index””字符串。MySQL 查询优化器在执行查询前会判断是否有一个索引能执行覆盖查询。

覆盖索引能有效地提高查询性能，因为覆盖索引只需要读取索引而不需要再回表读取数据。覆盖索引有以下一些优点：

1）索引项通常比记录要小，所以 MySQL 会访问更少的数据。

2）索引都按值的大小顺序存储，相对于随机访问记录，需要更少的 I/O。

3）大多数据引擎能更好地缓存索引，比如 MyISAM 只缓存索引。

4）覆盖索引对于 InnoDB 表尤其有用，因为 InnoDB 使用聚集索引组织数据，如果二级索引中包含查询所需的数据，那么就不再需要在聚集索引中查找了。

下面的 SQL 语句就使用到了覆盖索引：

```
mysql> explain select Host,User from mysql.user where user='lhr';
+----+-------------+-------+------------+-------+---------------+---------+---------+------+------+----------+--------------------------+
| id | select_type | table | partitions | type  | possible_keys | key     | key_len | ref  | rows | filtered | Extra                    |
+----+-------------+-------+------------+-------+---------------+---------+---------+------+------+----------+--------------------------+
|  1 | SIMPLE      | user  | NULL       | index | NULL          | PRIMARY | 276     | NULL |    4 |    25.00 | Using where; Using index |
+----+-------------+-------+------------+-------+---------------+---------+---------+------+------+----------+--------------------------+
```

7.4 什么是哈希索引?

哈希索引（Hash Index）建立在哈希表的基础上，它只对使用了索引中的每一列的精确查找有用。对于每一行，存储引擎计算出了被索引的哈希码（Hash Code），它是一个较小的值，并且有可能和其他行的哈希码不同。它把哈希码保存在索引中，并且保存了一个指向哈希表中的每一行的指针。如果多个值有相同的哈希码，那么索引就会把行指针以链表的方式保存在哈希表的同一条记录中。

只有 MEMORY 和 NDB 两种引擎支持哈希索引，MEMORY 引擎默认支持哈希索引，如果多个 HASH 值相同，出现哈希碰撞，那么索引以链表方式存储。若要使 InnoDB 或 MyISAM 支持哈希索引，那么可以通过伪哈希索引来实现。主要通过增加一个字段，存储 HASH 值，将 HASH 值建立索引，在插入和更新的时候，建立触发器，自动添加计算后的 HASH 值到表里。在查询的时候，在 WHERE 子句手动指定使用哈希函数。这样做的缺陷是需要维护哈希值。

MySQL 最常用存储引擎 InnoDB 和 MyISAM 都不支持 HASH 索引，它们默认的索引都是 BTree。但是，如果在创建索引的时候定义其索引类型为 HASH，那么 MySQL 并不会报错，而且通过 SHOW CREATE TABLE 查看该索引也是 HASH，只不过该索引实际上还是 BTree，如下所示：

```
mysql> create table testhash(fname varchar(50) not null,
     -> lname varchar(50) not null,
     -> key using hash(fname)
     -> ) engine=innodb;
Query OK, 0 rows affected (0.08 sec)

mysql> show create table testhash\G;
*************************** 1. row ***************************
       Table: testhash
Create Table: CREATE TABLE `testhash` (
  `fname` varchar(50) NOT NULL,
  `lname` varchar(50) NOT NULL,
  KEY `fname` (`fname`) USING HASH
) ENGINE=InnoDB DEFAULT CHARSET=latin1
1 row in set (0.00 sec)


mysql>   show index from testhash\G;
*************************** 1. row ***************************
        Table: testhash
   Non_unique: 1
     Key_name: fname
 Seq_in_index: 1
  Column_name: fname
    Collation: A
  Cardinality: 0
     Sub_part: NULL
       Packed: NULL
         Null:
   Index_type: BTREE
      Comment:
Index_comment:
1 row in set (0.00 sec)
```

HASH 索引检索效率非常高，索引的检索可以一次到位，不像 BTREE 索引需要从根节点到枝节点，最后才能访问到叶节点这样多次的 I/O 访问，所以 HASH 索引的查询效率要远高于 BTREE 索引。那么，既然 HASH 索引的效率要比 BTREE 高很多，为什么大家不都用 HASH 索引而还要使用 BTREE 索引呢？其实，任何事物都是有两面性的，HASH 索引也一样，虽然 HASH 索引效率高，但是 HASH 索引本身由于其特殊性也带来了很多限制和弊端，主要有以下几个限制：

1）HASH 索引仅仅能满足“=”、“IN”和“<=>”查询，不能使用范围查询。由于 HASH 索引比较的是进行 HASH 运算之后的 HASH 值，所以它只能用于等值的过滤，不能用于基于范围的过滤，因为经过相应的 HASH 算法处理之后的 HASH 值的大小关系，并不能保证和 HASH 运算前完全一样。

2）优化器不能使用 HASH 索引来加速 ORDER BY 操作，即 HASH 索引无法被用来避免数据的排序操作。由于 HASH 索引中存放的是经过 HASH 计算之后的 HASH 值，而且 HASH 值的大小关系并不一定和 HASH 运算前的键值完全一样，所以数据库无法利用索引的数据来减少任何排序运算量。

3）MySQL 不能确定在两个值之间大约有多少行。如果将一个 MylSAM 表改为 HASH 索引的 MEMORY 表，那么会影响一些查询的执行效率。

4）只能使用整个关键字来搜索一行，即 HASH 索引不能利用部分索引键查询。对于组合索引，HASH 索引在计算 HASH 值的时候是组合索引键合并后再一起计算 HASH 值，而不是单独计算 HASH 值，所以通过组合索引的前面一个或几个索引键进行查询的时候，HASH 索引也无法被利用。

5）HASH 索引在任何时候都不能避免表扫描。HASH 索引是将索引键通过 HASH 运算之后，将 HASH 运算结果的 HASH 值和所对应的行指针信息存放于一个 HASH 表中，由于不同索引键存在相同 HASH 值，所以即使取满足某个 HASH 键值的数据的记录条数，也无法从 HASH 索引中直接完成查询，还是要通过访问表中的实际数据进行相应的比较，并得到相应的结果。

6）HASH 索引遇到大量 HASH 值相等的情况后性能并不一定就会比 BTREE 索引高。对于选择性比较低的索引键，如果创建 HASH 索引，那么将会存在大量记录指针信息存于同一个 HASH 值相关联。这样要定位某一条记录时就会非常麻烦，会浪费多次表数据的访问，从而造成整体性能低下。

7.5 什么是自适应哈希索引（Adaptive Hash Index）？

InnoDB 引擎有一个特殊的功能称为自适应哈希索引（Adaptive Hash Index）。当 InnoDB 注意到某些索引值被使用非常频繁时，它会在内存中基于 BTree 索引之上再创建一个哈希索引，这样就让 BTree 索引也具有哈希索引的一些优点，例如：快速的哈希查找，这是一个全自动的，内部的行为，用户无法控制或者配置，不过如果有必要，可以选择关闭这个功能（innodb_adaptive_hash_index=OFF，默认为 ON）。

通过“SHOW ENGINE INNODB STATUS”可以看到当前自适应哈希索引的使用情况：

```
-------------------------------------
INSERT BUFFER AND ADAPTIVE HASH INDEX
-------------------------------------
Ibuf: size 1, free list len 0, seg size 2, 94 merges
merged operations:
 insert 280, delete mark 0, delete 0
```

```
discarded operations:
 insert 0, delete mark 0, delete 0
Hash table size 4425293, node heap has 1337 buffer(s)
174.24 hash searches/s, 169.49 non-hash searches/s
```

可以看到自适应哈希索引的使用信息，包括自适应哈希索引的大小、使用情况，每秒使用自适应哈希索引搜索的情况。

7.6 什么是前缀索引?

有时候需要索引很长的字符列，这会让索引变得大且慢，此时可以考虑前缀索引。MySQL目前还不支持函数索引，但是支持前缀索引，即对索引字段的前N个字符创建索引，这个特性可以大大缩小索引文件的大小，从而提高索引效率。用户在设计表结构的时候也可以对文本列根据此特性进行灵活设计。前缀索引是一种能使索引更小、更快的有效办法。

前缀索引的缺点是，在排序ORDER BY和分组GROUP BY操作的时候无法使用，也无法使用前缀索引做覆盖扫描，并且前缀索引降低了索引的选择性。索引的选择性是指不重复的索引值（也称为基数，Cardinality）和数据表的记录总数（COUNT(*)）的比值，范围为(0,1]。索引的选择性越高则查询效率越高，因为选择性高的索引可以让MySQL在查找时过滤掉更多的行。唯一索引的选择性是1，这是最好的索引选择性，性能也是最好的。

一般情况下某个前缀的选择性也是足够高的，足以满足查询性能。对于BLOB、TEXT，或者很长的VARCHAR类型的列，必须使用前缀索引，因为MySQL不允许索引这些列的完整长度。

使用前缀索引的诀窍在于要选择足够长的前缀以保证较高的选择性，同时又不能太长（以便节约空间）。前缀应该足够长，以使得前缀索引的选择性接近于索引的整个列。换句话说，前缀的“基数”应该接近于完整的列的“基数”。

为了决定前缀的合适长度，需要找到最常见值的列表，然后和最常见的前缀列表进行比较。下面给出一种方法，计算完整列的选择性，并使其前缀的选择性接近于完整列的选择性：

```
mysql> select count(distinct city) / count(*) from city_demo;
+----------------------------------+
| count(distinct city) / count(*) |
+----------------------------------+
|                         0.4300      |
+----------------------------------+
mysql> select count(distinct left(city,3))/count(*) as sel3,
    ->        count(distinct left(city,4))/count(*) as sel4,
    ->        count(distinct left(city,5))/count(*) as sel5,
    ->        count(distinct left(city,6))/count(*) as sel6
    ->        from city_demo;
+--------+--------+--------+--------+
| sel3   | sel4   | sel5   | sel6   |
+--------+--------+--------+--------+
| 0.3350 | 0.4017 | 0.4192 | 0.4258 |
+--------+--------+--------+--------+
```

从上面的结果可以发现当索引前缀为 6 时的基数是 0.4258，已经接近完整列选择性 0.4300。在上面的示例中，已经找到了合适的前缀长度，下面创建前缀索引：

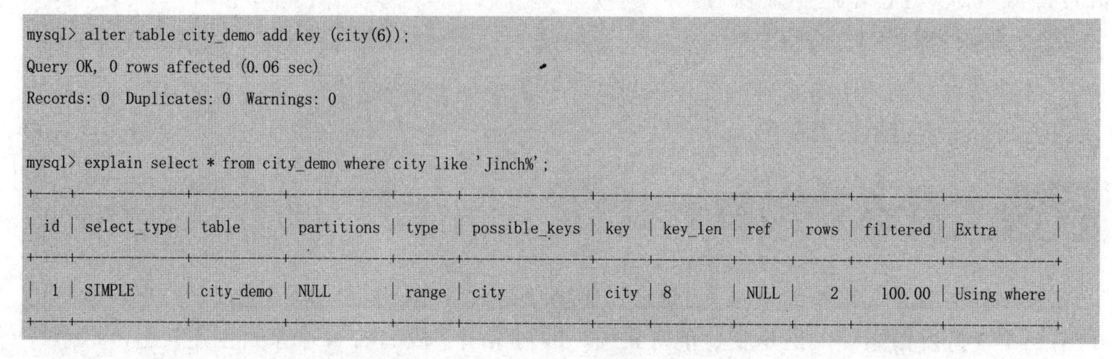

```
mysql> alter table city_demo add key (city(6));
Query OK, 0 rows affected (0.06 sec)
Records: 0  Duplicates: 0  Warnings: 0

mysql> explain select * from city_demo where city like 'Jinch%';
+----+-------------+-----------+------------+-------+---------------+------+---------+------+------+----------+-------------+
| id | select_type | table     | partitions | type  | possible_keys | key  | key_len | ref  | rows | filtered | Extra       |
+----+-------------+-----------+------------+-------+---------------+------+---------+------+------+----------+-------------+
|  1 | SIMPLE      | city_demo | NULL       | range | city          | city | 8       | NULL |    2 |   100.00 | Using where |
+----+-------------+-----------+------------+-------+---------------+------+---------+------+------+----------+-------------+
```

从上面结果可以发现，正确地使用了刚创建的索引。

7.7 什么是全文（FULLTEXT）索引？

使用 FULLTEXT 参数可以设置索引为全文索引。全文索引只能创建在 CHAR、VARCHAR 或 TEXT 类型的字段上。在查询数据量较大的字符串类型的字段时，使用全文索引可以提高查询速度。在默认情况下，全文索引的搜索执行方式不区分大小写。但是，当索引的列使用二进制排序后，可以执行区分大小写的全文索引。

MySQL 自带的全文索引只能用于数据库引擎为 MyISAM 的数据表，InnoDB 引擎从 5.6.4 开始也支持全文索引。若是其他数据引擎，则全文索引不会生效。此外，MySQL 自带的全文索引只能对英文进行全文检索，目前无法对中文进行全文检索。如果需要对包含中文在内的文本数据进行全文检索，那么需要采用 Sphinx 或 Coreseek 技术来处理中文。

目前，在使用 MySQL 自带的全文索引时，如果查询字符串的长度过短，那么将无法得到期望的搜索结果。MySQL 全文索引所能找到的词默认最小长度为 4 个字符，由参数 ft_min_word_len 控制。另外，如果查询的字符串包含停止词，那么该停止词将会被忽略。

```
mysql> show variables like '%ft_min_word_len%';
+-----------------+-------+
| Variable_name   | Value |
+-----------------+-------+
| ft_min_word_len | 4     |
+-----------------+-------+
1 row in set (0.01 sec)
```

如果可能，那么请尽量先创建表并插入所有数据后再创建全文索引，而不要在创建表时就直接创建全文索引，因为前者比后者的全文索引效率要高。

全文索引的缺点如下所示：

1）数据表越大，全文索引效果好，比较小的数据表会返回一些难以理解的结果。

2）全文检索以整个单词作为匹配对象，单词变形（加上后缀或复数形式），就被认为是另一个单词。

3）只有由字母、数字、单引号、下划线构成的字符串被认为是单词，带注音符号的字母仍是字母，像C++不再认为是单词。

4）查询不区分大小写。

5）只能在MyISAM上使用，InnoDB引擎从5.6.4开始也支持全文索引。

6）全文索引创建速度慢，而且对有全文索引的各种数据修改操作也慢。

1．创建全文索引的几种方式

（1）创建表的同时创建全文索引

```
CREATE TABLE article (
    id INT AUTO_INCREMENT NOT NULL PRIMARY KEY,
    title VARCHAR(200),
    body TEXT,
    FULLTEXT(title, body)
) TYPE=MYISAM;
```

（2）通过alter table的方式来添加

```
ALTER TABLE `student` ADD FULLTEXT INDEX ft_stu_name （`name`) #ft_stu_name 是索引名，可以随便起
或者：ALTER TABLE `student` ADD FULLTEXT ft_stu_name （`name`)
```

（3）直接通过的方式

```
CREATE FULLTEXT INDEX ft_email_name ON `student` (`name`);
```

也可以在创建索引的时候指定索引的长度：

```
CREATE FULLTEXT INDEX ft_email_name ON `student` (`name`(20));
```

2．删除全文索引

（1）直接使用drop index（注意：没有drop fulltext index这种用法）

```
DROP INDEX full_idx_name ON tommy.girl ;
```

（2）使用alter table的方式

```
ALTER TABLE tommy.girl DROP INDEX ft_email_abcd;
```

MySQL全文索引使用示例如下所示：

```
mysql> CREATE TABLE `article` (
    ->   `id` int(10) unsigned NOT NULL AUTO_INCREMENT,
    ->   `title` varchar(200) DEFAULT NULL,
    ->   `content` text,
    ->   PRIMARY KEY (`id`),
    ->   FULLTEXT KEY `title` (`title`,`content`)
    -> ) ENGINE=MyISAM DEFAULT CHARSET=utf8;
Query OK, 0 rows affected (0.00 sec)


mysql> show create table article\G;
*************************** 1. row ***************************
       Table: article
```

```
Create Table: CREATE TABLE `article` (
  `id` int(10) unsigned NOT NULL AUTO_INCREMENT,
  `title` varchar(200) DEFAULT NULL,
  `content` text,
  PRIMARY KEY (`id`),
  FULLTEXT KEY `title` (`title`,`content`)
) ENGINE=MyISAM DEFAULT CHARSET=utf8
1 row in set (0.00 sec)

ERROR:
No query specified

mysql> show index from article;
+---------+------------+----------+--------------+-------------+-----------+-------------+----------+--------+------+------------+---------+---------------+
| Table   | Non_unique | Key_name | Seq_in_index | Column_name | Collation | Cardinality | Sub_part | Packed | Null | Index_type | Comment | Index_comment |
+---------+------------+----------+--------------+-------------+-----------+-------------+----------+--------+------+------------+---------+---------------+
| article |          0 | PRIMARY  |            1 | id          | A         |           0 |     NULL | NULL   |      | BTREE      |         |               |
| article |          1 | title    |            1 | title       | NULL      |        NULL |     NULL | NULL   | YES  | FULLTEXT   |         |               |
| article |          1 | title    |            2 | content     | NULL      |        NULL |     NULL | NULL   | YES  | FULLTEXT   |         |               |
+---------+------------+----------+--------------+-------------+-----------+-------------+----------+--------+------+------------+---------+---------------+
3 rows in set (0.00 sec)

mysql>ALTER TABLE article ADD FULLTEXT INDEX fulltext_article(title,content);
Query OK, 0 rows affected (0.01 sec)
Records: 0  Duplicates: 0  Warnings: 0

mysql> show index from article;
+---------+------------+------------------+--------------+-------------+-----------+-------------+----------+--------+------+------------+---------+---------------+
| Table   | Non_unique | Key_name         | Seq_in_index | Column_name | Collation | Cardinality | Sub_part | Packed | Null | Index_type | Comment | Index_comment |
+---------+------------+------------------+--------------+-------------+-----------+-------------+----------+--------+------+------------+---------+---------------+
| article |          0 | PRIMARY          |            1 | id          | A         |           0 |     NULL | NULL   |      | BTREE      |         |               |
| article |          1 | title            |            1 | title       | NULL      |        NULL |     NULL | NULL   | YES  | FULLTEXT   |         |               |
| article |          1 | title            |            2 | content     | NULL      |        NULL |     NULL | NULL   | YES  | FULLTEXT   |         |               |
| article |          1 | fulltext_article |            1 | title       | NULL      |        NULL |     NULL | NULL   | YES  | FULLTEXT   |         |               |
| article |          1 | fulltext_article |            2 | content     | NULL      |        NULL |     NULL | NULL   | YES  | FULLTEXT   |         |               |
+---------+------------+------------------+--------------+-------------+-----------+-------------+----------+--------+------+------------+---------+---------------+
5 rows in set (0.00 sec)
```

必须使用特有的语法才能使用全文索引进行查询，例如，想要在 article 表的 title 和 content 列中全文检索指定的查询字符串，可以按如下方式编写 SQL 语句：

```
SELECT * FROM article WHERE MATCH(title,content) AGAINST ('查询字符串');

mysql> explain SELECT * FROM article WHERE MATCH(title,content) AGAINST ('查询字符串');
+----+-------------+---------+------------+----------+---------------+-------+---------+-------+------+----------+-------------+
| id | select_type | table   | partitions | type     | possible_keys | key   | key_len | ref   | rows | filtered | Extra       |
+----+-------------+---------+------------+----------+---------------+-------+---------+-------+------+----------+-------------+
|  1 | SIMPLE      | article | NULL       | fulltext | title         | title | 0       | const |    1 |   100.00 | Using where |
+----+-------------+---------+------------+----------+---------------+-------+---------+-------+------+----------+-------------+
```

7.8 什么是空间（SPATIAL）索引？

使用 SPATIDX 参数可以设置索引为空间索引，这个所以可以被用作地理数据支持。空间索引只能建立在空间数据类型上，这样可以提高系统获取空间数据的效率。MySQL 中的空间数据类型包括 GEOMETRY 和 POINT、LINESTRING 和 POLYGON 等。目前只有 MyISAM 存储引擎支持空间检索（InnoDB 从 5.7.5 开始支持），而且索引的字段不能为空值。对于初学者来说，这类索引很少会用到。

```
mysql> CREATE TABLE tb_geo(
    -> id INT PRIMARY KEY AUTO_INCREMENT,
    -> NAME VARCHAR(128) NOT NULL,
    -> pnt POINT NOT NULL,
    -> SPATIAL INDEX `spatIdx` (`pnt`)
    -> )ENGINE=MYISAM DEFAULT CHARSET=utf8;
Query OK, 0 rows affected (0.00 sec)

mysql> INSERT INTO `tb_geo` VALUES(
    -> NULL,
    -> 'a test string',
    -> POINTFROMTEXT('POINT(15 20)'));
Query OK, 1 row affected, 1 warning (0.03 sec)

mysql> SELECT id,NAME,ASTEXT(pnt) FROM tb_geo;
+----+---------------+--------------+
| id | NAME          | ASTEXT(pnt)  |
+----+---------------+--------------+
|  1 | a test string | POINT(15 20) |
+----+---------------+--------------+
1 row in set, 1 warning (0.00 sec)

mysql> SELECT ASTEXT(pnt) FROM tb_geo WHERE MBRWITHIN(pnt,GEOMFROMTEXT('Polygon((0 0,0 30,30 30,30 0,0 0))'));
+--------------+
| ASTEXT(pnt)  |
+--------------+
| POINT(15 20) |
+--------------+
1 row in set, 2 warnings (0.03 sec)

mysql> show index from tb_geo;
+--------+------------+----------+--------------+-------------+-----------+-------------+----------+--------+------+------------+---------+---------------+
| Table  | Non_unique | Key_name | Seq_in_index | Column_name | Collation | Cardinality | Sub_part | Packed | Null | Index_type | Comment | Index_comment |
+--------+------------+----------+--------------+-------------+-----------+-------------+----------+--------+------+------------+---------+---------------+
| tb_geo |          0 | PRIMARY  |            1 | id          | A         |           1 |     NULL | NULL   |      | BTREE      |         |               |
| tb_geo |          1 | spatIdx  |            1 | pnt         | A         |        NULL |       32 | NULL   |      | SPATIAL    |         |               |
+--------+------------+----------+--------------+-------------+-----------+-------------+----------+--------+------+------------+---------+---------------+
2 rows in set (0.01 sec)
mysql> show index from tb_geo\G;
```

```
*************************** 1. row ***************************
        Table: tb_geo
   Non_unique: 0
     Key_name: PRIMARY
 Seq_in_index: 1
  Column_name: id
    Collation: A
  Cardinality: 1
     Sub_part: NULL
       Packed: NULL
         Null:
   Index_type: BTREE
      Comment:
Index_comment:
*************************** 2. row ***************************
        Table: tb_geo
   Non_unique: 1
     Key_name: spatIdx
 Seq_in_index: 1
  Column_name: pnt
    Collation: A
  Cardinality: NULL
     Sub_part: 32
       Packed: NULL
         Null:
   Index_type: SPATIAL
      Comment:
Index_comment:
2 rows in set (0.00 sec)
```

7.9 为什么索引没有被使用?

“为什么索引没有被使用”是一个涉及面较广的问题，有多种原因会导致索引不能被使用，下面列出几种常见的场景。

1）若索引列出现了隐式类型转换（Implicit Type Conversion），则 MySQL 不会使用索引。常见的情况是，如果在 SQL 的 WHERE 条件中，字段类型为字符串，而其值为数值，那么 MySQL 不会使用索引，这个规则和 Oracle 是一致的，所以，字符类型的字段值应该加上引号。例如，表 t_base_user 的 telephone 列是一个字符类型的索引列，下面的语句在执行的时候就不会选择索引：

```
select * from t_base_user where telephone = 12345678901;
```

为了使查询能使用，应该把 SQL 语句修改为：

```
select * from t_base_user where telephone =   '12345678901';
```

2）在使用 cast 函数时，需要保证字符集一样，否则 MySQL 不会使用索引。例如，表 t_base_user 的 telephone 列的字符集为 latin1，则在使用 cast 函数时需要指定字符集。

```
mysql> show full columns from lhrdb.t_base_user;
+-----------+-------------+-------------------+------+-----+-------------------+----------------+---------------------------------+-------------+
| Field     | Type        | Collation         | Null | Key | Default           | Extra          | Privileges                      | Comment     |
+-----------+-------------+-------------------+------+-----+-------------------+----------------+---------------------------------+-------------+
| oid       | bigint(20)  | NULL              | NO   | PRI | NULL              | auto_increment | select,insert,update,references |             |
| name      | varchar(30) | latin1_swedish_ci | YES  | MUL | NULL              |                | select,insert,update,references | name        |
| email     | varchar(30) | latin1_swedish_ci | YES  | MUL | NULL              |                | select,insert,update,references | email       |
| age       | int(11)     | NULL              | YES  |     | NULL              |                | select,insert,update,references | age         |
| telephone | varchar(30) | latin1_swedish_ci | YES  | MUL | NULL              |                | select,insert,update,references | telephone   |
| status    | tinyint(4)  | NULL              | YES  |     | NULL              |                | select,insert,update,references | 0 无效 1 有效 |
| created_at | datetime   | NULL              | YES  |     | CURRENT_TIMESTAMP |                | select,insert,update,references | 创建时间     |
| updated_at | datetime   | NULL              | YES  |     | CURRENT_TIMESTAMP |                | select,insert,update,references | 修改时间     |
+-----------+-------------+-------------------+------+-----+-------------------+----------------+---------------------------------+-------------+
rows in set (0.00 sec)

mysql> explain select * from t_base_user where telephone=cast(12345678901 as char);
+----+-------------+-------------+------------+------+---------------+------+---------+------+--------+----------+-------------+
| id | select_type | table       | partitions | type | possible_keys | key  | key_len | ref  | rows   | filtered | Extra       |
+----+-------------+-------------+------------+------+---------------+------+---------+------+--------+----------+-------------+
|  1 | SIMPLE      | t_base_user | NULL       | ALL  | NULL          | NULL | NULL    | NULL | 521550 |   100.00 | Using where |
+----+-------------+-------------+------------+------+---------------+------+---------+------+--------+----------+-------------+
row in set, 1 warning (0.00 sec)

mysql> explain select * from t_base_user where telephone=cast(12345678901 as char  charset latin1);

1 row in set, 1 warning (0.00 sec)
```

3）如果 WHERE 条件中含有 OR，除非 OR 条件中的所有列都是索引列，否则 MySQL 不会选择索引。

4）对于多列索引，若没有使用前导列，则 MySQL 不会使用索引。

5）在 WHERE 子句中，如果索引列所对应的值的第一个字符由通配符（WILDCARD）开始，索引将不被采用，然而当通配符出现在字符串其他位置时，优化器就能利用索引。

6）如果 MySQL 估计使用全表扫描要比使用索引快，那么 MySQL 将不使用索引。

7）如果对索引字段进行函数、算术运算或其他表达式等操作，那么 MySQL 也不使用索引。

7.10 真题

真题 86：根据 user 表和 information 表完成题后的要求。

user 表的内容：

字段名	字段描述	数据类型	主键	外键	非空	唯一	自增
Userid	编号	INT(10)	是	否	是	是	是
Username	用户名	VARCHAR(20)	否	否	是	否	否
Passwd	密码	VARCHAR(20)	否	否	是	否	否
Info	附加信息	TEXT	否	否	否	否	否

information 表的内容：

字段名	字段描述	数据类型	主键	外键	非空	唯一	自增
Id	编号	INT(10)	是	否	是	是	是
Name	姓名	VARCHAR(20)	否	否	是	否	否
Sex	性别	VARCHAR(4)	否	否	是	否	否
Birthday	出生日期	DATE	否	否	否	否	否
Address	家庭住址	VARCHAR(50)	否	否	否	否	否
Tel	电话号码	VARCHAR(20)	否	否	否	否	否
Pic	照片	BLOB	否	否	否	否	否

按照下列要求进行操作：

1）登录数据库系统后创建 job 数据库。

2）创建 user 表。存储引擎为 MyISAM 类型。创建表的时候同时几个索引，在 userid 字段上创建名为 index_uid 的唯一性索引，并且以降序的形式排列；在 username 和 passwd 字段上创建名为 index_user 的多列索引；在 info 字段上创建名为 index_info 的全文索引。

3）创建 information 表。

4）在 name 字段创建名为 index_name 的单列索引，索引长度为 10。

5）在 birthday 和 address 字段是创建名为 index_bir 的多列索引，然后判断索引的使用情况。

6）用 ALTER TABLE 语句在 id 字段上创建名为 index_id 的唯一性索引，而且以升序排列。

7）删除 user 表上的 index_user 索引。

8）删除 information 表上的 index_name 索引。

本实例的执行过程如下：

（1）登录数据库系统并创建 job 数据库

在命令行中登录 MySQL 数据库管理系统，输入内容如下：

```
mysql -h localhost -u root –p
```

提示输入密码后，按要求输入密码，显示为：

Enter password: ****

按〈Enter〉键后，检验密码正确后进入 MySQL 管理系统。执行 SHOW 语句来查看数据库系统中已经存在的数据库，代码执行如下：

```
mysql> SHOW DATABASES;
+--------------------+
| Database           |
+--------------------+
| information_schema |
| example            |
| mysql              |
| school             |
| test               |
```

```
+----------------------------+
6 rows in set (0.08 sec)
```

结果显示，数据库系统中不存在名为 job 的数据库。执行 CREATE DATABASE 语句来创建数据库，代码执行如下：

```
mysql> CREATE DATABASE job;
Query OK, 1 row affected (0.08 sec)
```

执行结果显示，数据库创建成功。再次执行 SHOW 语句来查看 job 数据库是否已经存在。代码执行如下：

```
mysql> SHOW DATABASES;
+--------------------+
| Database           |
+------------ -------+
| information_schema |
| example            |
| job                |
| mysql              |
| school             |
| test               |
+---------------------------+
7 rows in set (0.00 sec)
```

结果显示，已经存在名为 job 的数据库。

（2）创建 user 表

先使用 USE 语句选择 job 数据库。代码执行如下：

```
mysql> USE job;
Database changed
```

结果显示，数据库已经选择成功。然后可以执行 CREATE TABLE 语句来创建 user 表。根据实例要求，存储引擎为 MyISAM 类型；在 userid 字段上创建名为 index_uid 的唯一性索引，并且以降序的形式排列；在 username 和 passwd 字段上创建名为 index_user 的多列索引；在 info 字段上创建名为 index_info 的全文索引。SQL 代码如下：

```
CREATE   TABLE   user( userid   INT(10)   NOT NULL
UNIQUE   PRIMARY KEY   AUTO_INCREMENT ,
username   VARCHAR(20)   NOT NULL ,
passwd   VARCHAR(20)   NOT NULL ,
info   TEXT ,
UNIQUE   INDEX   index_uid ( userid   DESC ) ,
INDEX   index_user ( username, passwd ) ,
FULLTEXT   INDEX   index_info( info )
) ENGINE=MyISAM ;
```

执行结果显示，user 表创建成功。执行 SHOW CREATE TABLE 语句来查看 use 表的结构。执行结果如下：

```
mysql> SHOW CREATE TABLE user \G
```

```
*************************** 1. row ***************************
       Table: user
Create Table: CREATE TABLE `user` (
  `userid` int(10) NOT NULL AUTO_INCREMENT,
  `username` varchar(20) NOT NULL,
  `passwd` varchar(20) NOT NULL,
  `info` text,
  PRIMARY KEY (`userid`),
  UNIQUE KEY `userid` (`userid`),
  UNIQUE KEY `index_uid` (`userid`),
  KEY `index_user` (`username`,`passwd`),
  FULLTEXT KEY `index_info` (`info`)
) ENGINE=MyISAM DEFAULT CHARSET=utf8
1 row in set (0.00 sec)
```

结果显示，index_uid 是 userid 字段上的唯一性索引；index_user 是 user 字段和 passwd 字段上的索引；index_info 是 info 字段上的全文索引；存储引擎为 MyISAM。

（3）创建 information 表

在 job 数据库下创建名为 information 的表。代码如下：

```
CREATE TABLE information ( id   INT(10) NOT NULL   UNIQUE   PRIMARY KEY   AUTO_INCREMENT,
name   VARCHAR(20)   NOT NULL ,
sex   VARCHAR(4)   NOT NULL ,
birthday   DATE ,
address   VARCHAR(50) ,
tel   VARCHAR(20) ,
pic   BLOB
);
```

执行结果显示，information 表创建成功。执行 SHOW CREATE TABLE 语句来查看 information 表的结构。执行结果如下：

```
mysql> SHOW CREATE TABLE information \G
*************************** 1. row ***************************
       Table: information
Create Table: CREATE TABLE `information` (
  `id` int(10) NOT NULL AUTO_INCREMENT,
  `name` varchar(20) NOT NULL,
  `sex` varchar(4) NOT NULL,
  `birthday` date DEFAULT NULL,
  `address` varchar(50) DEFAULT NULL,
  `tel` varchar(20) DEFAULT NULL,
  `pic` blob,
  PRIMARY KEY (`id`),
  UNIQUE KEY `id` (`id`)
) ENGINE=InnoDB DEFAULT CHARSET=utf8
1 row in set (0.00 sec)
```

查询结果显示，id 字段是主键，而且有唯一性约束。

（4）在 name 字段创建名为 index_name 的索引

使用 CREATE INDEX 语句创建 index_name 索引。代码执行如下：

```
mysql> CREATE   INDEX   index_name   ON   information( name(10) ) ;
Query OK, 0 rows affected (0.02 sec)
Records: 0   Duplicates: 0   Warnings: 0
```

结果显示 index_name 索引创建成功。

（5）创建名为 index_bir 的多列索引

使用 CREATE INDEX 语句创建 index_bir 索引。代码执行如下：

```
mysql> CREATE   INDEX   index_bir   ON   information(birthday, address ) ;
Query OK, 0 rows affected (0.02 sec)
Records: 0   Duplicates: 0   Warnings: 0
```

结果显示，index_bir 索引创建成功。

（6）用 ALTER TABLE 语句创建名为 index_id 的唯一性索引

使用 ALTER TABLE 语句创建 index_id 索引。代码执行如下：

```
mysql> ALTER   TABLE   information   ADD   INDEX   index_id( id   ASC ) ;
Query OK, 0 rows affected (0.02 sec)
Records: 0   Duplicates: 0   Warnings: 0
```

结果显示 index_id 索引创建成功。执行 SHOW CREATE TABLE 语句来查看 information 表的结构。执行结果如下：

```
mysql> SHOW CREATE TABLE information \G
*************************** 1. row ***************************
       Table: information
Create Table: CREATE TABLE `information` (
  `id` int(10) NOT NULL AUTO_INCREMENT,
  `name` varchar(20) NOT NULL,
  `sex` varchar(4) NOT NULL,
  `birthday` datetime DEFAULT NULL,
  `address` varchar(50) DEFAULT NULL,
  `tel` varchar(20) DEFAULT NULL,
  `pic` blob,
  PRIMARY KEY (`id`),
  UNIQUE KEY `id` (`id`),
  KEY `index_name` (`name`(10)),
  KEY `index_bir` (`birthday`,`address`),
  KEY `index_id` (`id`)
) ENGINE=InnoDB DEFAULT CHARSET=utf8
1 row in set (0.00 sec)
```

执行结果显示，information 表中已经存在 index_name、index_bir 和 index_id 等 3 个索引。

（7）删除 user 表上的 index_user 索引

执行 DROP 语句可以删除 user 表上的索引。代码执行结果如下：

```
mysql> DROP INDEX index_user ON user;
```

```
Query OK, 0 rows affected (0.14 sec)
Records: 0    Duplicates: 0    Warnings: 0
```

结果显示删除成功。执行 SHOW CREATE TABLE 语句来查看 user 表的结构。执行结果如下：

```
mysql> SHOW CREATE TABLE user \G
*************************** 1. row ***************************
       Table: user
Create Table: CREATE TABLE `user` (
  `userid` int(10) NOT NULL AUTO_INCREMENT,
  `username` varchar(20) NOT NULL,
  `passwd` varchar(20) NOT NULL,
  `info` text,
  PRIMARY KEY (`userid`),
  UNIQUE KEY `userid` (`userid`),
  UNIQUE KEY `index_uid` (`userid`),
  FULLTEXT KEY `index_info` (`info`)
) ENGINE=MyISAM DEFAULT CHARSET=utf8
1 row in set (0.00 sec)
```

结果显示，index_user 索引已经不存在了。

（8）删除 information 表上的 index_name 索引

执行 DROP 语句可以删除 information 表上的 index_name 索引。代码执行结果如下：

```
mysql> DROP INDEX index_name ON information ;
Query OK, 0 rows affected (0.03 sec)
Records: 0    Duplicates: 0    Warnings: 0
```

结果显示，删除成功。执行 SHOW CREATE TABLE 语句来查看 information 表的结构。执行结果如下：

```
mysql> SHOW CREATE TABLE information \G
*************************** 1. row ***************************
       Table: information
Create Table: CREATE TABLE `information` (
  `id` int(10) NOT NULL AUTO_INCREMENT,
  `name` varchar(20) NOT NULL,
  `sex` varchar(4) NOT NULL,
  `birthday` datetime DEFAULT NULL,
  `address` varchar(50) DEFAULT NULL,
  `tel` varchar(20) DEFAULT NULL,
  `pic` blob,
  PRIMARY KEY (`id`),
  UNIQUE KEY `id` (`id`),
  KEY `index_bir` (`birthday`,`address`),
  KEY `index_id` (`id`)
) ENGINE=InnoDB DEFAULT CHARSET=utf8
1 row in set (0.00 sec)
```

结果显示，index_name 索引已经不存在了。

真题 87：完成以下 MySQL 的题目要求。

1）在数据库 job 下创建 workInfo 表。创建表的同时在 id 字段上创建名为 index_id 的唯一性索引，而且以降序的格式排列。workInfo 表内容如下所示：

字段名	字段描述	数据类型	主键	外键	非空	唯一	自增
id	编号	INT(10)	是	否	是	是	是
name	职位名称	VARCHAR(20)	否	否	是	否	否
type	职位类别	VARCHAR(10)	否	否	否	否	否
address	工作地址	VARCHAR(50)	否	否	否	否	否
wages	工资	INT	否	否	否	否	否
contents	工作内容	TINYTEXT	否	否	否	否	否
extra	附加信息	TEXT	否	否	否	否	否

2）使用 CREATE INDEX 语句为 name 字段创建长度为 10 的索引 index_name。

3）使用 ALTER TABLE 语句在 type 和 address 上创建名为 index_t 的索引。

4）将 workInfo 表的存储引擎更改为 MyISAM 类型。

5）使用 ALTER TABLE 语句在 extra 字段上创建名为 index_ext 的全文索引。

6）删除 workInfo 表的唯一性索引 index_id。

操作如下所示：

① 先查看是否存在 job 数据库。如果存在，用 USE 语句选择 job 数据库。如果不存在，用 CREATE DATABASE 语句创建该数据库。然后，用 CREATE TABLE 语句创建 workInfo 表，SQL 代码如下：

```
CREATE   TABLE   workInfo ( id   INT(10)   NOT NULL   UNIQUE   PRIMARY KEY   AUTO_INCREMENT,
    name   VARCHAR(20)   NOT NULL ,
    type   VARCHAR(10) ,
    address   VARCHAR(50) ,
    tel   VARCHAR(20) ,
    wages   INT ,
    contents   TINYTEXT ,
    extra   TEXT ,
    UNIQUE   INDEX   index_id (id   DESC)
);
```

② 使用 CREATE INDEX 语句为 name 字段创建长度为 10 的索引 index_name。代码如下：

```
CREATE   INDEX   index_name   ON   workInfo( name(10) ) ;
```

③ 使用 ALTER TABLE 语句在 type 和 address 上创建名为 index_t 的索引。代码如下：

```
ALTER   TABLE   workInfo   ADD   INDEX   index_t( type, address ) ;
```

④ 使用 ALTER TABLE 语句将 workInfo 表的存储引擎更改为 MyISAM 类型。代码如下：

```
ALTER   TABLE   workInfo   ENGINE=MyISAM;
```

⑤ 使用 ALTER TABLE 语句在 extra 字段上创建名为 index_ext 的全文索引。代码如下：

```
ALTER  TABLE  workInfo  ADD  FULLTEXT  INDEX  index_ext (extra ) ;
```

⑥ 使用 DROP 语句删除 workInfo 表的唯一性索引 index_id。代码如下：

```
DROP  INDEX index_id  ON  workInfo ;
```

真题 88：简单描述在 MySQL 中，索引、唯一索引、主键、联合索引的区别，它们对数据库的性能有什么影响。

答案：索引、唯一索引、主键、联合索引的区别如下所示：

1）索引是一种特殊的文件（InnoDB 数据表上的索引是表空间的一个组成部分），它们包含着对数据表里所有记录的引用指针。普通索引（由关键字 KEY 或 INDEX 定义的索引）的唯一任务是加快对数据的访问速度。

2）唯一索引：普通索引允许被索引的数据列包含重复的值，如果能确定某个数据列只包含彼此各不相同的值，在为这个数据索引创建索引的时候就应该用关键字 UNIQE 把它定义为一个唯一索引，唯一索引可以保证数据记录的唯一性。

3）主键，一种特殊的唯一索引，在一张表中只能定义一个主键索引，逐渐用于唯一标识一条记录，是用关键字 PRIMARY KEY 来创建。

4）联合索引：索引可以覆盖多个数据列，例如 INDEX 索引，这就是联合索引。

索引可以极大地提高数据的查询速度，但是会降低插入删除更新表的速度，因为在执行这些写操作时，还需要操作索引文件。

真题 89：在表中建立了索引以后，导入大量数据为什么会很慢？

答案：对已经建立了索引的表中插入数据时，插入一条数据就要对该记录按索引排序。因此，当导入大量数据的时候，速度会很慢。解决这种情况的办法是，在没有任何索引的情况插入数据，然后建立索引。

第8章　优　　化

8.1 MySQL 如何查看执行计划？执行计划中每列的含义分别是什么？

执行计划是 SQL 语句调优的一个重要依据，MySQL 的执行计划查看相对 Oracle 而言简便了很多，功能也相对简单。MySQL 的 EXPLAIN 命令用于查看 SQL 语句的查询执行计划（QEP）。从这条命令的输出结果中就能够了解 MySQL 优化器是如何执行 SQL 语句的。这条命令虽然并没有提供任何调整建议，但它能够提供重要的信息用来帮助做出调优决策。

MySQL 的 EXPLAIN 语法可以运行在 SELECT 语句或者特定表上。如果作用在表上，那么此命令等同于 DESC 表命令。MySQL 5.6.3 之前只能对 SELECT 生成执行计划，5.6.3 及之后的版本对 SELECT、DELETE、INSERT、REPLACE 和 UPDATE 都可以生成执行计划。MySQL 优化器是基于开销来工作的，它并不提供任何的 QEP 的位置。这意味着 QEP 是在每条 SQL 语句执行的时候动态地计算出来的。在 MySQL 存储过程中的 SQL 语句也是在每次执行时计算 QEP 的。存储过程缓存仅仅解析查询树。

MySQL 生成执行计划的语法如下所示：

```
{EXPLAIN | DESCRIBE | DESC}
    tbl_name [col_name | wild]

{EXPLAIN | DESCRIBE | DESC}
    [explain_type]
    {explainable_stmt | FOR CONNECTION connection_id}

explain_type: {
    EXTENDED
  | PARTITIONS
  | FORMAT = format_name
}

format_name: {
    TRADITIONAL
  | JSON
}

explainable_stmt: {
    SELECT statement
  | DELETE statement
  | INSERT statement
  | REPLACE statement
```

```
  | UPDATE statement
}
```

所以，EXPLAIN 和 DESC 都可以生成执行计划。

下面给出一个查看 MySQL 语句执行计划的示例：

```
mysql> CREATE TABLE t_4(
    -> id int,
    -> name varchar(10),
    -> age int,
    -> INDEX MutiIdx(id,name,age)
    -> );
Query OK, 0 rows affected (0.04 sec)

mysql> show CREATE TABLE t_4\G;
*************************** 1. row ***************************
       Table: t_4
Create Table: CREATE TABLE `t_4` (
  `id` int(11) DEFAULT NULL,
  `name` varchar(10) DEFAULT NULL,
  `age` int(11) DEFAULT NULL,
  KEY `MutiIdx` (`id`,`name`,`age`)
) ENGINE=InnoDB DEFAULT CHARSET=latin1
1 row in set (0.00 sec)

ERROR:
No query specified

mysql> INSERT INTO t_4 values(1,'AAA',10),(2,'bbb',20),(3,'ccc',30),(4,'ddd',40),(5,'eee',50);
Query OK, 5 rows affected (0.02 sec)
Records: 5  Duplicates: 0  Warnings: 0

mysql> SELECT * FROM t_4;
+------+------+------+
| id   | name | age  |
+------+------+------+
|    1 | AAA  |   10 |
|    2 | bbb  |   20 |
|    3 | ccc  |   30 |
|    4 | ddd  |   40 |
|    5 | eee  |   50 |
+------+------+------+
5 rows in set (0.05 sec)
mysql> EXPLAIN SELECT NAME,AGE FROM t_4 WHERE ID<3;
+----+-------------+-------+-------+---------------+---------+---------+------+------+--------------------------+
| id | select_type | table | type  | possible_keys | key     | key_len | ref  | rows | Extra                    |
+----+-------------+-------+-------+---------------+---------+---------+------+------+--------------------------+
|  1 | SIMPLE      | t_4   | INDEX | MutiIdx       | MutiIdx | 23      | NULL |    5 | Using WHERE; Using INDEX |
+----+-------------+-------+-------+---------------+---------+---------+------+------+--------------------------+
1 row in set (0.18 sec)
```

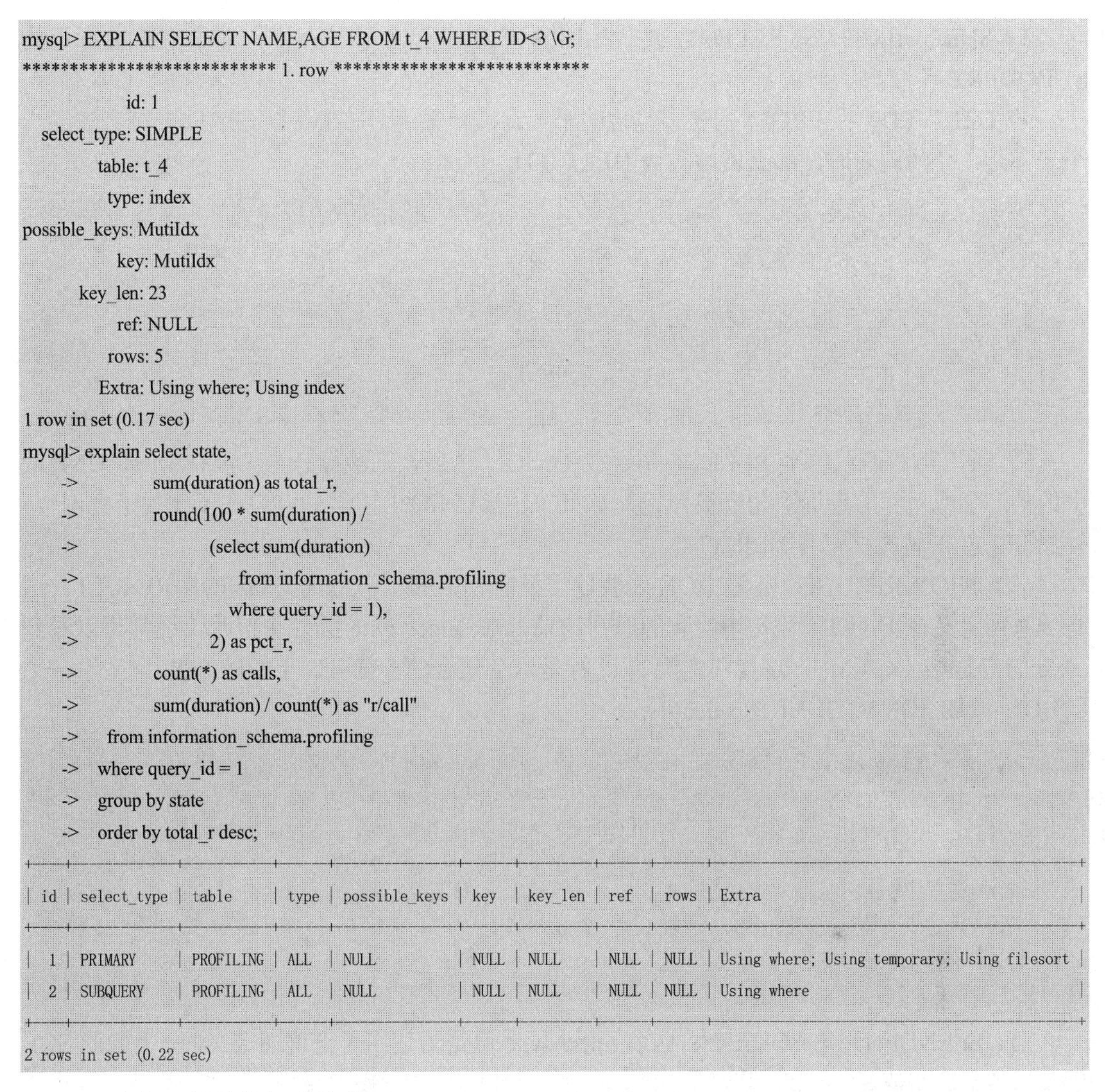

```
mysql> EXPLAIN SELECT NAME,AGE FROM t_4 WHERE ID<3 \G;
*************************** 1. row ***************************
           id: 1
  select_type: SIMPLE
        table: t_4
         type: index
possible_keys: MutiIdx
          key: MutiIdx
      key_len: 23
          ref: NULL
         rows: 5
        Extra: Using where; Using index
1 row in set (0.17 sec)
mysql> explain select state,
    ->         sum(duration) as total_r,
    ->         round(100 * sum(duration) /
    ->             (select sum(duration)
    ->                from information_schema.profiling
    ->               where query_id = 1),
    ->             2) as pct_r,
    ->         count(*) as calls,
    ->         sum(duration) / count(*) as "r/call"
    ->    from information_schema.profiling
    ->   where query_id = 1
    ->   group by state
    ->   order by total_r desc;
+----+-------------+-----------+------+---------------+------+---------+------+------+----------------------------------------------+
| id | select_type | table     | type | possible_keys | key  | key_len | ref  | rows | Extra                                        |
+----+-------------+-----------+------+---------------+------+---------+------+------+----------------------------------------------+
|  1 | PRIMARY     | PROFILING | ALL  | NULL          | NULL | NULL    | NULL | NULL | Using where; Using temporary; Using filesort |
|  2 | SUBQUERY    | PROFILING | ALL  | NULL          | NULL | NULL    | NULL | NULL | Using where                                  |
+----+-------------+-----------+------+---------------+------+---------+------+------+----------------------------------------------+
2 rows in set (0.22 sec)
```

下面介绍每种指标的含义：

1．id

id 包含一组数字，表示查询中执行 SELECT 子句或操作表的顺序；执行顺序从大到小执行；当 id 值一样的时候，执行顺序由上往下。

2．select_type

select_type 表示查询中每个 SELECT 子句的类型，最常见的值包括 SIMPLE、PRIMARY、DERIVED 和 UNION。其他可能的值还有 UNION RESULT、DEPENDENT SUBQUERY、DEPENDENT UNION、UNCACHEABLE UNION 以及 UNCACHEABLE QUERY，这些类型的含义如下：

1）SIMPLE：查询中不包含子查询、表连接或者 UNION 等其他复杂语法的简单查询，这是一个常见的类型。

2）PRIMARY：查询中若包含任何复杂的子查询，则最外层查询被标记为 PRIMARY。这个类型通常可以在 DERIVED 和 UNION 类型混合使用时见到。

3）SUBQUERY：在 SELECT 或 WHERE 列表中包含了子查询，该子查询被标记为 SUBQUERY。

4）DERIVED：在 FROM 列表中包含的子查询被标记为 DERIVED（衍生），或者说当一个表不是一个物理表时，那么就被称为 DERIVED，例如：

```
mysql> EXPLAIN select sum(duration)  from (select * from information_schema.profiling) c;
```

id	select_type	table	type	possible_keys	key	key_len	ref	rows	Extra
1	PRIMARY	<derived2>	ALL	NULL	NULL	NULL	NULL	2	NULL
2	DERIVED	PROFILING	ALL	NULL	NULL	NULL	NULL	NULL	NULL

5）UNION：若第二个 SELECT 出现在 UNION 之后，则被标记为 UNION，即 UNION 中的第二个或后面的查询语句会被标记为 UNION；若 UNION 包含在 FROM 子句的子查询中，外层 SELECT 将被标记为 DERIVED。

6）UNION RESULT：从 UNION 表获取结果的 SELECT 被标记为 UNION RESULT。这是一系列定义在 UNION 语句中的表的返回结果。当 select_type 为这个值时，经常可以看到 table 的值是<unionN,M>，这说明匹配的 id 行是这个集合的一部分。下面的 SQL 产生了一个 UNION 和 UNION RESULT 的 select-type。

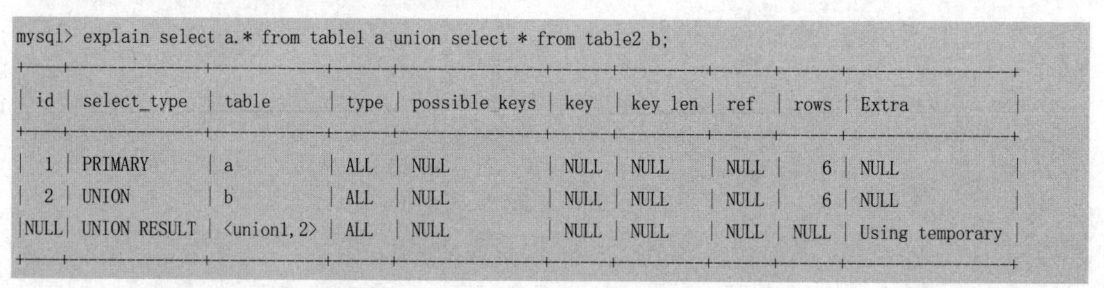

```
mysql> explain select a.* from table1 a union select * from table2 b;
```

id	select_type	table	type	possible keys	key	key len	ref	rows	Extra
1	PRIMARY	a	ALL	NULL	NULL	NULL	NULL	6	NULL
2	UNION	b	ALL	NULL	NULL	NULL	NULL	6	NULL
NULL	UNION RESULT	<union1,2>	ALL	NULL	NULL	NULL	NULL	NULL	Using temporary

7）DEPENDENT SUBQUERY：这个 select-type 值是为使用子查询而定义的。下面的 SQL 语句提供了这个值。

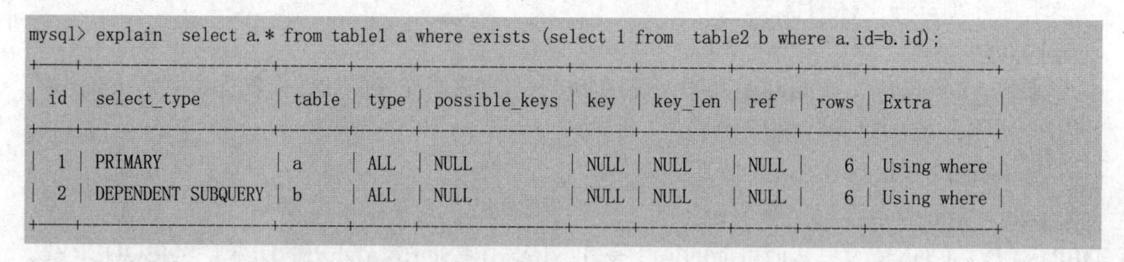

```
mysql> explain  select a.* from table1 a where exists (select 1 from  table2 b where a.id=b.id);
```

id	select_type	table	type	possible_keys	key	key_len	ref	rows	Extra
1	PRIMARY	a	ALL	NULL	NULL	NULL	NULL	6	Using where
2	DEPENDENT SUBQUERY	b	ALL	NULL	NULL	NULL	NULL	6	Using where

3．type

type 表示 MySQL 在表中找到所需行的方式，又称“访问类型”，常见类型有以下几种，从上到下，性能由最差到最好。

1）ALL：全表扫描（Full Table Scan），MySQL 将进行全表扫描。

2）index：索引全扫描（Index Full Scan），MySQL 将遍历整个索引来查询匹配的行，index 与 ALL 区别为 index 类型只遍历索引树。

3）range：索引范围扫描（Index Range Scan），对索引的扫描开始于某一点，返回匹配值域的行，常见于 BETWEEN、<、>、>=、<=的查询。需要注意的是，若 WHERE 条件中使用了 IN，则该列也是显示 range。

4）ref：返回匹配某个单独值的所有行，常见于使用非唯一索引或唯一索引的非唯一前缀进行的查找。此外，ref 还经常出现在 join 操作中。

5）eq_ref：唯一性索引扫描，对于每个索引键，表中只有一条记录与之匹配。常见于主键或唯一索引扫描，即在多表连接中，使用主键或唯一索引作为连接条件。

6）const：当 MySQL 对查询某部分进行优化，并转换为一个常量时，使用这些类型访问。例如，将主键列或唯一索引列置于 WHERE 列表中，此时，MySQL 就能将该查询转换为一个常量 const。单表中最多只有 1 个匹配行，所以查询非常迅速，则这个匹配行中的其他列的值就可以被优化器在当前查询中当作常量来处理。

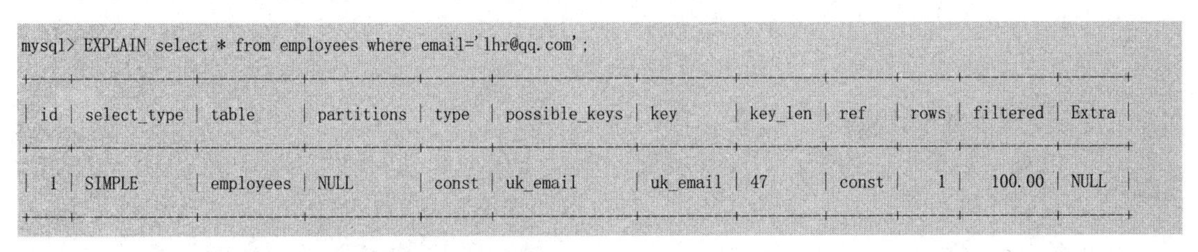

mysql> EXPLAIN select * from employees where email='lhr@qq.com';

id	select_type	table	partitions	type	possible_keys	key	key_len	ref	rows	filtered	Extra
1	SIMPLE	employees	NULL	const	uk_email	uk_email	47	const	1	100.00	NULL

7）system：表中只有一行数据或者是空表，且只能用于 myisam 和 memory 表。如果是 Innodb 引擎表，那么 type 列通常都是 ALL 或者 index。

8）NULL：MySQL 在优化过程中分解语句，执行时不用访问表或索引就能直接得到结果。

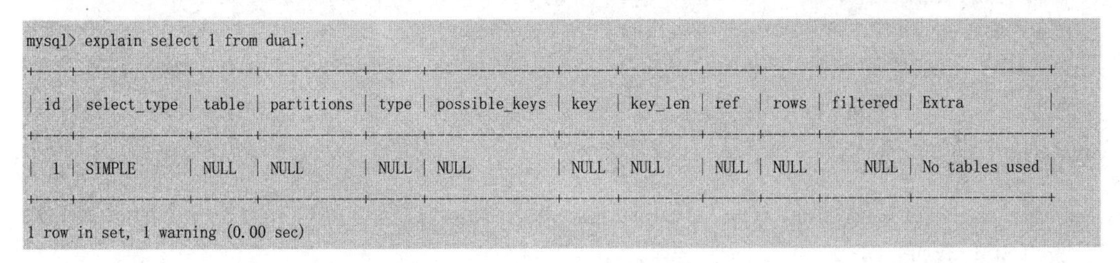

mysql> explain select 1 from dual;

id	select_type	table	partitions	type	possible_keys	key	key_len	ref	rows	filtered	Extra
1	SIMPLE	NULL	NULL	NULL	NULL	NULL	NULL	NULL	NULL	NULL	No tables used

1 row in set, 1 warning (0.00 sec)

类型 type 还有其他值，如 ref_or_null（与 ref 类似，区别在于条件中包含对 NULL 的查询）、index_merge（索引合并优化）、unique_subquery（in 的后面是一个查询主键字段的子查询）、index_subquery（与 unique_subquery 类似，区别在于 in 的后面是一个查询非唯一索引字段的子查询）、fulltext（全文索引检索，要注意，全文索引的优先级很高，若全文索引和普通索引同时存在时，MySQL 不会考虑代价，优先选择使用全文索引）等。

4．possible_keys

possible_keys 表示查询时可能使用到的索引，指出 MySQL 能使用哪个索引在表中找到行，若查询涉及的字段上存在索引，则该索引将被列出，但不一定被查询使用。一个会列出大量可能的索引（例如多于 3 个）的 QEP 意味着备选索引数量太多了，同时也可能提示存在一个无效的单列索引。

5．key

key 显示 MySQL 在查询中实际使用的索引，若没有使用索引，则显示为 NULL。若查询中使用了覆盖索引，则该索引仅出现在 key 列表中。一般来说 SQL 查询中的每个表都仅使用一个索引。“SHOW CREATE TABLE <table>”命令是最简单的查看表和索引列细节的方式。和 key 列相关的列还包括 possible_keys、rows 以及 key_len。

6．key_len

key_len 表示使用到索引字段的长度，可通过该列计算查询中使用的索引的长度。此列的值对于确认索引的有效性以及多列索引中用到的列的数目很重要。

常见的计算规律为：

1）1 个 utf8 字符集的字符占用 3 个字节；1 个 gbk 字符集的字符占用 2 个字节。

2）对于变长的类型（VARCHAR），key_len 还要加 2 字节；若字段允许为空，则 key_len 需要加 1。

3）INT 类型的长度为 4。

4）对于 DATATIME 类型的字段，在 MySQL 5.6.4 以前是 8 个字节（不能存储小数位），之后的长度为 5 个字节再加上小数位字节数。DATATIME 最大小数位是 6。若小数位长度为 1 或 2，则总字节数为 6（5+1）；若小数位为 3 或 4，则总字节数为 7（5+2）；若小数位为 5 或 6，则总字节数为 8（5+3）。

由此可见，是否可以为空、可变长度的列以及 key_len 列的值只与用在连接和 WHERE 条件中的索引的列有关。索引中的其他列会在 ORDER BY 或者 GROUP BY 语句中被用到。

下面给出一个示例：

```
CREATE TABLE `wp_posts` (
    `ID` bigint(20) unsigned NOT NULL AUTO_INCREMENT,
    `post_date` datetime NOT NULL DEFAULT '0000-00-00 00:00:00',
    `post_status` varchar(20) NOT NULL DEFAULT 'publish' ,
    `post_type` varchar(20) NOT NULL DEFAULT 'post',
    PRIMARY KEY (`ID`),
    KEY `type_status_date`(`post_type`,`post_status`,`post_date`,`ID`)
) DEFAULT CHARSET=utf8;
```

这个表的索引包括 post_type、post_status、post_date 以及 ID 列。下面是一个演示索引列用法的 SQL 查询：

```
mysql> CREATE TABLE `wp_posts` (
    ->  `ID` bigint(20) unsigned NOT NULL AUTO_INCREMENT,
    ->  `post_date` datetime NOT NULL DEFAULT '0000-00-00 00:00:00',
    ->  `post_status` varchar(20) NOT NULL DEFAULT 'publish' ,
    ->  `post_type` varchar(20) NOT NULL DEFAULT 'post',
    ->  PRIMARY KEY (`ID`),
    ->  KEY `type_status_date`(`post_type`,`post_status`,`post_date`,`ID`)
    -> ) DEFAULT CHARSET=utf8    ;
Query OK, 0 rows affected (0.52 sec)
mysql> EXPLAIN SELECT ID, post_status FROM wp_posts WHERE post_type='post'    AND post_date > '2010-06-01';
+----+-------------+----------+------+------------------+------------------+---------+-------+------+--------------------------+
| id | select_type | table    | type | possible_keys    | key              | key_len | ref   | rows | Extra                    |
+----+-------------+----------+------+------------------+------------------+---------+-------+------+--------------------------+
|  1 | SIMPLE      | wp_posts | ref  | type_status_date | type_status_date | 62      | const |    1 | Using where; Using index |
+----+-------------+----------+------+------------------+------------------+---------+-------+------+--------------------------+
1 row in set (0.03 sec)
```

这个查询的 QEP 返回的 key_len 是 62。这说明只有 post_type 列上的索引用到了（因为 (20×3)+2=62，post_type 长度为 20；1 个 utf8 字符集的字符占用 3 个字节；对于变长的类型，key_len 还要加 2 字节；若字段允许为空，则 key_len 需要加 1）。尽管查询在 WHERE 语句中使用了 post_type 和 post_date 列，但只有 post_type 部分被用到了。其他索引没有被使用的原因是 MySQL 只能使用定义索引的最左边部分。为了更好地利用这个索引，可以修改这个查询来调整索引的列。请看下面的示例：

```
mysql> EXPLAIN SELECT ID, post_status FROM wp_posts WHERE post_type='post'  and post_status='publish' AND post_date > '2010-06-01';
+----+-------------+----------+------+-------------------+-------------------+---------+-------------+------+--------------------------+
| id | select_type | table    | type | possible_keys     | key               | key_len | ref         | rows | Extra                    |
+----+-------------+----------+------+-------------------+-------------------+---------+-------------+------+--------------------------+
|  1 | SIMPLE      | wp_posts | ref  | type_status_date  | type_status_date  | 132     | const,const |    1 | Using where; Using index |
+----+-------------+----------+------+-------------------+-------------------+---------+-------------+------+--------------------------+
1 row in set (0.00 sec)
```

在 SELECT 查询的添加一个 post_status 列的限制条件后，QEP 显示 key_len 的值为 132，这意味着 post_type、post_status、post_date 三列（(62+62+8)=[(20×3)+2]+[(20×3)+2]+8）都被用到了。此外，这个索引的主码列 ID 的定义是使用 MyISAM 存储索引的遗留痕迹。当使用 InnoDB 存储引擎时，在非主码索引中包含主码列是多余的，这可以从 key_len 的用法看出来。相关的 QEP 列还包括带有 Using index 值的 Extra 列。

7. ref

ref 表示上述表的连接匹配条件，即那些列或常量被用于查找索引列上的值。

8. rows

rows 表示 MySQL 根据表统计信息及索引选用情况，估算找到所需的记录所需要读取的行数。

9. Extra

Extra 包含不适合在其他列中显示但十分重要的额外信息：

1）Using where：表示 MySQL 服务器在存储引擎收到记录后进行“后过滤”（Post-filter），如果查询未能使用索引，那么 Using where 的作用只是说明 MySQL 将用 where 子句来过滤结果集。如果用到了索引，那么行的限制条件是通过获取必要的数据之后处理读缓冲区来实现的。

2）Using temporary：表示 MySQL 需要使用临时表来存储结果集，常见于排序和分组查询。这个值表示使用了内部临时（基于内存的）表。一个查询可能用到多个临时表。有很多原因都会导致 MySQL 在执行查询期间创建临时表。两个常见的原因是在来自不同表的列上使用了 DISTINCT，或者使用了不同的 ORDER BY 和 GROUP BY 列。

3）Using filesort：MySQL 中无法利用索引完成的排序操作称为“文件排序”。这是 ORDER BY 语句的结果。这可能是一个 CPU 密集型的过程。可以通过选择合适的索引来改进性能，用索引来为查询结果排序。

4）Using index：这个值重点强调了只需要使用索引就可以满足查询表的要求，不需要直接访问表数据，说明 MySQL 正在使用覆盖索引。

5）Using join buffer：这个值强调了在获取连接条件时没有使用索引，并且需要连接缓冲区来存储中间结果。如果出现了这个值，那应该注意，根据查询的具体情况可能需要添加索引来改进性能。

6）Impossible where：这个值强调了 where 语句会导致没有符合条件的行。

7）Select tables optimized away：这个值意味着仅通过使用索引，优化器可能仅从聚合函数结果中返回一行。

8）Distinct：这个值意味着 MySQL 在找到第一个匹配的行之后就会停止搜索其他行。

9）Index merges：当 MySQL 决定要在一个给定的表上使用超过一个索引的时候，Index merges 就会出现，用来详细说明使用的索引以及合并的类型。

10．table

table 列是 EXPLAIN 命令输出结果中的一个单独行的唯一标识符。这个值可能是表名、表的别名或者一个为查询产生临时表的标识符，如派生表、子查询或集合。下面是 QEP 中 table 列的一些示例：

1）table: item。

2）table: <derivedN>。

3）table: <unionN,M>。

表中 N 和 M 的值参考了另一个符合 id 列值的 table 行。相关的 QEP 列还有 select_type。

11．partitions

partitions 列代表给定表所使用的分区。这一列只会在 EXPLAIN PARTITIONS 语句中出现。

12．filtered

filtered 列给出了一个百分比的值，这个百分比值和 rows 列的值一起使用，可以估计出那些将要和 QEP 中的前一个表进行连接的行的数目。前一个表就是指 id 列的值比当前表的 id 小的表。这一列只有在 EXPLAIN EXTENDED 语句中才会出现。使用 EXPLAIN EXTENDED 和 SHOW WARNINGS 语句，能够看到 SQL 在真正被执行之前优化器做了哪些 SQL 改写。

MySQL 5.6 后可以加参数 explain format=json xxx 输出 json 格式的执行计划信息，如下所示：

```
mysql>   EXPLAIN format='json' select * from employees where email='lhr@qq.com'\G;
*************************** 1. row ***************************
EXPLAIN: {
  "query_block": {
    "select_id": 1,
    "cost_info": {
      "query_cost": "1.00"
    },
    "table": {
      "table_name": "employees",
      "access_type": "const",
      "possible_keys": [
        "uk_email"
      ],
      "key": "uk_email",
      "used_key_parts": [
```

```
            "email"
          ],
          "key_length": "47",
          "ref": [
            "const"
          ],
          "rows_examined_per_scan": 1,
          "rows_produced_per_join": 1,
          "filtered": "100.00",
          "cost_info": {
            "read_cost": "0.00",
            "eval_cost": "0.20",
            "prefix_cost": "0.00",
            "data_read_per_join": "112"
          },
          "used_columns": [
            "id",
            "firstname",
            "lastname",
            "email",
            "phone"
          ]
        }
      }
}
1 row in set, 1 warning (0.00 sec)

ERROR:
No query specified

mysql>
```

8.2 使用 show profile 分析 SQL 语句性能消耗

MySQL 可以使用 profile 分析 SQL 语句的性能消耗情况。例如，查询到 SQL 会执行多少时间，并显示 CPU、内存使用量，执行过程中系统锁及表锁的花费时间等信息。

通过 have_profiling 参数可以查看 MySQL 是否支持 profile，通过 profiling 参数可以查看当前系统 profile 是否开启。

查看 profile 是否开启方法如下：

```
mysql> show variables like '%profil%';
+------------------------+-------+
| Variable_name          | Value |
+------------------------+-------+
| have_profiling         | YES   |        --当前 MySQL 是否支持 profile
| profiling              | OFF   |        --开启 SQL 语句剖析功能
| profiling_history_size | 15    |        --设置保留 profiling 的数目，默认为 15，范围为 0~100，为 0 时将禁用 profiling
+------------------------+-------+
```

以下是有关 profile 的一些常用命令：

1）set profiling = 1;　#基于会话级别开启，关闭则用 set profiling = off。

2）show profile for query 1; #1 是 query_id。

3）show profile cpu for query 1;　#查看 CPU 的消耗情况。

4）show profile memory for query 1;　#查看内存消耗情况。

5）show profile block io,cpu for query 1;　#查看 I/O 及 CPU 的消耗情况。

命令“show profile for query”的结果中有 Sending data，该状态表示 MySQL 线程开始访问数据行并把结果返回给客户端，而不仅仅是返回结果给客户端。由于在 Sending data 状态下，MySQL 线程往往需要做大量的磁盘读取操作，所以经常是整个查询中耗时最长的状态。

可以使用如下的语句查询 SQL 的整体消耗百分比：

```
select state,
       sum(duration) as total_r,
       round(100 * sum(duration) / (select sum(duration) from information_schema.profiling    where query_id = 1),2) as pct_r,
       count(*) as calls,
       sum(duration) / count(*) as "r/call"
  from information_schema.profiling
 where query_id = 1
 group by state
 order by total_r desc;
```

profile 是一个非常量化的指标，可以根据这些量化指标来比较各项资源的消耗，有利于对 SQL 语句的整体把控。在获取到最消耗时间的线程状态后，MySQL 支持进一步选择 all、cpu、block io、context switch、page faults 等明细类型来查看 MySQL 在使用什么资源上耗费了过多的时间。

可以通过 show profile source for query 查看 SQL 解析执行过程中每个步骤对应的源码的文件、函数名以及具体的源文件行数：

```
mysql>  show profile source for query 1;
+----------------+----------+-----------------------+--------------+-------------+
| Status         | Duration | Source_function       | Source_file  | Source_line |
+----------------+----------+-----------------------+--------------+-------------+
| starting       | 0.000118 | NULL                  | NULL         |        NULL |
| query end      | 0.000008 | mysql_execute_command | sql_parse.cc |        4967 |
| closing tables | 0.000004 | mysql_execute_command | sql_parse.cc |        5019 |
| freeing items  | 0.000010 | mysql_parse           | sql_parse.cc |        5593 |
| cleaning up    | 0.000012 | dispatch_command      | sql_parse.cc |        1902 |
+----------------+----------+-----------------------+--------------+-------------+
5 rows in set, 1 warning (0.01 sec)
```

show profile 能够在做 SQL 优化时帮助 DBA 了解时间都耗费到哪里去了，从 MySQL 5.6 开始，可以通过 trace 文件进一步获取优化器时如何选择执行计划的。

使用示例如下所示：

```
mysql> SELECT @@profiling;
+-------------+
| @@profiling |
```

```
+-------------+
|           0 |
+-------------+
1 row in set (0.00 sec)

mysql> SET profiling = 1;
Query OK, 0 rows affected (0.00 sec)

mysql> DROP TABLE IF EXISTS t1;
Query OK, 0 rows affected, 1 warning (0.00 sec)

mysql> CREATE TABLE T1 (id INT);
Query OK, 0 rows affected (0.01 sec)

mysql> SHOW PROFILES;
+----------+----------+--------------------------+
| Query_ID | Duration | Query                    |
+----------+----------+--------------------------+
|        0 | 0.000088 | SET PROFILING = 1        |
|        1 | 0.000136 | DROP TABLE IF EXISTS t1  |
|        2 | 0.011947 | CREATE TABLE t1 (id INT) |
+----------+----------+--------------------------+
3 rows in set (0.00 sec)

mysql> SHOW PROFILE;
+----------------------+----------+
| Status               | Duration |
+----------------------+----------+
| checking permissions | 0.000040 |
| creating table       | 0.000056 |
| After create         | 0.011363 |
| query end            | 0.000375 |
| freeing items        | 0.000089 |
| logging slow query   | 0.000019 |
| cleaning up          | 0.000005 |
+----------------------+----------+
7 rows in set (0.00 sec)

mysql> SHOW PROFILE FOR QUERY 1;
+--------------------+----------+
| Status             | Duration |
+--------------------+----------+
| query end          | 0.000107 |
| freeing items      | 0.000008 |
| logging slow query | 0.000015 |
| cleaning up        | 0.000006 |
+--------------------+----------+
4 rows in set (0.00 sec)

mysql> SHOW PROFILE CPU FOR QUERY 2;
```

```
+----------------------+----------+----------+------------+
| Status               | Duration | CPU_user | CPU_system |
+----------------------+----------+----------+------------+
| checking permissions | 0.000040 | 0.000038 |   0.000002 |
| creating table       | 0.000056 | 0.000028 |   0.000028 |
| After create         | 0.011363 | 0.000217 |   0.001571 |
| query end            | 0.000375 | 0.000013 |   0.000028 |
| freeing items        | 0.000089 | 0.000010 |   0.000014 |
| logging slow query   | 0.000019 | 0.000009 |   0.000010 |
| cleaning up          | 0.000005 | 0.000003 |   0.000002 |
+----------------------+----------+----------+------------+
```

需要注意的是，information_schema.profiling 和 SHOW PROFILES 在 MySQL 5.7.2 中已经被标记为废除，警告信息为：

```
'SHOW PROFILES' is deprecated and will be removed in a future release. Please use Performance Schema instead
'INFORMATION_SCHEMA.PROFILING' is deprecated and will be removed in a future release. Please use Performance Schema instead
```

更详细的信息，请参加官网：

https://dev.mysql.com/doc/refman/5.7/en/performance-schema-query-profiling.html。

8.3 MySQL 中 CHECK、OPTIMIZE 和 ANALYZE 的作用分别是什么？

MySQL 中分析表（ANALYZE）的主要作用是分析关键字的分布；检查表（CHECK）的主要作用是检查表是否存在错误；优化表（OPTIMIZE）的主要作用是消除删除或者更新造成的空间浪费。详细信息见下表：

	OPTIMIZE（优化）	ANALYZE（分析）	CHECK（检查）
作用	OPTIMIZE 可以回收空间、减少碎片、提高 I/O。如果已经删除了表的大部分数据，或者如果已经对含有可变长度行的表（含有 VARCHAR、BLOB 或 TEXT 列的表）进行了很多更改，那么应使用 OPTIMIZE TABLE 命令对表进行优化，将表中的空间碎片进行合并，并且消除由于删除或者更新造成的空间浪费	ANALYZE 用于收集优化器统计信息，分析和存储表的关键字分布，分析的结果可以使数据库系统获得准确的统计信息，使得 SQL 能生成正确的执行计划。对于 MyISAM 表，本语句与使用 myisamchk –a 作用相当	CHECK 主要作用是检查表是否存在错误，CHECK 也可以检查视图是否有错误，例如，在视图定义中视图引用的表已不存在。可以使用 REPAIR TABLE 来修复损坏的表
语法	OPTIMIZE [NO_WRITE_TO_BINLOG | LOCAL] TABLE tbl_name [, tbl_name] ...	ANALYZE [NO_WRITE_TO_BINLOG | LOCAL] TABLE tbl_name [, tbl_name] ...	CHECK TABLE tbl_name [, tbl_name] ... [option] ... option = { FOR UPGRADE | QUICK | FAST | MEDIUM | EXTENDED | CHANGED }
举例	OPTIMIZE TABLE mysql.user;	ANALYZE TABLE mysql.user;	check table mysql.user;
注意事项	OPTIMIZE 只对 MyISAM、BDB 和 InnoDB 表起作用	ANALYZE 只对 MyISAM、BDB 和 InnoDB 表起作用	CHECK 只对 MyISAM 和 InnoDB 表起作用

需要注意以下几点：

1）对于 InnoDB 引擎的表来说，通过设置 innodb_file_per_table 参数，设置 InnoDB 为独立表空间模式，这样每个数据库的每个表都会生成一个独立的 ibd 文件，用于存储表的数据和索引，这样可以在一定程度上减轻 InnoDB 表的空间回收压力。另外，在删除大量数据后，InnoDB 表可以通过 alter table 但是不修改引擎的方法来回收不用的空间，该操作会重建表：

```
mysql>alter table city engine=innodb;
Query OK, 0 rows affected (0.08 sec)
Records: 0    Duplicates: 0    Warnings: 0
```

2）ANALYZE、CHECK、OPTIMIZE、ALTER TABLE 执行期间会对表进行锁定（数据库系统会对表加一个只读锁，在分析期间，只能读取表中的记录，不能更新和插入记录），因此一定要注意在数据库不繁忙的时候执行相关的操作。

3）工具 mysqlcheck 可以检查和修复 MyISAM 表，还可以优化和分析表，它集成了 MySQL 工具中 CHECK、REPAIR、ANALYZE 和 OPTIMIZE 的功能。

8.4 如何对 MySQL 进行优化？

一个成熟的数据库架构并不是一开始设计就具备高可用、高伸缩等特性，它是随着用户量的增加，基础架构才逐渐完善。

1．数据库的设计

1）尽量让数据库占用更小的磁盘空间。

2）尽可能使用更小的整数类型。

3）尽可能地定义字段为 NOT NULL，除非这个字段需要 NULL。

4）如果没有用到变长字段（例如 VARCHAR）的话，那么就采用固定大小的记录格式，例如 CHAR。

5）只创建确实需要的索引。索引有利于检索记录，但是不利于快速保存记录。如果总是要在表的组合字段上做搜索，那么就在这些字段上创建索引。索引的第一部分必须是最常使用的字段。

6）所有数据都得在保存到数据库前进行处理。

7）所有字段都得有默认值。

2．系统的用途

1）尽量使用长连接。

2）通过 EXPLAIN 查看复杂 SQL 的执行方式，并进行优化。

3）如果两个关联表要做比较，那么做比较的字段必须类型和长度都一致。

4）LIMIT 语句尽量要跟 ORDER BY 或 DISTINCT 搭配使用，这样可以避免做一次 FULL TABLE SCAN。

5）如果想要清空表的所有纪录，那么建议使用 TRUNCATE TABLE TABLENAME 而不是 DELETE FROM TABLENAME。

6）在一条 INSERT 语句中采用多重记录插入格式，而且使用 load data infile 来导入大量数据，这比单纯的 INSERT 快很多。

7）如果 DATE 类型的数据需要频繁地做比较，那么尽量保存为 UNSIGNED INT 类型，这样可以加快比较的速度。

3．系统的瓶颈

（1）磁盘搜索

并行搜索。把数据分开存放到多个磁盘中，这样能加快搜索时间。

（2）磁盘读写（I/O）

可以从多个媒介中并行的读取数据。

（3）CPU 周期

数据存放在主内存中。这样就得增加 CPU 的个数来处理这些数据。

（4）内存带宽

当 CPU 要将更多的数据存放到 CPU 的缓存中来的话，内存的带宽就成了瓶颈。

4．数据库参数优化

MySQL 常用的有两种存储引擎，分别是 MyISAM 和 InnoDB。每种存储引擎的参数比较多，以下列出主要影响数据库性能的参数。

（1）公共参数默认值

1）max_connections = 151 #同时处理最大连接数，推荐设置最大连接数是上限连接数的 80%左右。

2）sort_buffer_size = 2M #查询排序时缓冲区大小，只对 ORDER BY 和 GROUP BY 起作用，可增大此值为 16M。

3）open_files_limit = 1024 #打开文件数限制，如果 show global status like 'open_files'查看的值等于或者大于 open_files_limit 值时，程序会无法连接数据库或卡死。

（2）MyISAM 参数默认值

1）key_buffer_size = 16M#　索引缓存区大小，一般设置物理内存的 30%～40%。

2）read_buffer_size = 128K　#读操作缓冲区大小，推荐设置 16M 或 32M。

3）query_cache_type = ON#　打开查询缓存功能。

4）query_cache_limit = 1M　#查询缓存限制，只有 1M 以下查询结果才会被缓存，以免结果数据较大把缓存池覆盖。

5）query_cache_size = 16M　#查看缓冲区大小，用于缓存 SELECT 查询结果，下一次有同样 SELECT 查询将直接从缓存池返回结果，可适当成倍增加此值。

（3）InnoDB 参数默认值

1）innodb_buffer_pool_size = 128M　#索引和数据缓冲区大小，一般设置物理内存的 60%～70%。

2）innodb_buffer_pool_instances = 1　#缓冲池实例个数，推荐设置 4 个或 8 个。

3）innodb_flush_log_at_trx_commit = 1　#关键参数，0 代表大约每秒写入到日志并同步到磁盘，数据库故障会丢失 1s 左右事务数据。1 为每执行一条 SQL 后写入到日志并同步到磁盘，I/O 开销大，执行完 SQL 要等待日志读写，效率低。2 代表只把日志写入到系统缓存区，再每秒同步到磁盘，效率很高，如果服务器故障，才会丢失事务数据。对数据安全性要求不是很高的推荐设置 2，性能高，修改后效果明显。

4）innodb_file_per_table = OFF　#默认是共享表空间，共享表空间 idbdata 文件不断增大，影响一定的 I/O 性能。推荐开启独立表空间模式，每个表的索引和数据都存在自己独立的表空间中，可以实现单表在不同数据库中移动。

5）innodb_log_buffer_size = 8M　#日志缓冲区大小，由于日志最长每秒钟刷新一次，所以一般不用超过 16M

5．系统内核优化

大多数 MySQL 都部署在 Linux 系统上，所以，操作系统的一些参数也会影响到 MySQL 性能，以下参数的设置可以对 Linux 内核进行适当优化。

1）net.ipv4.tcp_fin_timeout = 30　#TIME_WAIT 超时时间，默认是 60s。

2）net.ipv4.tcp_tw_reuse = 1　#1 表示开启复用，允许 TIME_WAIT socket 重新用于新的 TCP 连接，0 表示关闭。

3）net.ipv4.tcp_tw_recycle = 1　#1 表示开启 TIME_WAIT socket 快速回收，0 表示关闭。

4）net.ipv4.tcp_max_tw_buckets = 4096　#系统保持 TIME_WAIT socket 最大数量，如果超出这个数，系统将随机清除一些 TIME_WAIT 并打印警告信息。

5）net.ipv4.tcp_max_syn_backlog = 4096　#进入 SYN 队列最大长度，加大队列长度可容纳更多的等待连接。

在 Linux 系统中，如果进程打开的文件句柄数量超过系统默认值 1024，就会提示“too many files open”信息，所以，要调整打开文件句柄限制。

6）# vi /etc/security/limits.conf　#加入以下配置，*代表所有用户，也可以指定用户，重启系统生效。

7）* soft nofile 65535。

8）* hard nofile 65535。

9）# ulimit -SHn 65535　#立刻生效。

6．硬件配置

硬件配置应加大物理内存，提高文件系统性能。Linux 内核会从内存中分配出缓存区（系统缓存和数据缓存）来存放热数据，通过文件系统延迟写入机制，等满足条件时（如缓存区大小到达一定百分比或者执行 sync 命令）才会同步到磁盘。也就是说物理内存越大，分配缓存区越大，缓存数据越多。当然，服务器故障会丢失一定的缓存数据。可以采用 SSD（Solid State Drives，固态硬盘）硬盘代替 SAS（Serial Attached SCSI，串行连接 SCSI）硬盘，将 RAID（Redundant Arrays of Independent Disks，磁盘阵列）级别调整为 RAID1+0，相对于 RAID1 和 RAID5 它有更好的读写性能（IOPS，Input/Output Operations Per Second，即每秒进行读写（I/O）操作的次数），毕竟数据库的压力主要来自磁盘 I/O 方面。

7．SQL 优化

执行缓慢的 SQL 语句大约能消耗数据库 70%～90%的 CPU 资源，而 SQL 语句独立于程序设计逻辑，相对于对程序源代码的优化，对 SQL 语句的优化在时间成本和风险上的代价都很低。SQL 语句可以有不同的写法，下面分别来看看。

1）在 MySQL 5.5 及其以下版本中避免使用子查询。

例如，在 MySQL 5.5 版本里，若执行下面的 SQL 语句，则内部执行计划器是这样执行的：先查外表再匹配内表，而不是先查内表 T2。所以，当外表的数据很大时，查询速度就会非常慢。

```
SELECT * FROM T1 WHERE ID IN (SELECT ID FROM T2 WHERE NAME='xiaomaimiao');
```

在 MySQL 5.6 版本里，采用 JOIN 关联方式对其进行了优化，这条 SQL 会自动转换为：

```
SELECT T1.* FROM T1 JOIN T2 ON T1.ID = T2.ID;
```

需要注意的是，该优化只针对 SELECT 有效，对 UPDATE 或 DELETE 子查询无效，故生产环境应避免使用子查询。

2）避免函数索引。

例如下面的 SQL 语句会使用全表扫描：

```
SELECT * FROM T WHERE YEAR(D) >= 2016;
```

由于 MySQL 不像 Oracle 那样支持函数索引，即使 D 字段有索引，也会使用全表扫描。为例能使用到这一列的索引，应改为如下的 SQL 语句：

```
SELECT * FROM T WHERE D >= '2016-01-01';
```

3）用 IN 来替换 OR。

低效查询：

```
SELECT * FROM T WHERE LOC_ID = 10 OR LOC_ID = 20 OR LOC_ID = 30;
```

高效查询：

```
SELECT * FROM T WHERE LOC_IN IN (10,20,30);
```

4）在 LIKE 中双百分号无法使用到索引。

```
SELECT * FROM t WHERE name LIKE '%de%';
SELECT * FROM t WHERE name LIKE 'de%';
```

在以上SQL语句中，第一句SQL无法使用索引，而第二句可以使用索引。目前只有MySQL 5.7 及以上版本支持全文索引。

5）读取适当的记录 LIMIT M,N。

```
SELECT * FROM t WHERE 1;
SELECT * FROM t WHERE 1 LIMIT 10;
```

6）避免数据类型不一致。

```
SELECT * FROM T WHERE ID = '19';
```

由于以上 SQL 中 ID 为数值型，所以应该去掉过滤条件中数值 19 的双引号：

```
SELECT * FROM T WHERE ID = 19;
```

7）分组统计可以禁止排序。

```
SELECT GOODS_ID,COUNT(*) FROM T GROUP BY GOODS_ID;
```

默认情况下，MySQL 会对所有 GROUP BY col1，col2...的字段进行排序。如果查询包括 GROUP BY，那么想要避免排序结果的消耗，则可以指定 ORDER BY NULL 禁止排序，如下所示：

```
SELECT GOODS_ID,COUNT(*) FROM T GROUP BY GOODS_ID ORDER BY NULL;
```

8）避免随机取记录。

```
SELECT * FROM T1 WHERE 1=1 ORDER BY RAND() LIMIT 4;
```

由于 MySQL 不支持函数索引，所以以上 SQL 会使用全表扫描，可以修改为如下的 SQL 语句：

```
SELECT * FROM T1 WHERE ID >= CEIL(RAND()*1000) LIMIT 4;
```

9）禁止不必要的 ORDER BY 排序。

```
SELECT COUNT(1) FROM T1 JOIN T2 ON T1.ID = T2.ID WHERE 1 = 1 ORDER BY T1.ID DESC;
```

由于计算的是总量，所以没有必要去排序，可以去掉排序语句，如下所示：

```
SELECT COUNT(1) FROM T1 JOIN T2 ON T1.ID = T2.ID;
```

10）尽量使用批量 INSERT 插入。

下面的 SQL 语句可以使用批量插入：

```
INSERT INTO t (id, name) VALUES(1,'xiaolu');
INSERT INTO t (id, name) VALUES(2,'xiaobai');
INSERT INTO t (id, name) VALUES(3,'xiaomaimiao');
```

修改后的 SQL 语句：

```
INSERT INTO t (id, name) VALUES(1,'xiaolu'), (2,'xiaobai'),(3,'xiaomaimiao');
```

真题 90：如何分析一条 SQL 语句的执行性能？需要关注哪些信息？

答案：使用 EXPLAIN 命令，通过观察 TYPE 列，就可以知道是否使用了全表扫描，同时也可以知道索引的使用形式，通过观察 KEY 可以知道使用了哪个索引，通过观察 KEY_LEN 可以知道索引是否使用完成，通过观察 ROWS 可以知道扫描的行数是否过多，通过观察 EXTRA 可以知道是否使用了临时表以及是否使用了额外的排序操作。

真题 91：有两个复合索引(A,B)和(C,D)，以下语句会怎样使用索引？可以做怎样的优化？

```
SELECT * FROM TAB WHERE (A=? AND B=?) OR (C=? AND D=?)
```

答案：根据 MySQL 的机制，只会使用到一个筛选效果好的复合索引，可以做如下优化：

```
SELECT * FROM TAB WHERE A=? AND B=?
UNION
SELECT * FROM TAB WHERE C=? AND D=?;
```

真题 92：请简述项目中优化 SQL 语句执行效率的方法。

答案：可以从以下几个方面进行优化：

1）尽量选择较小的列。

2）将 WHERE 中用的比较频繁的字段建立索引。

3）SELECT 子句中避免使用'*'。

4）避免在索引列上使用计算，NOT、IN 和<>等操作。

5）当只需要一行数据的时候使用 limit 1。

6）保证表单数据不超过 200W，适时分割表。

7）针对查询较慢的语句，可以使用 explain 来分析该语句具体的执行情况。

真题 93：如何提高 INSERT 的性能？

答案：可以从如下几方面考虑：

1）合并多条 INSERT 为一条，即：insert into t values(a,b,c),(d,e,f),,,

主要原因是多条 INSERT 合并后写日志的数量（MySQL 的 binlog 和 innodb 的事务让日志）减少了，因此降低了日志刷盘的数据量和频率，从而提高效率。通过合并 SQL 语句，同时也能减少 SQL 语句解析的次数，减少网络传输的 I/O。

2）修改参数 bulk_insert_buffer_size，调大批量插入的缓存。

3）设置 innodb_flush_log_at_trx_commit=0，相对于 innodb_flush_log_at_trx_commit=1 可以十分明显的提升导入速度。需要注意的是，innodb_flush_log_at_trx_commit 参数对 InnoDB Log 的写入性能有非常关键的影响。该参数可以设置为 0、1、2，解释如下：

① 0：log buffer 中的数据将以每秒一次的频率写入到 log file 中，且同时会进行文件系统到磁盘的同步操作，但是每个事务的 commit 并不会触发任何 log buffer 到 log file 的刷新或者文件系统到磁盘的刷新操作；

② 1：在每次事务提交的时候将 log buffer 中的数据都会写入到 log file，同时也会触发文件系统到磁盘的同步；

③ 2：事务提交会触发 log buffer 到 log file 的刷新，但并不会触发磁盘文件系统到磁盘的同步。此外，每秒会有一次文件系统同步操作到磁盘。

4）手动使用事务。因为 MySQL 默认是 autocommit 的，这样每插入一条数据，都会进行一次 commit；所以，为了减少创建事务的消耗，可用手工使用事务，即：

```
START TRANSACTION;
insert...
insert...
commit;
```

即执行多个 INSERT 后再一起提交；一般执行 1000 条 INSERT 提交一次。

8.5 如何对 SQL 语句进行跟踪（trace）？

MySQL 5.6.3 提供了对 SQL 语句的跟踪功能，通过 trace 文件可以进一步了解优化器是如何选择某个执行计划的，与 Oracle 的 10053 事件类似。在使用时需要先打开设置，然后执行一次 SQL，最后查看 information_schema.optimizer_trace 表的内容。需要注意的是，该表为临时表，只能在当前会话进行查询，每次查询返回的都是最近一次执行的 SQL 语句。

设置时相关的参数如下：

```
mysql> show variables like '%trace%';
+------------------------------+----------------------------------------------------------------------------+
| Variable_name                | Value                                                                      |
+------------------------------+----------------------------------------------------------------------------+
| optimizer_trace              | enabled=off,one_line=off                                                   |
| optimizer_trace_features     | greedy_search=on,range_optimizer=on,dynamic_range=on,repeated_subselect=on |
| optimizer_trace_limit        | 1                                                                          |
```

```
| optimizer_trace_max_mem_size | 16384                                                                            |
| optimizer_trace_offset       | -1                                                                               |
+------------------------------+----------------------------------------------------------------------------------+
rows in set (0.02 sec)
```

以下是打开设置的命令：

```
SET optimizer_trace='enabled=on'; #打开设置
SET OPTIMIZER_TRACE_MAX_MEM_SIZE=1000000;  #最大内存根据实际情况而定，可以不设置
SET END_MARKERS_IN_JSON=ON;  #增加 JSON 格式注释，默认为 OFF
SET optimizer_trace_limit = 1;
```

8.6 MySQL 中的隐式类型转换（Implicit type conversion）

当对不同类型的值进行比较的时候，为了使得这些数值可比较（也可以称为类型的兼容性)，MySQL 会做一些隐式类型转化（Implicit type conversion）。例如：

```
mysql> SELECT 1+'1';
+-------+
| 1+'1' |
+-------+
|     2 |
+-------+
1 row in set (0.00 sec)

mysql> SELECT CONCAT(2,' test');
+-------------------+
| CONCAT(2,' test') |
+-------------------+
| 2 test            |
+-------------------+
1 row in set (0.00 sec)
```

很明显，在上面的 SQL 语句的执行过程中就出现了隐式转化。并且从结果可以判断出，在第一条 SQL 中，将字符串的“1”转换为数字 1，而在第二条的 SQL 中，将数字 2 转换为字符串“2”。

MySQL 也提供了 CAST()函数，可以使用它明确地把数值转换为字符串。当使用 CONCAT()函数的时候，也可能会出现隐式转化，因为它希望的参数为字符串形式，但是如果传递的不是字符串的话，那么它会发生隐式类型转换：

```
mysql>  SELECT 38.8, CAST(38.8 AS CHAR), CONCAT(38.8);
+------+--------------------+--------------+
| 38.8 | CAST(38.8 AS CHAR) | CONCAT(38.8) |
+------+--------------------+--------------+
| 38.8 | 38.8               | 38.8         |
+------+--------------------+--------------+
```

```
1 row in set (0.00 sec)
```

隐式类型转换的规则为：

1）当两个参数至少有一个是 NULL 时，比较的结果也是 NULL。若使用<=>对两个 NULL 做比较时则会返回 1。这两种情况都不需要做类型转换。

2）当两个参数都是字符串时，会按照字符串来比较，不做类型转换。

3）当两个参数都是整数时，按照整数来比较，不做类型转换。

4）当十六进制的值和非数字做比较时，会被当作二进制串。

5）当有一个参数是 TIMESTAMP 或 DATETIME，并且另外一个参数是常量时，常量会被转换为 TIMESTAMP。

6）当有一个参数是 decimal 类型时，如果另外一个参数是 decimal 或者整数，那么会将整数转换为 decimal 后进行比较，如果另外一个参数是浮点数，那么会把 decimal 转换为浮点数进行比较。

7）所有其他情况下，两个参数都会被转换为浮点数再进行比较。

示例如下：

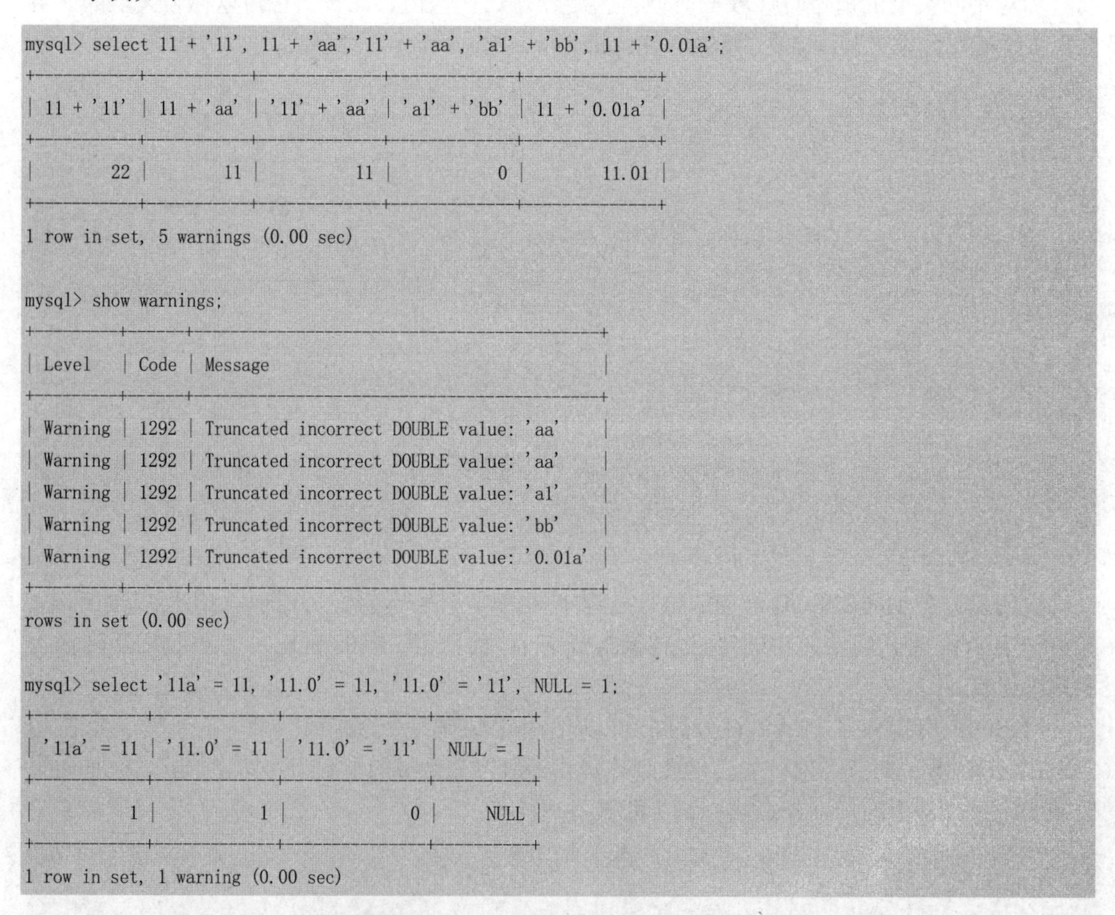

```
mysql> select 11 + '11', 11 + 'aa','11' + 'aa', 'a1' + 'bb', 11 + '0.01a';
+-----------+-----------+-------------+-------------+--------------+
| 11 + '11' | 11 + 'aa' | '11' + 'aa' | 'a1' + 'bb' | 11 + '0.01a' |
+-----------+-----------+-------------+-------------+--------------+
|        22 |        11 |          11 |           0 |        11.01 |
+-----------+-----------+-------------+-------------+--------------+
1 row in set, 5 warnings (0.00 sec)

mysql> show warnings;
+---------+------+-----------------------------------------+
| Level   | Code | Message                                 |
+---------+------+-----------------------------------------+
| Warning | 1292 | Truncated incorrect DOUBLE value: 'aa'    |
| Warning | 1292 | Truncated incorrect DOUBLE value: 'aa'    |
| Warning | 1292 | Truncated incorrect DOUBLE value: 'a1'    |
| Warning | 1292 | Truncated incorrect DOUBLE value: 'bb'    |
| Warning | 1292 | Truncated incorrect DOUBLE value: '0.01a' |
+---------+------+-----------------------------------------+
rows in set (0.00 sec)

mysql> select '11a' = 11, '11.0' = 11, '11.0' = '11', NULL = 1;
+------------+-------------+---------------+----------+
| '11a' = 11 | '11.0' = 11 | '11.0' = '11' | NULL = 1 |
+------------+-------------+---------------+----------+
|          1 |           1 |             0 |     NULL |
+------------+-------------+---------------+----------+
1 row in set, 1 warning (0.00 sec)
```

0.01a 转成 double 型被截断成 0.01，所以 11+'0.01a'=11.01。上面可以看出 11+'aa'，由于操作符两边的类型不一样且符合第 7 条，aa 要被转换成浮点型小数，然而转换失败（字母被截断），可以认为转成了 0，整数 11 被转成浮点型还是它自己，所以 11+'aa'=11。'11a'和'11.0'

转换后都等于 11。

如果在 SQL 的 WHERE 条件中，列名为字符串，而其值为数值，那么 MySQL 不会使用索引，这个规则和 Oracle 是一致的。

8.7 常见的 SQL Hint（提示）有哪些？

Oracle 的 Hint 功能种类很多，对于优化 SQL 语句提供了很多方法。同样，在 MySQL 里，也有类似的 Hint 功能，下面介绍一些常用的功能。

关键词	简介	示例
USE INDEX	提供希望 MySQL 去参考的索引列表	SELECT * FROM TABLE1 USE INDEX (FIELD1) …
FORCE INDEX	强制索引，只使用指定列上的索引，而不使用其他字段上的索引	SELECT * FROM TABLE1 FORCE INDEX (FIELD1) …
IGNORE INDEX	忽略索引，可以忽略一个或多个指定的索引	SELECT * FROM TABLE1 IGNORE INDEX (FIELD1, FIELD2) …
SQL_NO_CACHE	关闭查询缓冲，有一些 SQL 语句需要实时地查询数据，或者并不经常使用（可能一天就执行一两次）,这样就需要把缓冲关了，不管这条 SQL 语句是否被执行过，服务器都不会在缓冲区中查找，每次都会执行它	SELECT SQL_NO_CACHE field1, field2 FROM TABLE1;
SQL_CACHE	强制查询缓冲，如果在 my.cnf 配置文件中将 query_cache_type 设成 2，那么只有在使用了 SQL_CACHE 后，才能使用查询缓冲	SELECT SQL_CALHE * FROM TABLE1;
HIGH_PRIORITY	优先操作，可以使用在 SELECT 和 INSERT 操作中，让 MySQL 知道，这个操作优先进行	SELECT HIGH_PRIORITY * FROM TABLE1;
LOW_PRIORITY	滞后操作，可以使用在 INSERT、UPDATE、DELETE 和 SELECT 操作中，让 MySQL 知道，这个操作滞后	update LOW_PRIORITY table1 set field1= where field1= …
INSERT DELAYED	延时插入，INSERT DELAYED INTO，是客户端提交数据给 MySQL，MySQL 返回 OK 状态给客户端。而这并不是已经将数据插入表，而是存储在内存里面等待排队。当 MySQL 有空余时，再插入。另一个重要的好处是，来自许多客户端的插入被集中在一起，并被编写入一个块。这比执行许多独立的插入要快很多。坏处是，不能返回自动递增的 ID，以及系统崩溃时，MySQL 还没有来得及插入数据的话，这些数据将会丢失	INSERT DELAYED INTO table1 set field1= …
STRAIGHT_JOIN	强制连接顺序，通过 STRAIGHT_JOIN 强迫 MySQL 按 TABLE1、TABLE2 的顺序连接表。如果你认为按自己的顺序比 MySQL 推荐的顺序进行连接的效率高的话，就可以通过 STRAIGHT_JOIN 来确定连接顺序	SELECT TABLE1.FIELD1, TABLE2.FIELD2 FROM TABLE1 STRAIGHT_JOIN TABLE2 WHERE …
SQL_BUFFER_RESULT	强制使用临时表，当查询的结果集中的数据比较多时，可以通过 SQL_BUFFER_RESULT 选项强制将结果集放到临时表中，这样就可以很快地释放 MySQL 的表锁（这样其他的 SQL 语句就可以对这些记录进行查询了），并且可以长时间地为客户端提供大记录集	SELECT SQL_BUFFER_RESULT * FROM TABLE1 WHERE …
SQL_BIG_RESULT 和 SQL_SMALL_RESULT	分组使用临时表，一般用于分组或 DISTINCT 关键字，这个选项通知 MySQL，如果有必要，就将查询结果放到临时表中，甚至在临时表中进行排序。SQL_SMALL_RESULT 比起 SQL_BIG_RESULT 差不多，很少使用	SELECT SQL_BIG_RESULT FIELD1, COUNT(*) FROM TABLE1 GROUP BY FIELD1;

8.8 如何查看 SQL 的执行频率？

MySQL 客户端连接成功后，可以通过 show [session|global]命令查询服务器的状态信息，也可以在操作系统上使用 mysqladmin extended-status 命令获取这些信息。可以通过查询表的

方式来查询状态变量的值，MySQL 5.6 查询 information_schema.global_status 和 information_schema.session_status；mySQL 5.7 查询 performance_schema.global_status 和 performance_schema.session_status。

命令	含义
show status like 'uptime';	查询当前 MySQL 本次启动后的运行统计时间（单位：秒）
show status like 'com_select';	com_select 表示本次 MySQL 启动后执行的 SELECT 语句的次数，1 次查询只累加 1，执行错误的 SELECT 语句，该值也会加 1。com_insert、com_update 和 com_delete 分别表示 insert、update、delete 语句的执行次数。需要注意的是，这 4 个参数对于所有存储引擎的表操作都会进行累加，而参数 Innodb_rows_deleted、Innodb_rows_inserted、Innodb_rows_read 和 Innodb_rows_updated 的值只针对 InnoDB 存储引擎
show status like 'Thread_%';	MySQL 服务器的线程信息。threads_cached 表示线程缓存内的线程的数量，threads_connected 表示当前打开的连接的数量，threads_created 表示创建用来处理连接的线程数。如果 Threads_created 较大，那么可能要增加 thread_cache_size 值。threads_running 表示激活的（非睡眠状态）线程数
show status like 'connections';	查看试图连接到 MySQL（不管是否连接成功）的连接数
show status like 'table_locks_immediate';	查看立即获得的表的锁的次数
show status like 'table_locks_waited';	查看不能立即获得的表的锁的次数。如果该值较高，并且性能有问题，那么应首先优化查询，然后拆分表或使用复制
show status like 'slow_launch_threads';	查看创建时间超过 slow_launch_time 秒的线程数
show status like 'slow_queries';	慢查询的次数，即查看查询时间超过 long_query_time 秒的查询个数。如果慢查询很多，那么可以通过慢查询日志或者 show processlist 检查慢查询语句
Max_used_connections	如果显示的链接数过大，留意当前服务器的并发数，单台服务器是不是已经不堪重负了。一般的，连接数应该为最大链接数的 85%左右

8.9 如何定位执行效率较低的 SQL 语句？

可以通过以下 2 种办法来定位执行效率较低的 SQL 语句：

1）通过慢查询日志定位。可以通过慢查询日志定位那些已经执行完毕的 SQL 语句。

2）使用 SHOW PROCESSLIST 来查询。慢查询日志在查询结束以后才记录，所以，在应用反应执行效率出现问题的时候查询慢查询日志并不能定位问题。此时，可以使用 SHOW PROCESSLIST 命令查看当前 MySQL 正在进行的线程，包括线程的状态、是否锁表等，可以实时地查看 SQL 的执行情况，同时对一些锁表操作进行优化。

找到执行效率低的 SQL 语句后，就可以通过“SHOW PROFILE FOR QUERY N”、EXPLAIN 或 trace 等方法来优化这些 SQL 语句。

8.10 如何对 MySQL 的大表优化？

当 MySQL 单表记录数过大时，数据库的 CRUD（C 即 Create，表示增加；R 即 Retrieve，表示读取查询；U 即 Update，表示更新；D 即 Delete，表示删除）性能会明显下降，一些常见的优化措施如下：

1）**限定数据的范围**：务必禁止不带任何限制数据范围条件的查询语句。例如：当用户在查询订单历史的时候，可以控制在一个月范围内。

2）**读写分离**：经典的数据库拆分方案，主库负责写，从库负责读。

3）**缓存**：使用 MySQL 的缓存。另外对重量级、更新少的数据可以考虑使用应用级别的缓存。

4）**垂直分区：** 根据数据库里面数据表的相关性进行拆分。例如，用户表中既有用户的登录信息又有用户的基本信息，可以将用户表拆分成两个单独的表，甚至放到单独的库做分库。

简单来说垂直拆分是指数据表列的拆分，把一张列比较多的表拆分为多张表。

垂直拆分的优点如下：可以使得行数据变小，在查询时减少读取的 Block 次数，减少 I/O 次数。此外，垂直分区可以简化表的结构，易于维护。

垂直拆分的缺点：主键会出现冗余，需要管理冗余列，并会引起 Join 操作，可以通过在应用层进行 Join 来解决。此外，垂直分区会让事务变得更加复杂。

5）**水平分区：** 保持数据表结构不变，通过某种策略存储数据分片。这样每一片数据分散到不同的表或者库中，达到了分布式的目的。水平拆分可以支撑非常大的数据量。

水平拆分是指数据表行的拆分，在表的行数超过 200 万行时，就会变慢，这时可以把一张表的数据拆成多张表来存放。例如：可以将用户信息表拆分成多个用户信息表，这样就可以避免单一表数据量过大对性能造成影响。

水平拆分可以支持非常大的数据量。需要注意的是，分表仅仅是解决了单一表数据过大的问题，但由于表的数据还是在同一台机器上，其实对于提升 MySQL 并发能力没有什么意义，所以水平拆分最好分库。

水平拆分能够支持非常大的数据量存储，引用程序需要的改动也很少，但分片事务难以解决，跨节点 Join 性能较差，逻辑复杂。

第9章　操 作 系 统

对于计算机系统而言，操作系统充当着基石的作用，它是连接计算机底层硬件与上层应用软件的桥梁，能够控制其他程序的运行，并且管理系统相关资源，同时提供配套的系统软件支持。对于专业的程序员而言，掌握一定的操作系统知识必不可少，因为不管面对的是底层嵌入式开发，还是上层的云计算开发，都需要使用到一定的操作系统相关知识。所以，对操作系统相关知识的考查是程序员面试笔试必考项之一。

9.1 进程管理

9.1.1　进程与线程有什么区别?

进程是具有一定独立功能的程序关于某个数据集合上的一次运行活动，它是系统进行资源分配和调度的一个独立单位。例如，用户运行自己的程序，系统就创建一个进程，并为它分配资源，包括各种表格、内存空间、磁盘空间、I/O 设备等，然后该进程被放入到进程的就绪队列，进程调度程序选中它，为它分配 CPU 及其他相关资源，该进程就被运行起来。

线程是进程的一个实体，是 CPU 调度和分配的基本单位，线程基本上不拥有系统资源，只拥有一点在运行中必不可少的资源（如程序计数器、一组寄存器和栈），但是它可以与同属一个进程的其他的线程共享进程所拥有的全部资源。

在没有实现线程的操作系统中，进程既是资源分配的基本单位，又是调度的基本单位，它是系统中并发执行的单元。而在实现了线程的操作系统中，进程是资源分配的基本单位，而线程是调度的基本单位，是系统中并发执行的单元。

需要注意的是，尽管线程与进程很相似，但两者也存在着很大的不同，区别如下：

1）一个线程必定属于也只能属于一个进程；而一个进程可以拥有多个线程并且至少拥有一个线程。

2）属于一个进程的所有线程共享该线程的所有资源，包括打开的文件、创建的 Socket 等。不同的进程互相独立。

3）线程又被称为轻量级进程。进程有进程控制块，线程也有线程控制块。但线程控制块比进程控制块小得多。线程之间切换代价小，进程之间切换代价大。

4）进程是程序的一次执行，线程可以理解为执行程序中一个程序片段。

5）每个进程都有独立的内存空间，而线程共享其所属进程的内存空间。

程序、进程与线程的区别见下表。

名称	描　述
程序	一组指令的有序结合，是静态的指令，是永久存在的
进程	具有一定独立功能的程序关于某个数据集合上的一次运行活动，是系统进行资源分配和调度的一个独立单元。进程的存在是暂时的，是一个动态概念
线程	线程的一个实体，是 CPU 调度的基本单元，是比进程更小的能独立运行的基本单元。本身基本上不拥有系统资源，只拥有一点在运行中必不可少的资源（如程序计数器，一组寄存器和栈）。一个线程可以创建和撤销另一个线程，同一个进程中的多个线程之间可以并发执行

简而言之，一个程序至少有一个进程，一个进程至少有一个线程。

9.1.2　内核线程和用户线程的区别?

根据操作系统内核是否对线程可感知，可以把线程分为内核线程和用户线程。

内核线程的建立和销毁都是由操作系统负责、通过系统调用完成的，操作系统在调度时，参考各进程内的线程运行情况做出调度决定。如果一个进程中没有就绪状态的线程，那么这个进程也不会被调度占用 CPU 资源。

和内核线程相对应的是用户线程，用户线程是指不需要内核支持而在用户程序中实现的线程，其不依赖于操作系统核心，用户进程利用线程库提供创建、同步、调度和管理线程的函数来控制用户线程。用户线程多见于一些历史悠久的操作系统，如 UNIX 操作系统，不需要用户态/核心态切换，速度快，操作系统内核不知道多线程的存在，因此一个线程阻塞将使得整个进程（包括它的所有线程）阻塞。由于这里的处理器时间片分配是以进程为基本单位的，所以每个线程执行的时间相对减少。为了在操作系统中加入线程支持，采用了在用户空间增加运行库来实现线程，这些运行库被称为“线程包”，用户线程是不能被操作系统所感知的。

9.2　内存管理

9.2.1　内存管理有哪几种方式?

常见的内存管理方式有块式管理、页式管理、段式管理和段页式管理。最常用的是段页式管理。

（1）块式管理

把主存分为一大块一大块的，当所需的程序片断不在主存时就分配一块主存空间，把程序片段载入主存，就算所需的程序片段只有几个字节也只能把这一块分配给它。这样会造成很大的浪费，平均浪费了 50%的内存空间，但优点是易于管理。

（2）页式管理

用户程序的地址空间被划分成若干个固定大小的区域，这个区域被称为“页”，相应地，内存空间也被划分为若干个物理块，页和块的大小相等。可将用户程序的任一页放在内存的任一块中，从而实现了离散分配。这种方式的优点是页的大小是固定的，因此便于管理；缺点是页长与程序的逻辑大小没有任何关系。这就导致在某个时刻一个程序可能只有一部分在主存中，而另一部分则在辅存中。这不利于编程时的独立性，并给换入换出处理、存储保护和存储共享等操作造成麻烦。

（3）段式管理

段是按照程序的自然分界划分的并且长度可以动态改变的区域。使用这种方式，程序员可以把子程序、操作数和不同类型的数据和函数划分到不同的段中。这种方式将用户程序地址空间分成若干个大小不等的段，每段可以定义一组相对完整的逻辑信息。存储分配时，以段为单位，段与段在内存中可以不相邻接，也实现了离散分配。

分页对程序员而言是不可见的，而分段通常对程序员而言是可见的，因而分段为组织程序和数据提供了方便，但是对程序员的要求也比较高。

分段存储主要有如下优点：

1）段的逻辑独立性不仅使其易于编译、管理、修改和保护，也便于多道程序共享。

2）段长可以根据需要动态改变，允许自由调度，以便有效利用主存空间。

3）方便分段共享、分段保护、动态链接、动态增长。

分段存储的缺点：

1）由于段的大小不固定，因此存储管理比较麻烦。

2）会生成段内碎片，这会造成存储空间利用率降低。而且段式存储管理比页式存储管理方式需要更多的硬件支持。

正是由于页式管理和段式管理都有各种各样的缺点，因此，为了把这两种存储方式的优点结合起来，才引入了段页式管理。

（4）段页式管理

段页式存储组织是分段式和分页式结合的存储组织方法，这样可充分利用分段管理和分页管理的优点。

1）用分段方法来分配和管理虚拟存储器。程序的地址空间按逻辑单位分成基本独立的段，而每一段有自己的段名，再把每段分成固定大小的若干页。

2）用分页方法来分配和管理内存。即把整个主存分成与上述页大小相等的存储块，可装入作业的任何一页。程序对内存的调入或调出是按页进行的，但它又可按段实现共享和保护。

9.2.2 什么是虚拟内存？

虚拟内存简称虚存，是计算机系统内存管理的一种技术。它是相对于物理内存而言的，可以理解为“假的”内存。它使得应用程序认为它拥有连续可用的内存（一个连续完整的地址空间），允许程序员编写并运行比实际系统拥有的内存大得多的程序，这使得许多大型软件项目能够在具有有限内存资源的系统上实现。而实际上，它通常被分割成多个物理内存碎片，还有部分暂时存储在外部磁盘存储器上，在需要时进行数据交换。虚存比实存有以下好处：

1）扩大了地址空间。无论段式虚存，还是页式虚存，或是段页式虚存，寻址空间都比实存大。

2）内存保护。每个进程运行在各自的虚拟内存地址空间，互相不能干扰对方。另外，虚存还对特定的内存地址提供写保护，可以防止代码或数据被恶意篡改。

3）公平分配内存。采用了虚存之后，每个进程都相当于有同样大小的虚存空间。

4）当进程需要通信时，可采用虚存共享的方式实现。

不过，使用虚存也是有代价的，主要表现在以下几个方面的内容：

1）虚存的管理需要建立很多数据结构，这些数据结构要占用额外的内存。

2）虚拟地址到物理地址的转换，增加了指令的执行时间。

3）页面的换入换出需要磁盘 I/O，这是很耗时间的。

4）如果一页中只有一部分数据，会浪费内存。

9.2.3　什么是内存碎片？什么是内碎片？什么是外碎片？

内存碎片是由于多次进行内存分配造成的，当进行内存分配时，内存格式一般为：（用户使用段）（空白段）（用户使用段），当空白段很小的时候可能不能提供给用户足够多的空间，比如夹在中间的空白段的大小为 5，而用户需要的内存大小为 6，这样会产生很多的间隙造成使用效率下降，这些很小的空隙称为碎片。

内碎片：分配给程序的存储空间没有用完，有一部分是程序不使用，但其他程序也没法用的空间。内碎片是处于区域内部或页面内部的存储块，占有这些区域或页面的进程并不使用这个存储块，而在进程占有这块存储块时，系统无法利用它，直到进程释放它或进程结束时，系统才有可能利用这个存储块。

外碎片：由于空间太小，小到无法给任何程序分配（不属于任何进程）存储空间。外部碎片是出于任何已分配区域或页面外部的空闲存储块，这些存储块的总和可以满足当前申请的长度要求，但是由于它们的地址不连续或其他原因，使得系统无法满足当前申请。

内碎片和外碎片是一对矛盾体，一种特定的内存分配算法，很难同时解决好内碎片和外碎片的问题，只能根据应用特点进行取舍。

9.2.4　虚拟地址、逻辑地址、线性地址、物理地址有什么区别？

虚拟地址是指由程序产生的由段选择符和段内偏移地址组成的地址。这两部分组成的地址并没有直接访问物理内存，而是要通过分段地址的变换处理后才会对应到相应的物理内存地址。

逻辑地址是指由程序产生的段内偏移地址。有时直接把逻辑地址当成虚拟地址，两者并没有明确的界限。

线性地址是指虚拟地址到物理地址变换之间的中间层，是处理器可寻址的内存空间（称为线性地址空间）中的地址。程序代码会产生逻辑地址，或者说是段中的偏移地址，加上相应段基址就生成了一个线性地址。如果启用了分页机制，那么线性地址可以再经过变换产生物理地址。若是没有采用分页机制，那么线性地址就是物理地址。

物理地址是指现在 CPU 外部地址总线上的寻址物理内存的地址信号，是地址变换的最终结果。

虚拟地址到物理地址的转化方法是与体系结构相关的，一般有分段与分页两种方式。以 x86 CPU 为例，分段、分页都是支持的。内存管理单元负责从虚拟地址到物理地址的转化。逻辑地址是段标识+段内偏移量的形式，MMU 通过查询段表，可以把逻辑地址转化为线性地址。如果 CPU 没有开启分页功能，那么线性地址就是物理地址；如果 CPU 开启了分页功能，MMU 还需要查询页表来将线性地址转化为物理地址：逻辑地址（段表）→线性地址（页表）→物理地址。

映射是一种多对一的关系，即不同的逻辑地址可以映射到同一个线性地址上；不同的线性地址也可以映射到同一个物理地址上。而且，同一个线性地址在发生换页以后，也可能被重新装载到另外一个物理地址上，所以这种多对一的映射关系也会随时间发生变化。

9.2.5 Cache 替换算法有哪些?

数据可以存放在 CPU 或者内存中。CPU 处理速度快，但是容量少；内存容量大，但是转交给 CPU 处理的速度慢。为此，需要 Cache（缓存）来做一个折中。将最有可能调用的数据先从内存调入 Cache，CPU 再从 Cache 读取数据，这样会快许多。然而，Cache 中所存放的数据不是全部有用的。CPU 从 Cache 中读取到有用数据称为“命中”。

由于主存中的块比 Cache 中的块多，所以当要从主存中调一个块到 Cache 中时，会出现该块所映射到的一组（或一个）Cache 块已全部被占用的情况。此时，需要被迫腾出其中的某一块，以接纳新调入的块，这就是替换。

Cache 替换算法有 RAND 算法、FIFO 算法、LRU 算法、OPT 算法和 LFU 算法。

（1）随机（RAND）算法

随机算法就是用随机数发生器产生一个要替换的块号，将该块替换出去，此算法简单、易于实现，而且它不考虑 Cache 块过去、现在及将来的使用情况。但是由于没有利用上层存储器使用的“历史信息”、没有根据访存的局部性原理，故不能提高 Cache 的命中率，命中率较低。

（2）先进先出（FIFO）算法

先进先出（First In First Out，FIFO）算法是将最先进入 Cache 的信息块替换出去。FIFO 算法按调入 Cache 的先后决定淘汰的顺序，选择最早调入 Cache 的字块进行替换，它不需要记录各字块的使用情况，比较容易实现，系统开销小，其缺点是可能会把一些需要经常使用的程序块（如循环程序）也作为最早进入 Cache 的块替换掉，而且没有根据访存的局部性原理，故不能提高 Cache 的命中率。因为最早调入的信息可能以后还要用到，或者经常要用到，如循环程序。此法简单、方便，利用了主存的“历史信息”，但并不能说最先进入的就不经常使用，其缺点是不能正确反映程序局部性原理，命中率不高，可能出现一种异常现象。例如，Solar－16/65 机 Cache 采用组相连方式，每组 4 块，每块都设定一个两位的计数器，当某块被装入或被替换时该块的计数器清 0，而同组的其他各块的计数器均加 1，当需要替换时就选择将计数值最大的块替换掉。

（3）近期最少使用（LRU）算法

近期最少使用（Least Recently Used，LRU）算法是将近期最少使用的 Cache 中的信息块替换出去。

LRU 算法是依据各块使用的情况，总是选择那个最近最少使用的块被替换。这种方法虽然比较好地反映了程序局部性规律，但是这种替换方法需要随时记录 Cache 中各块的使用情况，以便确定哪个块是近期最少使用的块。LRU 算法相对合理，但实现起来比较复杂，系统开销较大。通常需要对每一块设置一个称为计数器的硬件或软件模块，用以记录其被使用的情况。

实现 LRU 策略的方法有多种，例如计数器法、寄存器栈法及硬件逻辑比较法等，下面简单介绍计数器法的设计思路。

计数器方法：缓存的每一块都设置一个计数器。计数器的操作规则如下：

1）被调入或者被替换的块，其计数器清“0”，而其他的计数器则加“1”。

2）当访问命中时，所有块的计数值与命中块的计数值要进行比较，如果计数值小于命中块的计数值，则该块的计数值加“1”；如果块的计数值大于命中块的计数值，则数值不变。

最后将命中块的计数器清“0”。

3）需要替换时，则选择计数值最大的块被替换。

（4）最优替换（OPT）算法

使用最优替换（OPTimal replacement，OPT）算法时必须先执行一次程序，统计 Cache 的替换情况。有了这样的先验信息，在第二次执行该程序时便可以用最有效的方式来替换，以达到最优的目的。

前面介绍的几种页面替换算法主要是以主存储器中页面调度情况的历史信息为依据的，它假设将来主存储器中的页面调度情况与过去一段时间内主存储器中的页面调度情况是相同的，显然，这种假设不总是正确的。最好的算法应该是选择将来最久不被访问的页面作为被替换的页面，这种替换算法的命中率一定是最高的，它就是最优替换算法。

要实现 OPT 算法，唯一的办法是让程序先执行一遍，记录下实际的页地址的使用情况。根据这个页地址的使用情况才能找出当前要被替换的页面。显然，这样做是不现实的。因此，OPT 算法只是一种理想化的算法，然而它也是一种很有用的算法。实际上，经常把这种算法用来作为评价其他页面替换算法好坏的标准。在其他条件相同的情况下，哪一种页面替换算法的命中率与 OPT 算法最接近，那么它就是一种比较好的页面替换算法。

（5）近期最少使用（LFU）算法

近期最少使用（Least Frequently Used，LFU）算法选择近期最少访问的页面作为被替换的页面。显然，这是一种非常合理的算法，因为到目前为止最少使用的页面，很可能也是将来最少访问的页面。该算法既充分利用了主存中页面调度情况的历史信息，又正确反映了程序的局部特性。但是，这种算法实现起来非常困难，它要为每个页面设置一个很长的计数器，并且要选择一个固定的时钟为每个计数器定时计数。在选择被替换页面时，要从所有计数器中找出一个计数值最大的计数器。

9.3 用户编程接口

9.3.1 库函数调用与系统调用有什么不同?

库函数调用是语言或应用程序的一部分，它是高层的，完全运行在用户空间，为程序员提供调用，真正在幕后完成实际事务的系统调用接口。而系统函数是内核提供给应用程序的接口，属于系统的一部分。函数库调用是语言或应用程序的一部分，而系统调用是操作系统的一部分。

库函数调用与系统调用的区别见下表。

库函数调用	系统调用
在所有的 ANSI C 编译器版本中，C 语言库函数是相同的	各个操作系统的系统调用是不同的
它调用函数库中的一段程序（或函数）	它调用系统内核的服务
与用户程序相联系	是操作系统的一个入口点
在用户地址空间执行	在内核地址空间执行
它的运行时间属于“用户时间”	它的运行属于“系统时间”
属于过程调用，调用开销较小	需要在用户空间和内核上下文环境间切换，开销较大
在 C 函数库 libc 中有大约 300 个函数	在 Unix 中有大约 90 个系统调用
典型的 C 函数库调用：system、fprintf 和 malloc 等	典型的系统调用：chdir、fork、write 和 brk 等

库函数调用通常比行内展开的代码慢，因为它需要付出函数调用的时间耗费。但系统调用比库函数调用还要慢很多，因为它需要把上下文环境切换到内核模式。

9.3.2 静态链接与动态链接有什么区别?

静态链接是指把要调用的函数或者过程直接链接到可执行文件中，成为可执行文件的一部分。换句话说，函数和过程的代码就在程序的.exe 文件中，该文件包含了运行时所需的全部代码。静态链接的缺点是当多个程序都调用相同函数时，内存中就会存在这个函数的多个复制，这样就浪费了内存资源。

动态链接是相对于静态链接而言的，动态链接所调用的函数代码并没有被复制到应用程序的可执行文件中去，而是仅仅在其中加入了所调用函数的描述信息（往往是一些重定位信息）。仅当应用程序被装入内存开始运行时，在操作系统的管理下，才在应用程序与相应的动态链接库（dynamic link library，简称 dll）之间建立链接关系。当要执行所调用.dll 文件中的函数时，根据链接产生的重定位信息，操作系统才转去执行.dll 文件中相应的函数代码。

静态链接的执行程序能够在其他同类操作系统的机器上直接运行。例如，一个.exe 文件是在 Windows 2000 系统上静态链接的，那么将该文件直接复制到另一台 Windows 2000 的机器上，是可以运行的。而动态链接的执行程序则不可以，除非把该.exe 文件所需的 dll 文件都一并复制过去，或者对方机器上也有所需的相同版本的.dll 文件，否则是不能保证程序正常运行的。

9.3.3 静态链接库与动态链接库有什么区别?

静态链接库就是使用的.lib 文件，库中的代码最后需要链接到可执行文件中去，所以静态链接的可执行文件一般比较大一些。

动态链接库是一个包含可由多个程序同时使用的代码和数据的库，它包含函数和数据的模块的集合。程序文件（如.exe 文件或.dll 文件）在运行时加载这些模块（也即所需的模块映射到调用进程的地址空间）。

静态链接库和动态链接库的相同点是它们都实现了代码的共享。不同点是静态链接库.lib 文件中的代码被包含在调用的.exe 文件中，该.lib 文件中不能再包含其他动态链接库或者静态链接库了。而动态链接库.dll 文件可以被调用的.exe 动态地“引用”和“卸载”，该.dll 文件中可以包含其他动态链接库或者静态链接库。

第 10 章 计算机网络与通信

计算机网络技术是互联网发展的基础。它是计算机技术与通信技术结合的产物，是现在信息技术的一个重要组成部分，而且正朝着数字化、高速化、智能化的方向迅速发展。随着4G、5G 技术的兴起，越来越多的企业参与到了网络与通信相关的行业的角逐，网络与通信成为信息化浪潮的先锋。而对于程序员网络相关技术的考查也越来越受到各大 IT 企业的重视。

10.1 网络模型

10.1.1 OSI 七层模型是什么?

OSI（OpenSystemInterconnection，开放系统互连）七层网络模型称为开放式网络互联参考模型。它是国际标准组织制定的一个指导信息互联、互通和协作的网络规范。开放是指只要遵循 OSI 标准，位于世界上任何地方的任何系统之间都可以进行通信，开放系统是指遵循互联协议的实际系统，如电话系统。从逻辑上可以将其划分为七层模型，由下至上分别为物理层、数据链路层、网络层、传输层、会话层、表示层和应用层。其中，上三层称为高层，用于定义应用程序之间的通信和人机界面；下四层称为底层，用于定义数据如何进行端到端的传输（end-to-end），物理规范以及数据与光电信号间的转换。右表所示为其分层示例。

应用层（Application）
表示层（Presentation）
会话层（Session）
传输层（Transport）
网络层（Network）
数据链路层（DataLink）
物理层（Physical）

具体而言，从上往下每一层的功能如下：

（1）应用层

应用层也称为应用实体，一般是指应用程序，该层主要负责确定通信对象，并确保有足够的资源用于通信。常见的应用层协议有 FTP、HTTP、SNMP 等。

（2）表示层

表示层一般负责数据的编码以及转化，确保应用层能够正常工作。该层是界面与二进制代码间互相转化的地方，同时该层负责进行数据的压缩、解压、加密、解密等，该层也可以根据不同的应用目的将数据处理为不同的格式，表现出来就是各种各样的文件扩展名。

（3）会话层

会话层主要负责在网络中的两个节点之间建立、维护、控制会话，区分不同的会话，以及提供单工（Simplex）、半双工（Halfduplex）、全双工（Fullduplex）3 种通信模式的服务。NFS、RPC、XWindows 等都工作在该层。

（4）传输层

传输层是 OSI 模型中最重要的一层，它主要负责分割、组合数据，实现端到端的逻辑连接。数据在上三层是整体的，到了这一层开始被分割，这一层分割后的数据被称为段（Segment）。三次握手（Three-wayhandshake）、面向连接（Connection-Oriented）或非面向连接（Connectionless-Oriented）的服务、流量控制（Flowcontrol）等都发生在这一层。工作在传输层的一种服务是 TCP/IP 中的 TCP（传输控制协议），另一项传输层服务是 IPX/SPX 协议集的 SPX（序列包交换）。常见的传输层协议有 TCP、UDP、SPX 等。

（5）网络层

网络层是将网络地址翻译为物理地址，并决定将数据从发送方路由到接收方，主要负责管理网络地址、定位设备、决定路由，路由器就工作在该层。上层的数据段在这一层被分割，封装后称为包（Packet）。包有两种：一种为用户数据包（Datapackets），是上层传下来的用户数据；另一种为路由更新包（Routeupdatepackets），是直接由路由器发出来的，用来和其他路由器进行路由信息的交换。常见的网络层协议有 IP、RIP、OSPF 等。

（6）数据链路层

数据链路层为 OSI 模型的第二层，控制物理层与网络层之间的通信，主要负责物理传输的准备，包括物理地址寻址、CRC 校验、错误通知、网络拓扑、流量控制、重发等。MAC 地址和交换机都工作在这一层。上层传下来的包在这一层被分割封装后称为帧（Frame）。常见的数据链路层协议有 SDLC、STP、帧中继、HDLC 等。

（7）物理层

物理层是实实在在的物理链路，它规定了激活、维持、关闭通信端点之间的机械特性、电气特性、功能特性以及过程特性。它为上层协议提供了一个传输数据的物理媒体，负责将数据以比特流的方式发送、接收。常见的物理媒体有双绞线、同轴电缆等。属于物理层相关的规范有 EIA/TIARS-232、EIA/TIA RS-449、RJ-45 等。

10.1.2 TCP/IP 模型是什么?

TCP/IP（Transmission Control Protocol/Internet Protocol，传输控制协议/因特网互联协议）是最基本的 Internet 协议，由网络层的 IP 与传输层的 TCP 构成。现在人们常提到的 TCP/IP 并不一定是指 TCP 和 IP 两个具体的协议，而是指的 TCP/IP 协议簇。

TCP/IP 定义了电子设备如何连入 Internet，以及数据如何在它们之间传输的标准。它基于四层参考模型，分别是网络接口层、网际层、传输层、应用层，每一层都呼叫它的下一层所提供的网络来完成自己的需求。

其中网络接口层负责底层的传输，常见的协议有 Ethernet 802.3、Token Ring 802.5、X.25、HDLC、PPP ATM 等。网络层负责不同计算机之间的通信，一般包括 IP、ICMP 等内容。传输层提供应用程序间的通信，主要包括格式化信息流、提供可靠传输等。应用层用于向用户提供应用服务，如电子邮件、远程登录等。应用层协议一般有 FTP、TELNET、SMTP 等。属于 TCP/IP 协议簇的所有协议都位于该模型的上面三层。

TCP/IP 并不完全符合 OSI 七层模型，它的每一层都对应于 OSI 七层模型中的一层或多层，下表展示了 TCP/IP 四层模型和 OSI 七层模型对应关系。

OSI 七层网络模型	TCP/IP 四层模型	对应网络协议
应用层（Application）	应用层	TFTP、FTP、NFS、WAIS
表示层（Presentation）		Telnet、Rlogin、SNMP、Gopher
会话层（Session）		SMTP、DNS
传输层（Transport）	传输层	TCP、UDP
网络层（Network）	网际层	IP、ICMP、ARP、RARP、AKP、UUCP
数据链路层（Data Link）	网络接口层	FDDI、Ethernet、Arpanet、PDN、SLIP、PPP
物理层（Physical）		IEEE 802.1A、IEEE 802.2 到 IEEE 802.11

10.1.3　B/S 与 C/S 有什么区别?

C/S 是 Client/Server（客户端/服务器）的缩写，在 C/S 架构中，服务器通常采用高性能的 PC、工作站或者小型机，而且采用大型数据库系统，如 SQLServer、DB2、Oracle 或 Sybase 等。客户端需要安装专用的客户端软件。

B/S 是 Brower/Server（浏览器/服务器）的缩写，客户端通常只需要安装一个浏览器（Browser），如 Firefox、IE、Chrome 等即可，服务器安装 SQLServer、DB2、Oracle 或 Sybase 等数据库。在 B/S 架构中，用户界面完全通过浏览器实现，一部分事务逻辑在前端实现，主要事务逻辑在服务器端实现。浏览器通过 Web 服务器同数据库进行数据交互。

具体而言，两种设计结构存在以下几个方面的区别：

（1）硬件要求不同

C/S 一般建立在专用的网络上，是小范围的网络环境；而 B/S 一般构建于广域网之上，不需要专门的网络硬件环境，只要能接入网络即可。在 B/S 架构的应用中，客户端只需要能够运行浏览器就可以了。

（2）架构要求不同

C/S 程序更加注重流程，需要对权限多层次校验，对系统运行速度可以较少考虑。而 B/S 对安全以及访问速度需要多重的考虑，建立在需要更加优化的基础之上，比 C/S 有更高的要求。

（3）安全要求不同

C/S 一般面向相对固定的用户群，对信息安全的控制能力很强。一般高度机密的信息系统适宜采用 C/S 结构，通过 B/S 发布部分可以公开的信息。B/S 构建在广域网之上，对安全的控制能力相对弱，可能面向不可知的用户。

（4）系统维护不同

C/S 程序由于整体性导致升级比较困难，可能需要重做一个全新的系统，而 B/S 基于构件组成，只需要进行构建局部的更换就可以实现系统的无缝升级，将系统维护开销减到最小，用户从网上自己下载安装就可以实现升级。

（5）软件的重用性不同

因为整体性考虑，C/S 程序中构件的重用性不如在 B/S 架构下构件的重用性好。因为 B/S 的多重结构，要求构件相对独立的功能，能够相对较好的重用，而 C/S 则很难做到这一点。

（6）用户接口不同

C/S 多是建立在操作系统平台上，表现方法有限，而 B/S 建立在浏览器上，有更加丰富和生动的表现方式与用户交流，并且大部分难度小，成本低。

10.2　网络设备

10.2.1　交换机与路由器有什么区别?

交换机是一种基于 MAC（网卡的硬件地址）识别，能完成封装转发数据包功能的网络设备。它具有流量控制能力，主要用于组建局域网。例如，搭建一个公司网络，一般会使用交换机。常见的交换机种类有以太网交换机、光纤交换机等。路由器是连接 Internet 中各局域网、广域网的网络设备。它是网络的枢纽，是组成广域网的一个重要部分，用于为数据包找到最合适的到达路径。

具体而言，交换机与路由器的区别主要表现在以下几个方面：

1）工作层次不同。交换机一般工作在 OSI 模型的数据链路层，而路由器工作在 OSI 模型的网络层。由于交换机工作在 OSI 模型的数据链路层，所以它的工作原理比较简单，而路由器工作在 OSI 模型的网络层，可以得到更多的协议信息，路由器可以做出更加智能的转发决策。

2）数据转发所依据的对象不同。交换机是利用物理地址来确定转发数据的目的地址，而路由器则是利用 IP 地址来确定数据转发的地址。IP 地址是在软件中实现的，描述的是设备所在的网络，物理地址一般是指 MAC 地址，它通常是硬件自带的，由网卡生产商来分配的，而且已经固化到了网卡中去，一般来说是不可更改的（可以通过工具来修改机器的 MAC 地址）；而 IP 地址则通常由网络管理员或系统自动分配。

3）传统的交换机只能分割冲突域，不能分割广播域；而路由器可以分割广播域。由交换机连接的网段仍属于同一个广播域，广播数据包会在交换机连接的所有网段上传播，在某些情况下会导致通信拥塞以及产生安全漏洞。连接到路由器上的网段会被分配成不同的广播域，广播数据不会穿过路由器。虽然第三层以上交换机具有 VLAN 功能，也可以分割广播域，但是各子广播域之间是不能通信交流的，它们之间的交流仍然需要路由器。

4）交换机负责同一网段的通信，路由器负责不同网段的通信。路由器提供了防火墙的服务，它仅能转发特定地址的数据包，不传送不支持路由协议的数据包，也不传送未知目标网络数据包，从而可以防止广播风暴。

10.2.2 路由表的功能有哪些?

路由表是指路由器或者其他互联网网络设备上存储的表，它决定如何将包从一个子网传递到另一个子网。该表中存有到达特定网络终端的路径，在某些情况下，还有一些与路径相关的度量。路由器的主要工作就是为经过路由器的每个数据帧寻找一条最佳传输路径，并将该数据有效地传送到目的站点。

路由表既可以是由系统管理员固定设置好的，也可以由系统动态修改，还可以由路由器自动调整，也可以由主机控制。

静态路由是指由网络管理员手工配置的路由信息。当网络的拓扑结构或链路的状态发生变化时，网络管理员需要手工去修改动态路由表中相关的静态路由信息。静态路由信息在默认情况下是私有的，不会传递给其他的路由器。当然，网管员也可以通过对路由器进行设置使之成为共享的。静态路由一般适用于比较简单的网络环境，在这样的环境中，网络管理员易于清楚地了解网络的拓扑结构，便于设置正确的路由信息。

由系统管理员事先设置好固定的路由表称为静态路由表，一般是在系统安装时就根据网络的配置情况预先设定的，它不会随着未来网络结构的改变而改变。

动态路由是指路由器能够自动地建立自己的动态路由表，并且能够根据实际情况的变化适时地进行调整。动态路由机制的运作依赖路由器的两个基本功能：对路由表的维护，路由器之间适时的路由信息交换。

动态路由表是路由器根据网络系统的运行情况而自动调整的路由表。路由器根据路由选择协议提供的功能，自动学习和记忆网络运行情况，在需要时自动计算数据传输的最佳路径。

路由器通常依靠所建立及维护的动态路由表来决定如何转发。动态路由表能力是指路由表内所容纳路由表项数量的极限。由于 Internet 上执行 BGP 的路由器通常拥有数十万条路由表项，所以该项目也是路由器能力的重要体现。

10.3　网络协议

10.3.1　TCP 和 UDP 的区别有哪些？

传输层协议主要有 TCP 与 UDP。UDP（UserDatagramProtocol）提供无连接的通信，不能保证数据包被发送到目标地址，典型的即时传输少量数据的应用程序通常使用 UDP。TCP（Transmission ControlProtocol）是一种面向连接（连接导向）的、可靠的、基于字节流的通信协议，它为传输大量数据或为需要接收数据许可的应用程序提供连接定向和可靠的通信。

TCP 连接就像打电话，用户拨特定的号码，对方在线并拿起电话，然后双方进行通话，通话完毕之后再挂断，整个过程是一个相互联系、缺一不可的过程。而 UDP 连接就像发短信，用户短信发送给对方，对方有没有收到信息，发送者根本不知道，而且对方是否回答也不知道，接收方对信息发送者发送消息也是一样处于不可知的状态。

TCP 与 UDP 都是一种常用的通信方式，在特定的条件下发挥不同的作用。具体而言，TCP 和 UDP 的区别主要表现为以下几个方面：

1）TCP 是面向连接的传输控制协议，而 UDP 提供的是无连接的数据包服务。

2）TCP 具有高可靠性，确保传输数据的正确性，不出现丢失或乱序；UDP 在传输数据前不建立连接，不对数据报进行检查与修改，无须等待对方的应答，所以会出现分组丢失、重复、乱序，应用程序需要负责传输可靠性方面的所有工作。

3）TCP 对系统资源要求较多，UDP 对系统资源要求较少。

4）UDP 具有较好的实时性，工作效率较 TCP 高。

5）UDP 的段结构比 TCP 的段结构简单，因此网络开销也小。

UDP 比 TCP 的效率要高，为什么 TCP 还能够保留呢？其实，TCP 和 UDP 各有所长、各有所短，适用于不同要求的通信环境，有些环境采用 UDP 确实高效，而有些环境需要可靠的连接，此时采用 TCP 则更好。在提及 TCP 的时候，一般也提及 IP。IP 协议是一种网络层协议，它规定每个互联网上的计算机都有一个唯一的 IP 地址，这样数据包就可以通过路由器的转发到达指定的计算机，但 IP 并不保证数据传输的可靠性。

10.3.2　什么是 ARP/RARP？

ARP（AddressResolutionProtocol，地址解析协议）是一个位于 TCP/IP 协议栈中的低层协议，它用于映射计算机的物理地址与网络 IP 地址。在 Internet 分布式环境中，每个主机都被分配了一个 32 位的网络地址，此时就存在将计算机的 IP 地址与物理地址之间的转换问题。ARP 所要做的工作就是在主机发送帧前，根据目标 IP 地址获取 MAC 地址，以保证通信过程的顺畅。

其具体过程如下：首先，每台主机都会在自己的 ARP 缓冲区中建立一个 ARP 列表，用于存储 IP 地址与 MAC 地址的对应关系。然后当源主机需要将一个数据包发送到目标主机时，会先检查自己的 ARP 列表是否存在该 IP 地址对应的 MAC 地址。如果存在则直接将数据包发送到该 MAC 地址；如果不存在，就向本地网段发起一个 ARP 请求的广播包，用于查询目标主机对应的 MAC 地址。此 ARP 请求数据包里包括源主机的 IP 地址、硬件地址以及目标主机的 IP 地址等。网络中所有的主机收到这个 ARP 请求之后，会检查数据包中的目的 IP 是否与自己的 IP 地址一致，如果不同就忽略此数据包；如果相同，该主机会将发送端的 MAC 地址与 IP 地址添加到自己的 ARP 列表中。如果 ARP 列表中已经存在该 IP 地址的相关信息，则将其覆盖掉，接着给源主机发送一个 ARP 响应包，告诉对方自己是它所需要查找的 MAC 地址。最后源主机收到这个 ARP 响应包后，将得到的目的主机的 IP 地址和 MAC 地址添加到自己的 ARP 列表中，并利用此信息开始数据的传输。如果源主机一直没有收到 ARP 响应包，则表示 ARP 查询失败。

RARP 与 ARP 工作方式相反。RARP 发出要反向解析的物理地址并希望返回其对应的 IP 地址，应答包括由能够提供所需信息的 RARP 服务器发出的 IP 地址。RARP 获取 IP 地址的过程如下：首先需要知道自己 IP 地址的机器向另一台机器上的服务器发送请求，并等待服务器发出响应，开始不知道服务器的物理地址，所以通过广播。一旦通过广播对地址的请求，就必须唯一标识自己的硬件标识（如 CPU 序列号），这个标识能让可执行程序容易获得。源主机收到从 RARP 服务器的响应消息后，就可以利用得到的 IP 地址进行通信。

10.3.3 IP Phone 的原理是什么?都用了哪些协议?

IP 电话（又称 IP Phone）是通过互联网或其他使用 IP 技术的网络来实现电话通信的。它是一种全新的通信技术，建立在 IP 技术上的分组化、数字化传输技术基础之上。其原理是通过语音压缩算法对语音数据进行压缩编码处理，然后把这些语音数据按 IP 等相关协议进行打包，经过 IP 网络把数据包传输到接收方，再把这些语音数据包串起来，经过解码解压处理后，恢复成原来的语音信号，从而达到由 IP 网络传送语音的目的。Voip（VoiceoverInternetProtocol）使用的协议有 H.323 协议簇、SIP、Skype 协议、H.248 和 MGCP。

10.3.4 Ping 命令是什么?

Ping（Packet Internet Grope，因特网包探索器）是一个用于测试网络连接量的程序。它使用的是 ICMP，Ping 发送一个 ICMP（InternetControlandMessageProtocal，因特网控制报文协议）请求消息给目的地并报告是否收到所希望的 ICMP 应答。

ICMP 是 TCP/IP 协议簇的一个子协议，用于在 IP 主机、路由器之间传递控制消息。它是用来检查网络是否通畅或者网络连接速度的命令。

由于网络上的机器都有唯一确定的 IP 地址，当给目标 IP 地址发送一个数据包（包括对方的 IP 地址和自己的地址以及序列数）时，对方就要返回一个同样大小的数据包（包括双方地址），根据返回的数据包可以确定目标主机的存在，可以初步判断目标主机的操作系统等。

例如，当执行命令“pingwww.xidian.edu.cn”，通常是通过 DNS 服务器，如果这里出现故障，则表示 DNS 服务器的 IP 地址配置不正确或 DNS 服务器有故障。也可以利用该命令实现域名对 IP 地址的转换功能。例如，Ping 某一网络地址 www.baidu.com，出现：“Reply from 119.75.217.109: bytes=32 time=31ms TTL=48”则表示本地与该网络地址之间的线路是畅通的；如果出现“Request timed out”，则表示此时发送的小数据包不能到达目的地，此种情况可能有两种原因导致，第一种是网络不通，第二种是网络连通状况不佳。此时可以使用带参数的 Ping 来确定是哪一种情况。例如，ping www.baidu.com -t -w 3000 不断地向目的主机发送数据，并且响应时间增大到 3000ms，此时如果都是显示“Request timed out”，则表示网络之间确实不通；如果不是全部显示“Request timed out”则表示此网站还是通的，只是响应时间长或通信状况不佳。

由于 Ping 使用的是 ICMP，有些防火墙软件会屏蔽掉 ICMP，所以有时候 Ping 的结果只能作为参考，Ping 不通并不能就一定说明对方 IP 不存在。但一般而言，在通过 Ping 进行网络故障判断时，如果 Ping 运行正确，大体上就可以排除网络访问层、网卡、Modem 的输入输出线路、电缆和路由器等存在的故障，从而减小了问题的范围。

10.3.5 基本的 HTTP 流程有哪些?

HTTP 是 HyperTextTransferProtocol（超文本传输协议）的缩写，其主要负责服务器与浏览器之间的通信。HTTP 把客户端浏览器的请求发送到服务器，并把响应的网页内容由服务器返回到客户端浏览器。

一次完整的 HTTP 流程一般包括以下几个步骤：

1）打开 HTTP 连接。因为 HTTP 是一种无状态协议，所以每一个请求都需要建立一个新的连接。

2）初始化方法请求。包含一些类型的方法指示符，它们用来描述调用什么方法和需要什么参数。

3）设置 HTTP 请求头。包含要传输的数据类型和数据长度。

4）发送请求。即将二进制流写入服务器。

5）读取请求。调用目标 servlet 程序，并接受 HTTP 请求数据。如果该次请求为客户端第一次请求，则需要创建一个新的服务器对象实例。

6）调用方法。提供了服务器端调用对象的方法。

7）初始化响应方法。如果调用的方法出现异常，客户将会收到出错信息；否则，发送返回类型。

8）设置 HTTP 响应头。响应头中设置待发送的数据类型与长度。

9）发送响应。服务器端发送二进制数据流给客户端作为响应。

10）关闭连接。当响应结束后，与服务器必须断开连接，以保证其他请求能够与服务器建立连接。

10.4 网络其他问题

10.4.1 常用的网络安全防护措施有哪些?

计算机网络由于分布式特性，使得它容易受到来自网络的攻击。网络安全是指“在一个网络环境里，为数据处理系统建立和采取的技术与管理的安全保护，利用网络管理控制和技术措施保护计算机软件、硬件数据不因为偶然或恶意的原因而遭到破坏、更改和泄露”。常见的网络安全防护措施有加密技术、验证码技术、认证技术、访问控制技术、防火墙技术、网络隔离技术、入侵检测技术、防病毒技术、数据备份与恢复技术、VPN 技术、安全脆弱性扫描技术、网络数据存储、备份及容灾规划等。

（1）加密技术

数据在传输过程中有可能因攻击者或入侵者的窃听而失去保密性。加密技术是最常用的保密安全手段之一，它对需要进行伪装的机密信息进行变换，得到另外一种看起来似乎与原有信息不相关的表示。合法用户可以从这些信息中还原出原来的机密信息，而非法用户如果试图从这些伪装后的信息中分析出原有的机密信息，要么这种分析过程根本是不可能实现的，要么代价过于巨大，以至于无法进行。

（2）验证码技术

普遍的客户端交互，如留言本、会员注册等仅是按照要求输入内容，但网络上有很多非法应用软件，如注册机，可以通过浏览 Internet，扫描表单，然后在系统上频繁注册，频繁发送不良信息，造成不良的影响，或者通过软件不断地尝试，盗取用户密码。而通过使用验证码技术，使客户端输入的信息都必须经过验证，从而可以有效解决别有用心的用户利用机器人（或恶意软件）自动注册、自动登录、恶意增加数据库访问、用特定程序暴力破解密码等问题。

所谓验证码是指将一串随机产生的数字或符号生成一幅图片，图片里加上一些干扰像素，由用户肉眼极易识别其中的验证码信息，输入表单提交网络应用程序验证，验证成功后才能使用某项功能。放在会员注册、留言本等所有客户端提交信息的页面，要提交信息，必须要输入正确的验证码，从而可以防止不法用户用软件频繁注册、频繁发送不良信息等。

使用验证码技术必须保证所有客户端交互部分都输入验证码，测试提交信息时不输入验证码，或者故意输入错误的验证码，如果信息都不能提交，说明验证码有效，同时在验证码输入正确下提交信息，如果能提交，说明验证码功能已完善。

（3）认证技术

认证技术是信息安全的一项重要内容，很多情况下，用户并不要求信息保密，只要确认网络服务器或在线用户不是假冒的，自己与他们交换的信息未被第三方修改或伪造，且网上通信是安全的。

认证是指核实真实身份的过程，是防止主动攻击的重要技术之一，是一种可靠地证实被认证对象（包括人和事）是否名副其实或者是否有效的过程，因此也称为鉴别或验证。认证技术的作用主要是通过一定的手段在网络上弄清楚对象是谁，具有什么样的特征（特征具有唯一性）。认证可以是某个个人、某个机构代理、某个软件（如股票交易系统），这样可以确定对象的真实性，防止假冒、篡改等行为。

（4）访问控制技术

网络中拥有各种资源，通常可以是被调用的程序、进程，要存取的数据、信息，要访问的文件、系统，或者是各种各样的网络设备，如打印机、硬盘等。网络中的用户必须根据自己的权限范围来访问网络资源，从而保证网络资源受控地、合法地使用。

访问控制是在身份认证的基础上针对越权使用资源的防范（控制）措施，是网络安全防范和保护的主要策略。其主要任务是防止网络资源被非法使用、非法访问和不慎操作所造成破坏。它也是维护网络系统安全、保护网络资源的重要手段。

实现访问控制的关键是采用何种访问控制策略。目前主要有 3 种不同类型的访问控制策略：自主访问控制（DAC）、强制访问控制（MAC）和基于角色的访问控制（RBAC）。目前

DAC 应用最多，主要采用访问控制表（ACL）实现，如 ApacheWeb 服务器、JDK 开发平台都支持 ACL。

此外，在路由器的许多其他配置任务中都需要使用访问控制列表，如网络地址转换、按需拨号路由、路由重分布、策略路由等很多场合都需要访问控制列表。访问控制列表从概念上来讲并不复杂，复杂的是对它的配置和使用，许多初学者往往在使用访问控制列表时出现错误。

除了上述提及的网络安全技术外，其他常见的安全技术还有防火墙技术、网络隔离技术、入侵检测技术、防病毒技术、数据备份与恢复技术、VPN（Virtual Private Network，虚拟专用网络）技术、安全脆弱性扫描技术、物理安全技术、虚拟网络技术、漏洞扫描技术、主机防护技术、安全评估技术、安全审计技术、加强行政管理、完善规章制度、严格选任人员和法律介入等。但是没有一种安全技术可以完美解决网络上的所有安全问题，各种安全技术必须相互关联，相互补充，形成网络安全的立体纵深、多层次防御体系。

10.4.2　相比 IPv4，IPv6 有什么优点?

IP 地址是 Internet 上主机或路由器的数字标识，用来唯一地标识该设备。IPv4（Internet Protocolversion4，互联网协议版本 4）是一个被广泛使用的互联网协议，而 IPv6 是下一版本的互联网协议。随着互联网的迅速发展，IPv4 定义的有限地址空间将被耗尽，地址空间的不足必将妨碍互联网的进一步发展。为了扩大地址空间，拟通过 IPv6 重新定义地址空间。

IPv6 采用 128 位地址长度，几乎可以不受限制地提供地址。IPv6 不仅解决了地址短缺的问题，它还优化了在 IPv4 中存在的端到端 IP 连接、服务质量、安全性、多播、移动性、即插即用等。

相比 IPv4，IPv6 主要有以下几个方面的优点：

1）更大的地址空间。IPv4 中规定 IP 地址长度为 32，即有 $2^{32}-1$ 个地址；而 IPv6 中 IP 地址的长度为 128，即有 $2^{128}-1$ 个地址。

2）更小的路由表。IPv6 的地址分配遵循聚类原则，这使得路由器能在路由表中用一条记录表示一片子网，大大减小了路由器中路由表的长度，提高了路由器转发数据包的速度。

3）增强的组播支持以及对流的支持。这使得网络上的多媒体应用有了长足发展的机会，为服务质量控制提供了良好的网络平台。加入了对自动配置的支持。这是对 DHCP 的改进和扩展，使得网络（尤其是局域网）的管理更加方便和快捷。

4）更高的安全性。在使用 IPv6 的网络中用户可以对网络层的数据进行加密并对 IP 报文进行校验，这极大地增强了网络安全。

鉴于 IPv6 的诸多优点，经过一个较长的 IPv4 与 IPv6 共存的时期，IPv6 最终会完全取代 IPv4 在互联网上占据统治地位。